Marie-Claude Geoffroy

Réactivation d'une forme latente du virus AAV par l'HSV-1

Marie-Claude Geoffroy

Réactivation d'une forme latente du virus AAV par l'HSV-1

Régulation de l'expression des gènes de l'AAV par ICP0, une E3 ubiquitine ligase de l'HSV-1

Presses Académiques Francophones

Impressum / Mentions légales
Bibliografische Information der Deutschen Nationalbibliothek: Die Deutsche Nationalbibliothek verzeichnet diese Publikation in der Deutschen Nationalbibliografie; detaillierte bibliografische Daten sind im Internet über http://dnb.d-nb.de abrufbar.
Alle in diesem Buch genannten Marken und Produktnamen unterliegen warenzeichen-, marken- oder patentrechtlichem Schutz bzw. sind Warenzeichen oder eingetragene Warenzeichen der jeweiligen Inhaber. Die Wiedergabe von Marken, Produktnamen, Gebrauchsnamen, Handelsnamen, Warenbezeichnungen u.s.w. in diesem Werk berechtigt auch ohne besondere Kennzeichnung nicht zu der Annahme, dass solche Namen im Sinne der Warenzeichen- und Markenschutzgesetzgebung als frei zu betrachten wären und daher von jedermann benutzt werden dürften.

Information bibliographique publiée par la Deutsche Nationalbibliothek: La Deutsche Nationalbibliothek inscrit cette publication à la Deutsche Nationalbibliografie; des données bibliographiques détaillées sont disponibles sur internet à l'adresse http://dnb.d-nb.de.
Toutes marques et noms de produits mentionnés dans ce livre demeurent sous la protection des marques, des marques déposées et des brevets, et sont des marques ou des marques déposées de leurs détenteurs respectifs. L'utilisation des marques, noms de produits, noms communs, noms commerciaux, descriptions de produits, etc, même sans qu'ils soient mentionnés de façon particulière dans ce livre ne signifie en aucune façon que ces noms peuvent être utilisés sans restriction à l'égard de la législation pour la protection des marques et des marques déposées et pourraient donc être utilisés par quiconque.

Coverbild / Photo de couverture: www.ingimage.com

Verlag / Editeur:
Presses Académiques Francophones
ist ein Imprint der / est une marque déposée de
OmniScriptum GmbH & Co. KG
Heinrich-Böcking-Str. 6-8, 66121 Saarbrücken, Deutschland / Allemagne
Email: info@presses-academiques.com

Herstellung: siehe letzte Seite /
Impression: voir la dernière page
ISBN: 978-3-8381-4576-1

Zugl. / Agréé par: Nantes, Université de Nantes de chimie biologie, 2005

Copyright / Droit d'auteur © 2014 OmniScriptum GmbH & Co. KG
Alle Rechte vorbehalten. / Tous droits réservés. Saarbrücken 2014

SOMMAIRE

I. L'Adeno-Associated Virus (AAV) 3
   1. L'histoire naturelle de l'AAV 3
      1.1. La découverte de l'AAV-2 3
      1.2. Les nouveaux sérotypes 4
   2. La particule virale 7
      2.1. La structure de la capside et ses propriétés physico-chimiques 7
      2.2. Le génome viral 10

II. Le cycle viral de l'AAV-2 13
   1. La description générale du cycle viral 13
   2. Les étapes précoces du cycle viral 15
      2.1. L'internalisation du virus dans la cellule 15
      2.2. L'endocytose et le traffic intracellulaire 17
      2.3. L'import nucléaire et la conversion du génome 18
   3. La phase latente de l'AAV-2 21
      3.1. La persistance du génome viral *in vitro* 21
         ➤ L'intégration site-spécifique dans le chromosome 19 21
         ➤ Le site AAVS1 dans son contexte chromosomique 22
         ➤ Mécanisme d'intégration du génome viral 24
      3.2. La persistance du génome viral *in vivo* 28
      3.3. Le cas particulier des AAVr 29
   4. La phase productive de l'AAV-2 29
      4.1. La réplication du génome viral 30
         ➤ La synthèse des formes réplicatives 30
         ➤ Les centres de réplication de l'AAV-2 34
      4.2. L'assemblage des particules virales 35
      4.3. Les fonctions régulatrices des protéines Rep 35
         ➤ Les activités enzymatiques de Rep78/68 et Rep52/40 36
         ➤ Les effets biologiques des protéines Rep 39
      4.4. Le rôle des virus auxiliaires au cours du cycle viral 41
         ➤ Les fonctions auxiliaires apportées par l'adénovirus 43
         ➤ Les fonctions auxiliaires apportées par l'HSV-1 44
      4.5. La production des vecteurs recombinants dérivés de l'AAV-2 46

III. La régulation de l'expression des gènes de l'AAV-2 47
   1. Les mécanismes généraux de la transcription par l'ARN polymérase II 47
      1.1. L'initiation de la transcription 47
         ➤ Les séquences régulatrices du promoteur 48
         ➤ L'assemblage du complexe de pré-initiation 51
      1.2. L'étape d'élongation 52
         ➤ L'assemblage du complexe d'élongation et ses facteurs régulateurs 52
      1.3. Les sites de transcription dans le noyau 54
         ➤ La localisation des transcrits naissants et en cours d'élongation 54
         ➤ Les domaines nucléaires associés à la transcription 55
      1.4. Le rôle de la chromatine dans la transcription des gènes 58
         ➤ Les modifications épigénétiques de la chromatine 59
         ➤ Les enzymes participant au remodelage de la chromatine 60
   2. La régulation de la transcription des gènes de l'AAV-2 63

    2.1. La transcription des gènes *rep* et *cap* 63
       ➢ Les promoteurs de l'AAV-2 63
       ➢ L'accumulation temporelle des transcrits issus du p5, p19 et p40 63
       ➢ Les activités promotrices résiduelles des ITR 65
    2.2. La régulation des promoteurs de l'AAV-2 pendant la phase latente 66
       ➢ Le rôle des protéines Rep dans la répression du p5 et du p19 66
       ➢ La contribution de YY1 dans la répression du p5 67
    2.3. La régulation des promoteurs de l'AAV-2 en présence d'adénovirus 68
       ➢ Le rôle des protéines E1a dans l'activation du p5 68
       ➢ Le rôle des protéines Rep78/68 dans l'activation du p19 et du p40 71
    2.4. La régulation des promoteurs de l'AAV-2 en présence d'HSV-1 72
       ➢ La description générale du cycle viral de l'HSV-1 et de son génome 73
       ➢ Les facteurs HSV-1 potentiellement impliqués dans l'activation du p5 75
       ➢ Les fonctions d'ICP0 et ses activités enzymatiques 78
       ➢ Les effets biologiques d'ICP0 au cours du cycle viral 81

IV. Objectifs du travail **84**

RESULTATS **85**

I. Identification des fonctions auxiliaires de HSV-1, conduisant à l'expression du gène *rep* de l'AAV-2 : rôle de la protéine ICP0 .... **85**
    1. Introduction 85
    2. Résultats et discussion 87
       2.1. Réactivation de l'expression du gène *rep* par ICP0 87
       2.2. Analyse de l'effet transactivateur d'ICP0 sur le promoteur p5 89
       2.3. Contribution de USP7 dans l'effet transactivateur de ICP0 sur le p5 92
       2.4. Conclusion 92

II. Mécanismes moléculaires impliqués dans la réactivation du gène *rep* par ICP0. 93
    1. Rôle de USP7 dans l'activation du gène *rep* 93
       1.1. Introduction 93
       1.2. Matériels et méthodes 95
       1.3. Résultats et discussion 97
          ➢ Contribution de USP7 dans l'activation du gène *rep* par transfection 97
          ➢ Effet de USP7 sur la stabilité de la protéine ICP0 99
          ➢ Identification d'un domaine répresseur dans le gène codant ICP0 103
          ➢ Rôle de USP7 dans l'activation du gène *rep* au cours de l'infection virale 106
       1.4. Conclusions 106
    2. Caractérisation des facteurs cellulaires associés au promoteur p5 109
       2.1. Introduction 109
       2.2. Matériels et méthodes 109
       2.3. Analyse des facteurs cellulaires associés au p5 112
       2.4. Effet de la trichostatine A sur l'expression du gène *rep* 115
       2.5. Conclusions 117

DISCUSSION GENERALE **119**

REFERENCES BIBLIOGRAPHIQUES **127**

ANNEXE **158**

INTRODUCTION
I. L'Adeno-Associated Virus (AAV)
1. L'histoire naturelle de l'AAV

1.1. La découverte de l'AAV-2

L'Adeno-associated virus a été isolé la première fois en 1965, comme un élément contaminant des préparations d'adénovirus, obtenues à partir de cellules d'origine humaine et simienne (13). Très rapidement, il a été détecté chez l'homme, en particulier, chez de jeunes enfants, atteints d'une infection adénovirale bénigne (38). Depuis cette étude, plusieurs sérotypes d'AAV ont été répertoriés chez l'homme, les primates mais également chez d'autres espèces animales, domestiques pour la plupart (44, 104, 170, 389, 458). Parmi eux, l'AAV-2, isolé chez l'homme et premier sérotype cloné dans les années 1980 a été le mieux caractérisé à ce jour (447, 488).

L'AAV fait partie des plus petits virus eucaryotes, la famille des *Parvoviridae* regroupant: les *Densinovirinae* qui infectent les insectes et les *Parvovirinae* qui infectent les vertébrés. Dans la sous-famille des *Parvovirinae*, il est classé parmi les Dependovirus car il ne se réplique pas de façon autonome contrairement aux deux autres genres de cette famille, les Erythrovirus et les Parvovirus autonomes. Les Dependovirus sont uniques dans le monde des virus animaux, du fait de leur dépendance vis-à-vis d'un virus auxiliaire tel que l'adénovirus ou l'herpès simplex de type 1 (HSV-1) pour assurer leur cycle de réplication (13, 174). En absence de virus auxiliaire, l'AAV entre dans une phase de latence caractérisée par l'absence d'expression de ses gènes viraux. Son ADN viral persiste dans la cellule sous forme d'épisome ou alors en s'intégrant de façon préférentielle, au niveau du chromosome 19 (site AAVS1) (278). Sa capacité à s'intégrer dans une région spécifique du génome cellulaire est une caractéristique propre à l'AAV qui n'est pas retrouvée chez d'autres virus animaux.

L'AAV-2 est classé parmi les virus non pathogènes puisqu'il n'a été associé à aucune maladie, à ce jour (68). De ce fait, il a été peu étudié après sa découverte, avant de subir un regain d'intérêt, il y a 15 ans, lors des premiers essais de transfert de gènes. En effet, ce virus qui infecte aussi bien des cellules en division que des cellules quiescentes constituait un vecteur de choix pour la thérapie génique (5, 6). Son caractère non pathogène ainsi que sa capacité à s'intégrer dans une région spécifique du génome de l'hôte devait conduire à une expression à long terme du transgène, dans un environnement défini. De ce fait, des vecteurs recombinants dérivés de l'AAV-2 (AAVr), non réplicatifs ont été développés pour délivrer des gènes d'intérêt thérapeutique, chez des patients atteints de maladie génétique, telle que la mucoviscidose. De nombreuses études réalisées *in vivo* chez la souris ou des animaux de plus grande taille ont permis de démontrer que les vecteurs AAVr pouvaient infecter et transduire une grand nombre de tissus tels que le cerveau, le foie, le muscle, la rétine (14, 156, 187, 346, 480, 530). A ce jour, une expression du transgène peut durer pendant toute la vie d'un animal, notamment la souris et pendant plusieurs années chez d'autres espèces. Le premier essai clinique utilisant un vecteur AAV recombinant a été initié, il y a environ 8 ans, chez des patients atteints de mucoviscidose (157). Depuis, une vingtaine d'essais cliniques utilisant l'AAV-2 ont été entrepris essentiellement aux Etats-Unis (158, 160, 162, 326). La découverte de nouveaux sérotypes d'AAV isolés chez l'homme et le singe, présentant des tropismes cellulaires particuliers devrait ouvrir la voie à de nouvelles applications cliniques.

1.2. Les nouveaux sérotypes

Depuis la découverte de l'AAV en 1965, de nombreux sérotypes d'AAV ont été répertoriés chez l'homme et le singe, parmi lesquels onze d'entre eux ont été clonés et séquencés, à ce jour (Table 1). Ils ont été isolés directement à partir de tissus ou pour certains d'entre eux, identifiés à partir de préparations d'adénovirus, ne permettant pas de définir avec certitude l'origine de leur réservoir naturel.

Historiquement, les AAV-1 à –6 ont été les premiers sérotypes identifiés, parmi lesquels l'AAV-2 a été le premier virus cloné en 1982, par Samulsky *et al.* (447). Découvert dans une préparation d'adénovirus humain (Ad12), l'AAV-2 a été rapidement détecté dans des prélèvements de gorge et de fèces provenant de jeunes enfants, atteints d'une infection adénovirale bénigne (36, 38, 237). Depuis, il a été retrouvé principalement au niveau de la sphère génitale, en particulier dans les gonades, le sperme ou encore des produits d'avortements spontanés ainsi que dans des cellules mononuclées du sang (140, 165, 195, 208, 508, 528).

Sérotype	Origine diverse des sérotypes	Clonage du génome viral	N° accession (gene bank)
AAV-1	Préparation d'adénovirus simien SV15 * (13, 428)	1999 (Xiao W. et al.)	AF063497
AAV-2	Préparation d'adénovirus humain de type 12[#] (2, 237)	1982 (Samulski J. et al.)	J01901
AAV-3	Préparation d'adénovirus humain de type7 [#] (237)	1996 (Muramatsu S. et al.) 1998 (Rutledge E.A. et al.)	U48704 AF028705
AAV-4	Préparation d'adénovirus simien SV15 * (400)	1997 (Chiorini J.A. et al.)	U89790
AAV-5	Condylome génital d'origine humaine (19, 174)	1999 (Chiorini J.A. et al.)	AF085716
AAV-6	Préparation d'adénovirus humain de type 5 # (39, 45)	1998 (Rutledge E.A. et al.)	AF028704
AAV-7	Tissu cardiaque de singe rhésus (170)	2002 (Gao G. et al.)	AF513851
AAV-8	Tissus cardiaque de singe rhésus (170)	2002 (Gao G. et al.)	AF513852
AAV-9	Tissu humain (169)	2004 (Gao. et al.) =>séquençage partiel	AY530553
AAV-10	Tissu de singe cynomolgus (364)	2004 (Mori et al.)	AY631965
AAV-11	Tissu de singe cynomolgus (364)	2004 (Mori et al.)	AY631966

Table1: La diversité des sérotypes d'AAV clonés chez l'homme et le singe (D'après Lukashov et al., 2001)
Les AAV-1 à -6, à l'exception de l'AAV-5 ont été mis en évidence dans des préparations d'adénovirus infectant l'homme (Ad5, 7 ou 12) ou le singe (SV15), obtenues à partir de cellules primaires de rein embryonnaire humain HEK (#) ou de cellules rénales de singe vert AGMK (*). L'AAV-5 et l'AAV-9 ont été isolés directement à partir de tissu humain alors que les AAV-7, AAV-8 et AAV-11 ont été amplifiés à partir de tissus simien. La séquence de leur génome est disponible dans gene bank, à l'exception de celle de l'AAV-9.

D'après des données séro-épidémiologiques, il circulerait largement dans la population (35, 40). En effet, plus de 80% des individus présentent des anticorps dirigés contre l'AAV-2 dont la plupart ne seraient pas neutralisants (99, 366).

Par la suite, l'AAV-3, découvert en même temps que l'AAV-2, a été isolé dans des préparations d'adénovirus humain (Ad7) (36) alors que l'AAV-1 et -4 ont été découverts dans des préparations d'adénovirus simien, laissant penser que leur réservoir naturel serait le singe. (400). De plus, la transduction préférentielle de l'AAV-4 dans le génome de cellule Cos-7, d'origine simienne semblerait renforcer cette hypothèse (7). L'AAV-6, isolé à partir de préparations d'adénovirus infectant l'homme (Ad5) proviendrait d'une recombinaison naturelle entre l'AAV-1 et l'AAV-2 ou alors serait un variant de l'AAV-1, avec seulement une différence de 6 acides aminés au niveau des protéines de sa capside (442, 561). Enfin, l'AAV-5, contrairement aux cinq autres sérotypes décrits ci-dessus a été identifié directement chez un individu porteur d'un condylome génital (19). Il fait partie des sérotypes les plus divergents, la séquence de son génome étant seulement identique à 60% par rapport à celle de l'AAV-2 et des autres sérotypes (96). De plus, contrairement à l'AAV-2, il serait peu répandu dans la population, d'après la faible immunité préexistante des individus (507).

Récemment, de nouveaux sérotypes ont été identifiés chez l'homme et le singe, afin de s'affranchir de l'immunité pré-existante de l'AAV-2 chez l'homme mais également de diversifier le tropisme cellulaire des vecteurs recombinants qui en sont dérivés. Amplifiés par PCR, à l'aide d'amorces situées au niveau d'une séquence hautement conservée entre les différents sérotypes, l'AAV-7 et -8 ont été isolés au niveau du tissu cardiaque de singe rhésus, ayant reçu au préalable des vecteurs adénoviraux (170), alors que l'AAV-10 et 11 ont été isolés à partir de tissus hépatiques et cardiaques de singe cynomolgus (170, 364). Par ailleurs, Gao *et al.,* ont révélé l'existence d'un nouveau sérotype infectant l'homme, l'AAV-9 grâce à une analyse systématique réalisée sur 259 tissus humains, dont un tiers provenait de pathologies diverses (169). Cette étude réalisée par PCR a permis de détecter la présence d'AAV dans 19% des tissus analysés. Ainsi, 55 clones d'AAV présentant au moins 4 résidus différents au niveau de la protéine de structure VP1 ont été isolés. Parmi eux, seuls les AAV-1/-6, -2, -8 ont été détectés ainsi qu'un hybride entre l'AAV-2 et -3. La détection de l'AAV-8 chez l'homme qui avait été initialement isolé chez le singe illustre ainsi la transmission possible des AAV entre ces deux espèces. D'autre part, l'absence de détection de l'AAV-5 dans cette étude confirme que ce sérotype est très peu répandu chez l'homme. Les auteurs proposent une nouvelle classification des AAV par clade, regroupant les sérotypes spécifiques de l'homme (clade A=AAV-1, B=AAV-2 et C=AAV-2/3), les sérotypes isolés exclusivement chez l'homme (clade F=AAV-9) ou le singe (clade D=AAV-7), et enfin les sérotypes infectant l'homme et le singe (clade E=AAV-8). Cette classification selon l'origine phylogénétique des AAV est en accord avec leur propriété immunologique et leur tropisme cellulaire.

La découverte des ces nouveaux sérotypes présentant des tropismes cellulaires particuliers a ouvert la voie à de nouvelles applications thérapeutiques potentielles en clinique (100, 187). En effet, récemment Wang *et al.*, ont montré par exemple que l'AAV-8, contrairement à l'AAV-1 était particulièrement efficace pour transduire les muscles et disséminer à travers le corps de hamsters nouveaux-nés par une simple injection par voie systémique (533). De plus, ces études devraient permettre de mieux caractériser les formes moléculaires de l'AAV conduisant à sa persistance chez l'homme.

2. La particule virale

2.1. La structure de la capside et ses propriétés physico-chimiques

L'AAV-2 est un virus non enveloppé avec une capside de petite taille (24 nm de diamètre) qui est cinq fois inférieure à celle de l'adénovirus. Sa capside est composée de 60 sous-unités protéiques (5%VP1, 5%VP2, 90%VP3), formant un icosaèdre avec 20 faces et 12 sommets. Elle possède trois axes de symétrie d'ordre 2, 3 et 5. Sa structure tridimensionnelle a été reconstituée en 2001, à partir de 1800 images provenant de capsides vides, acquises par cryomicroscopie électronique à une résolution de 1,05 nm (Figure 1) (280). Cette étude a permis de visualiser les protubérances, les dépressions ou les canyons qui définissent la topologie de sa surface. La comparaison avec d'autres structures déjà existantes, comme celle du parvovirus canin (CPV) a révélé des différences substantielles au niveau de sa surface extérieure (565).

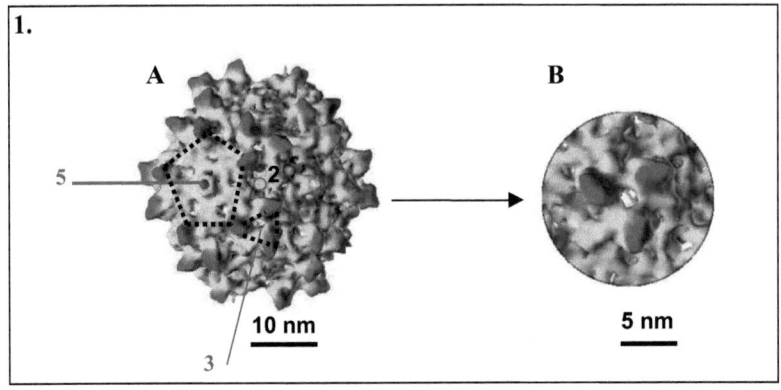

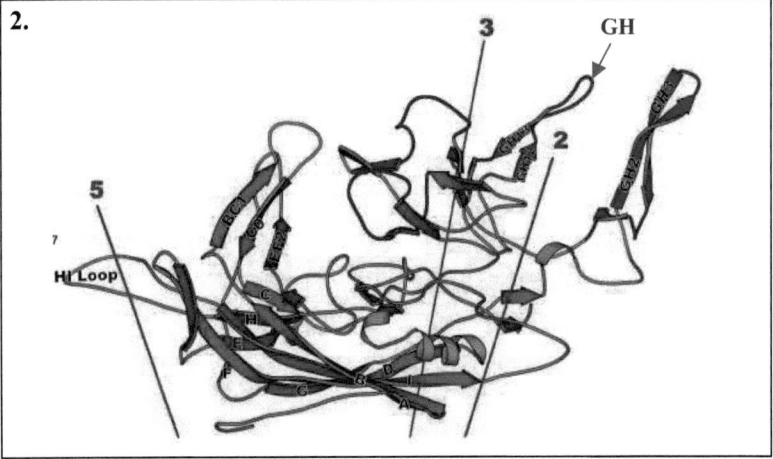

Figure 1 : La structure de la capside de l'AAV-2
1. Vue tridimensionnelle de la capside de l'AAV-2 (d'après Kronenberg *et al.*, 2001) :
(A) correspond à une image reconstituée par cryomicroscopie électronique, à une résolution de 1,05 nm. Elle montre la surface extérieure de la capside, selon un angle de symétrie d'ordre 2. Les régions colorées en rouge correspondent aux pics d'environ 2 nm, donnant un aspect épineux à la capside. Les axes de symétrie d'ordre 3 et 5 sont représentés par des traits rouges, les pointillés en noir indiquant les pics présents autour de chaque axe. **(B)** montre une vue rapprochée des trois pics assemblés autour un axe de symétrie d'ordre 3. **2. Structure tertiaire de la sous-unité VP3 de l'AAV-2 (d'après Xie *et al.*, 2002)** : Les trois axes de symétrie d'ordre 2, 3 et 5 sont représentés par des traits bleus. La protéine VP3 est formée de 8 feuillets β anti-parallèles A, B, C, D, E, F, G et H (rose). La structure en forme d'hélice, comprenant deux feuillets β anti-parallèles conservés chez la plupart des parvovirus est située sur la face interne de la capside. Les boucles colorées en bleu, reliant les feuillets β entre eux sont exposées pour la plupart, à la surface extérieure de la capside, en particulier, la boucle GH. Les régions colorées en mauve représentent les divergences de séquences observées entre les différents sérotypes d'AAV.

En particulier, la présence de trois pics autour de l'axe de symétrie d'ordre 3 conduit à la formation de protubérances de 2 nm à l'extérieur de la capside de l'AAV-2, rendant sa surface plus épineuse que celle d'autres parvovirus (244). De plus, cette étude a révélé la présence de structures globulaires à l'intérieur de la capside, selon un axe de symétrie d'ordre 2 qui seraient des extensions N-terminales des protéines VP1 et VP2. Ceci expliquerait que des anticorps monoclonaux ayant des épitopes spécifiques dirigés contre la partie N-terminale de VP1 ou VP2 reconnaissent les capsides vides de l'AAV-2, seulement après un traitement dénaturant à la chaleur (553). Bien que la localisation précise des protéines VP1 et VP2 dans la capside ne soit pas clairement définie à ce jour, une étude récente a révélé que les 12 canaux creux localisés autour de l'axe de symétrie d'ordre 5, reliant l'intérieur de la capside vers l'extérieur, permettrait l'exposition de la partie N-terminale de VP1 à la surface du virus, étape essentielle pour permettre au virus de s'échapper du compartiment endosomal (42) (voir § II.2.2). De plus, les auteurs de cette étude ont confirmé qu'un traitement limité par la chaleur, induisant un changement conformationnel de la capside conduisait à l'exposition de la partie N-terminale de VP1 à l'extérieur (279).

La structure atomique de l'AAV-2 obtenue en 2002, par crystallographie aux rayons X a permis de mieux comprendre les différences structurales observées à la surface de sa capside (564). En effet, le groupe de Chapman a déterminé la structure tertiaire de la sous-unité VP3 (à l'exception des 14 résidus en position amino-terminale de la protéine), avec une résolution de 3 Angström (Figure 1). Cette sous-unité est formée de 8 feuillets β anti-parallèles (A-H), reliés entre eux par des boucles de longueurs variables. Parmi elles, la boucle la plus longue, reliant les feuillets G et H est à l'origine des protubérances les plus proéminentes, observées chez l'AAV-2. En effet, les boucles GH de trois protéines de capside se regroupent autour d'un axe d'ordre 3 pour former 3 pics à l'extérieur de la capside. Des expériences de mutagénèse dirigée ont montré que cette région serait impliquée dans la fixation du virus aux héparans sulfates, le récepteur primaire de l'AAV-2 et contient des épitopes de reconnaissance de l'anticorps neutralisant C37B (265, 390, 553). La structure atomique de l'AAV-4, récemment obtenue, a permis de révéler des différences de structure au niveau des boucles GH, qui pourrait expliquer en partie son tropisme cellulaire et son profil antigénique particuliers (396). De plus, l'absence de boucle GH chez les densinovirus déterminerait en partie leur spécificité d'espèce par rapport aux autres parvovirus infectant les vertébrés (244). En effet, les boucles GH adoptent une conformation différente chez les parvovirus canins et sont absentes chez les densinovirus (81, 398, 470, 565).

La simplicité structurale de la capside confère à l'AAV une remarquable résistance aux agents physico-chimiques (pH extrêmes, solvants organiques et température). En effet, les particules virales AAV résistent à un pH compris entre 3-9 ainsi qu'à des solvants organiques comme l'éther ou le chloroforme. Elles résistent également à une température de 56°C pendant au moins 1 heure contrairement aux particules d'adénovirus ou l'HSV-1. Leur densité en gradient de chlorure de césium (1,39 à 1,42 g/cm^3) est relativement plus élevée que celle de l'adénovirus (1,35 g/cm^3) facilitant ainsi la séparation des deux virus (70, 295). Toutefois, des particules AAV d'une densité inférieure ou supérieure ont été caractérisées (120). Elles correspondent à la formation de particules immatures vides (1,32 g/cm^3), ou contenant un génome viral incomplet (de >1,32 g/cm^3 à 1,39 g/cm^3) ou encore à des particules peu infectieuses (1,45 g/cm^3).

2.2. Le génome viral

L'AAV-2 est formé d'une molécule d'ADN linéaire, simple brin de polarité positive ou négative. Son génome de 4680 nucléotides comporte deux séquences inversées répétées, ou ITR ainsi que deux cadres ouverts de lecture (ORF) *rep* et *cap*, contrôlés par trois promoteurs p5, p19 et p40 (Figure 2). Un site de polyadénylation situé à l'extrémité 3' du génome est commun aux trois unités de transcription, ainsi qu'un intron positionné entre les deux ORFs.

Le gène *rep* code quatre protéines régulatrices Rep78, Rep68, Rep52 et Rep40, désignées d'après leur masse moléculaire apparente en kDa, sur gel de polyacrylamide SDS-PAGE (Figure 2) (351). Rep78/68 sont issues d'un transcrit commun initié à partir du promoteur p5. Elles diffèrent de 85 acides aminés, au niveau de la région carboxy-terminale suite à l'élimination d'un intron. Il en est de même pour Rep52/40 issues du promoteur p19. Les protéines Rep78/68 jouent un rôle majeur dans la régulation de l'expression des gènes de l'AAV-2 mais sont également impliquées tout au long du cycle viral, lors de la réplication et de l'encapsidation de l'ADN viral ou encore lors de l'intégration du l'ADN viral dans le génome cellulaire. Bien que le rôle des protéines Rep52/40 n'est pas été encore clairement établi à ce jour, il semblerait qu'elles favorisent l'encapsidation du génome dans les particules néoformées (83, 271).

Le gène *cap* code pour les trois protéines structurales de la capside VP1, VP2, et VP3, de masse moléculaire respective de 87, 73 et 62 kDa (Figure 2) (259). Elles sont synthétisées, suite à l'épissage alternatif de deux transcrits communs issus du promoteur p40. VP1 est traduit à partir d'un ARN messager épissé peu abondant (73, 513). La synthèse de VP2 et VP3 s'effectue à partir du même transcrit mais en utilisant deux codons d'initiation de la traduction différents : ATG pour VP3 ou ACG pour VP2 (29). Le codon ACG étant un codon rare, l'efficacité de traduction de VP2 est nettement plus faible par rapport à celle de VP3. Par conséquent, VP1, VP2 et VP3 sont synthétisées selon un ratio environ de 1 :1 :10, qui est directement proportionnel à l'efficacité de l'épissage et de la traduction des ARN. La protéine VP3 serait essentielle pour permettre l'assemblage de capsides, contrairement à VP1 et VP2 (229, 479, 511, 551, 552). Cependant, la protéine VP1 jouerait un rôle majeur au cours du cycle viral, car elle confèrerait au virus son pouvoir infectieux. En effet, un domaine unique localisé dans la région amino-terminale de VP1 confèrerait à la protéine une activité de type phospholipase A2 (180). Cette activité, présente également chez la plupart des parvovirus permettrait à l'AAV-2 de s'échapper des endosomes et d'entrer dans le noyau (130, 582).

Les ITR formés de 145 nucléotides sont les seuls éléments indispensables en *cis* à la réplication de l'ADN viral (Figure 2) (302, 449, 465). Chaque ITR comprend une séquence D unique de 20 nucléotides ainsi qu'une séquence de 125 nucléotides, organisée en palindromes AA', BB', CC' qui s'apparient pour former une structure en épingle à cheveux ou « hairpin », en forme de T (323). En amont de la région D, se trouve une séquence de 16 nucléotides, appelée selon les auteurs RBS ou RBE (Rep Binding Site ou Element), permettant la fixation des protéines Rep78/68 à l'ADN (11, 97, 250, 344, 443). Le site RBS formé de tétramères imparfaits (3'-GAGC-5')$_4$ présente des homologies de séquence avec d'autres RBS, retrouvés notamment au niveau du promoteur p5 (286, 344), du site d'intégration de l'AAV dans le génome cellulaire (site AAVS1) (311, 548), ainsi que dans d'autres gènes viraux ou cellulaires (24, 274, 556, 580).

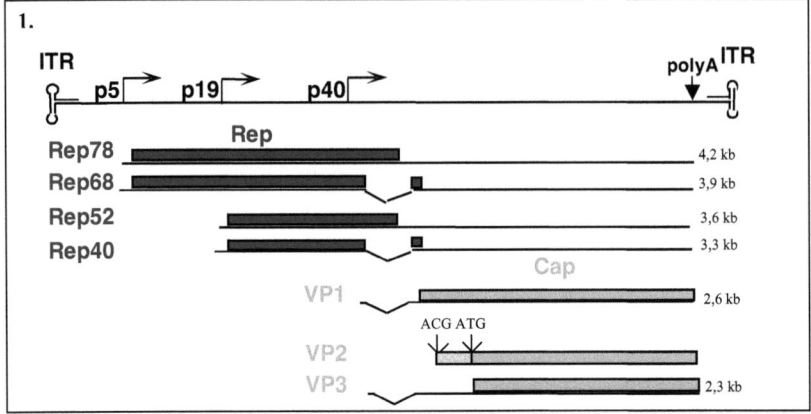

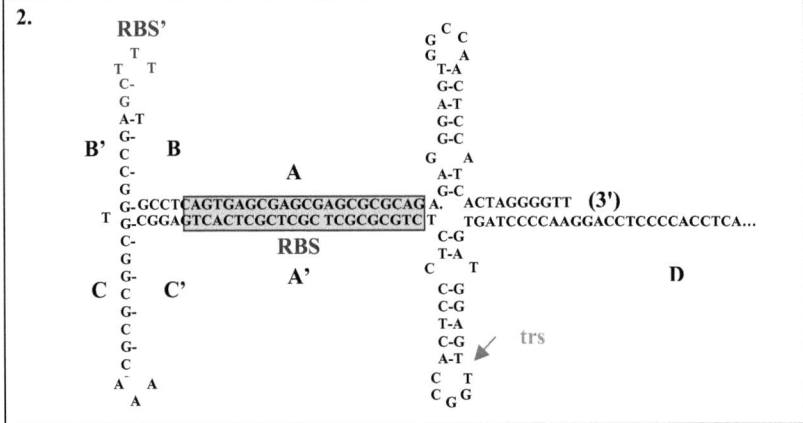

Figure 2: L'organisation du génome de l'AAV-2
1. Le génome de l'AAV-2. Il est formé d'une molécule d'ADN simple brin de 4679 nucléotides, comportant deux gènes *rep* et *cap*, entourés de deux ITR. Les protéines Rep78/68 et Rep52/40 sont issues respectivement des promoteurs p5 et p19. Les trois protéines de structure VP1, VP2 et VP3 sont synthétisées à partir de deux transcrits issus du promoteur p40. En particulier, deux codons d'initiation de la traduction ACG et ATG différents conduisent à la synthèse de VP2 et VP3. **2. La structure secondaire de l'ITR après la fixation de Rep78/68.** Chaque ITR est formé de 125 nucléotides, organisés en 6 palindromes AA', BB', CC' et d'une région D unique de 20 nucléotides. Les séquences palindromiques BB', CC' s'apparient pour former une structure secondaire en « harpin », en forme de T, permettant à Rep78/68 de se fixer au niveau du site RBS et RBS' (Rep Binding site). Le site trs (terminal resolution site), correspondant au site de coupure de Rep78/68 entre les nucléotides 124 et 125 adopte une structure secondaire, après la fixation de Rep78/68.

De plus, une séquence RBE' (3'-CTTTG-5'), présente à l'extrémité d'un palindrome interne de l'ITR, augmenterait l'affinité de Rep78/68 pour le RBS (443, 558). Enfin, un site trs 3'-CCGGT/TG-5' (terminal resolution site), situé à la jonction des régions A et D permet à Rep78/68 d'exercer son activité endonucléase entre les deux résidus thymidine 124 et 125 (54, 249, 481).

Hormis leur rôle essentiel lors de la réplication, les ITR seraient impliqués également dans l'intégration et la mobilisation du génome viral à partir d'une forme intégrée. De plus, ils possèdent des activités transcriptionnelles résiduelles capable d'initier la transcription d'un gène placé juste en aval de l'ITR (cf paragraphe IV.2.1.) (157, (200).

II. Le cycle viral de l'AAV-2

1. La description générale du cycle viral

L'AAV-2 nécessite la présence d'un virus auxiliaire, pour effectuer un cycle réplicatif complet (Figure 3). Il entre alors dans une phase d'infection productive, caractérisée par la synthèse de ses protéines virales, la réplication de son génome et son encapsidation dans des capsides préformées. Ces étapes successives conduisent à la production de particules virales infectieuses dans le milieu extérieur, après une lyse de la cellule, conséquence directe de l'effet cytopathique de son virus auxiliaire. En absence de virus auxiliaire, l'AAV-2 entre dans une phase de latence, caractérisée par l'absence d'expression de ses gènes. En effet, son génome viral, associé à la chromatine est alors sensible à un mécanisme de répression cellulaire qui éteint la transcription de ses gènes *rep* et *cap*. La co-infection par un des ses virus auxiliaires peut alors conduire à la mobilisation du génome viral et la ré-initiation d'un cycle réplicatif.

Toutefois, la présence d'un virus auxiliaire ne serait pas strictement requise. En effet, quelques études ont mis en évidence que l'AAV-2 pouvait se répliquer et s'assembler dans des cellules préalablement traitées par des agents endommageant l'ADN tels que les ultraviolets, les rayons X, l'hydroxyurée ou encore des produits carcinogènes (455, 566, 567).

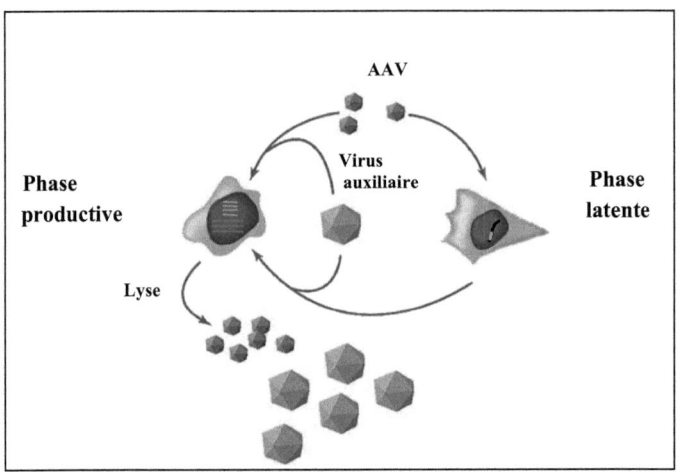

Figure 3: Le cycle viral de l'AAV-2
L'AAV-2 nécessite la présence d'un virus auxiliaire tel que l'HSV-1 pour effectuer un cycle réplicatif complet. Pendant la phase productive, la co-infection de cellules par l'AAV-2 et l'HSV-1 permet la synthèse et l'assemblage de nouveaux virions, conduisant à la lyse des cellules. En absence de virus auxiliaire, l'AAV-2 entre dans une phase de latence, caractérisée par l'absence d'expression de ses gènes. L'ADN viral persiste sous forme d'épisome ou en s'intégrant dans le génome cellulaire. La co-infection par l'HSV-1 peut conduire alors à la mobilisation du génome viral et la synthèse de nouveaux virions.

Bien que l'efficacité de réplication soit nettement réduite par rapport à celle observée avec un virus auxiliaire, le stress cellulaire induit ou les dommages occasionnés sur l'ADN seraient suffisants pour permettre la réplication du virus, suggérant que la propagation de l'AAV-2 ne serait pas strictement dépendante de ses virus auxiliaires.

Parmi les virus auxiliaires identifiés à ce jour, l'adénovirus, certains virus de la famille des herpès infectant l'homme, le virus de la vaccine ou encore les papillomavirus apportent toutes les fonctions virales nécessaires à la réplication et à l'assemblage de particules AAV (Table 2). Cependant, du fait de la découverte de l'AAV-2 dans des préparations d'adénovirus, la très grande majorité des études, visant à mieux comprendre les différentes étapes de son cycle viral ont été réalisées en présence d'adénovirus. De ce fait, les fonctions auxiliaires apportées par l'adénovirus sont maintenant bien connues, contrairement aux autres virus répertoriés, en particulier l'HSV-1. Ainsi, dans le cadre de ce travail de thèse, nous avons étudié les protéines de HSV-1, qui contribueraient au cycle viral de l'AAV-2, et en particulier à l'activation du gène *rep*, étape essentielle à l'initiation du cycle viral.

2. Les étapes précoces du cycle viral

2.1. L'internalisation du virus dans la cellule

L'entrée de l'AAV-2 dans la cellule se fait par un processus d'endocytose, caractéristique commune à la plupart des virus non enveloppés (Figure 4). Elle est initiée par l'attachement du virus sur un ou plusieurs récepteurs présents à la surface de la cellule. Summerford *et al.*, ont montré que les protéoglycanes de type héparan sulfate (HSPG) serviraient de récepteur principal à l'AAV-2 (496). Les héparans sulfates, également reconnus par d'autres virus auxiliaires de l'AAV-2, tels que l'adénovirus, HSV-1, HSV-2 et le virus de la vaccine sont présents à la surface de toutes les cellules ainsi que dans la matrice extracellulaire (102, 467, 559). Ainsi, un traitement préalable des cellules avec des enzymes clivant spécifiquement les héparans sulfates ou avec de l'héparine, un analogue soluble des ces polysaccharides réduit fortement l'attachement et par conséquent l'entrée de l'AAV-2 dans la cellule (496). De plus, des lignées cellulaires de type CHO dépourvues des fonctions enzymatiques nécessaires à la synthèse des héparans sulfates sont très peu permissives à l'AAV-2 (496).

Virus auxiliaire	AAV	Fonctions auxiliaires
Adénovirus humain et simien	AAV	E1a E1B E2A E4 orf6 VA RNA
Herpes Simplex Virus: HHV-1 : Herpes Simplex type1 (HSV-1)	AAV-1 (223) AAV-2 (210, 58)	UL 29, UL5/8/52
HHV-2 : Herpes Simplex type2 (HSV-2)	AAV-2 (58)	
HHV-3 : Varicella-Zoster Virus (VZV) HHV-4 : Epstein-Barr virus (EBV)	AAV-5 (174) AAV-5 (174)	
HHV-5: Cytomegalovirus (CMV)	AAV-5 (348)	
HHV-6 : Roseala Infantum Virus	AAV-2 (504) AAV-5 (174)	
SHV-2 : Saimirine Herpesvirus 2	AAV-5 (174)	
Poxvirus: - virus de la vaccine	AAV-5 (455)	
Papillomavirus: - HPV-16 - HPV-18	AAV-2 (386, 526)	E2

Table 2 : Les virus auxiliaires de l'AAV
Les virus auxiliaires de l'AAV identifiés à ce jour ont été mis en évidence à partir de différents sérotypes d'AAV. Seules les fonctions auxiliaires de l'adénovirus, permettant à l'AAV d'effectuer un cycle réplicatif complet sont connues.

Cependant, Qiu et al., ont montré que l'entrée du virus serait indépendante de la quantité d'héparans sulfates présents à la surface des cellules (420). En effet, des cellules hématopoïétiques bien qu'exprimant moins d'héparans sulfates à leur surface par rapport à des cellules épithéliales ou des fibroblastes fixent toujours l'AAV-2 mais restent non permissives au virus, suggérant l'existence d'autres co-récepteurs.

De ce fait, il a été démontré que les récepteurs du FGF (FGFR) et du HGF (HGFR), deux facteurs de croissance des fibroblastes et des hépatocytes favorisaient l'entrée de l'AAV-2, de part leur interaction étroite avec les héparans sulfates (261, 419). En effet, ces deux co-récepteurs augmenteraient l'attachement du virus à la membrane cellulaire après son ancrage préalable sur les héparans sulfates (21, 261). Dans le cas du récepteur FGFR, les auteurs ont utilisé une lignée cellulaire de mégacaryocyte (MO7e), non permissive à l'AAV-2 (419). La co-transfection de plasmides codant le récepteur FGFR et la protéine Syndecan-1, provenant d'héparans sulfates murins a conduit à l'internalisation du virus. Simultanément, l'équipe de J. Samuslki identifiait un troisième co-récepteur de l'AAV-2, l'intégrine alpha-V beta-5 ($\alpha_V\beta_5$), également impliqué dans l'internalisation de l'adénovirus (495). Les auteurs ont montré que des anticorps dirigés contre la sous-unité β_5 de l'intégrine inhibait l'internalisation de l'AAV-2 sans affecter son attachement à la membrane cellulaire, suggérant que ce co-récepteur favoriserait l'endocytose du virus.

2.2. L'endocytose et le traffic intracellulaire

Bien que le processus d'endocytose de l'AAV-2 ne soit pas clairement défini, il semblerait que comme observé pour l'adénovirus, l'intégrine $\alpha_V\beta_5$ favoriserait l'internalisation de l'AAV-2 dans des vésicules recouvertes de clathrine (Figure 4) (21, 529). Ce processus impliquerait la dynamine, une enzyme cytosolique hydrolysant le GTP, qui permettrait de détacher la vésicule néoformée de la membrane plasmique (133, 330). De plus, l'interaction de l'AAV-2 avec l'intégrine $\alpha_V\beta_5$ conduirait à l'activation de Rac1, une molécule de signalisation intracellulaire appartenant à la famille des petites protéines G et à celles des kinases phosphoinositol-3 (PI3K) associées à cette voie de signalisation. Cette activation a pour conséquence d'induire le réarrangement du réseau de microtubules et de microfilaments d'actine formant le cytosquelette, de façon à permettre la progression du virus vers le noyau (452). De ce fait, l'inhibition de Rac 1 par un mutant dominant négatif ou par la wortmaninn, un inhibiteur de kinase limite le déplacement du virus dans le cytoplasme (21, 452). De même, l'utilisation de drogues telles que le nocodazole inhibant la polymérisation des microtubules ou la cytochalasin B, désorganisant le réseau des microfilaments d'actine réduit fortement la progression du virus vers le noyau (452).

Comme décrit chez de nombreux virus, le faible pH du compartiment endosomal induirait un changement conformationnel au niveau d'une protéine virale clé, permettant ainsi, au virus de sortir de l'endosome et de progresser vers le noyau (331). Dans le cas de l'AAV-2, un domaine localisé dans la région unique de VP1, également présent chez de nombreux parvovirus possède une activité de type phospholipase A2 (PLA2) qui favoriserait la sortie du compartiment endosomal (180, 582). En effet, des mutants AAV-2 dépourvus d'activité phospholipase sont très peu infectieux, du fait de leur capacité réduite à s'échapper de l'endosome et à s'accumuler dans l'espace péri-nucléaire (180). D'après la structure atomique de l'AAV-2, la région unique de VP1 serait localisée à l'intérieur de la capside, de ce fait, aucune activité phospholipase n'est détectable *in vitro* à partir de particules virales natives (280, 564). De plus, il a été montré que l'activité phospholipase serait restaurée après un traitement des particules à 60°C, ayant pour conséquence l'externalisation de la région unique de VP1 à travers les canaux entourant l'axe de symétrie d'ordre 5 qui relient l'intérieur de la capside vers l'extérieur (42, 279). Toutefois, les auteurs ne précisent pas si l'enzyme PLA2 reste fonctionnelle dans l'environnement acide du compartiment endosomal pour permettre la sortie du virus, comme il a été démontré pour le parvovirus canin (CPV) (494).

2.3. L'import nucléaire et la conversion du génome

L'entrée du virus dans le noyau reste un sujet de controverse. Peu d'études ont été conduites avec l'AAV-2 sauvage, la plupart d'entre elles ayant été effectuées avec des AAV recombinants (Figure 4) (129). Cependant, quelques évidences indiquent que des particules d'AAV-2 intactes seraient importées dans le noyau (452, 464).

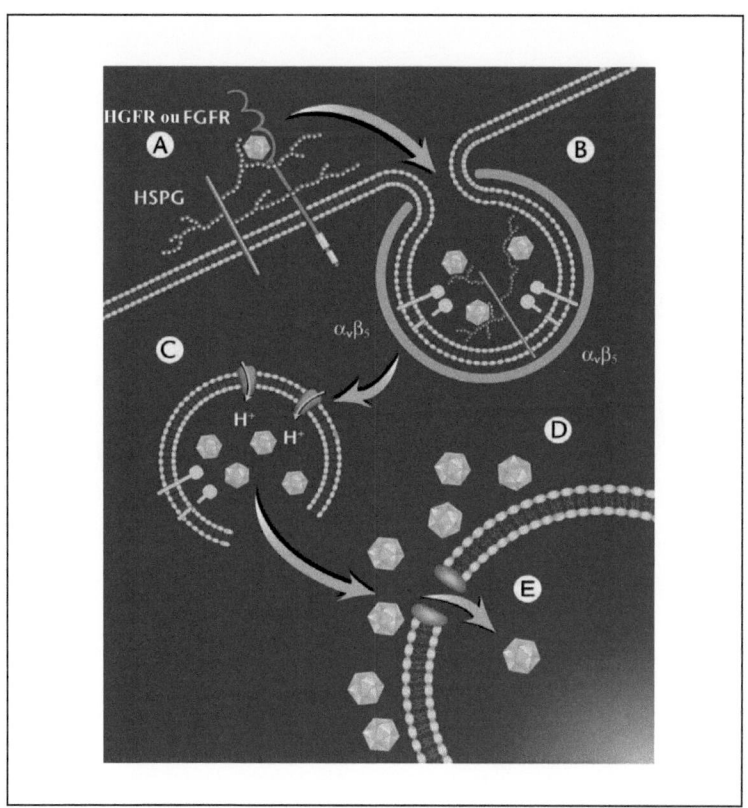

Figure 4: L'internalisation et le trafic intracellulaire de l'AAV-2 (d'après Bartlett *et al.*, 2000)
(A). L'AAV-2 s'attache au niveau des protéoglycans de type héparan sulfate (HSPG), en collaboration avec 2 de ses co-récepteurs, le FGFR (Facteur de croissance de fibroblaste) et le HGFR (le facteur de croissance hépatocytaire). **(B).** Il est internalisé dans des vésicules recouvertes de clathrine grâce à son co-récepteur, l'intégrine αVβ5. **(C).** La sortie des endosomes est médiée essentiellement grâce à l'activité phospholipase, localisée dans la région unique de VP1. **(D).** Les virions s'accumulent alors dans l'espace périnucléaire avant d'être décapsidés ou pour certains d'entre eux transportés directement dans le noyau.

En effet, la visualisation en temps réel de l'entrée d'un virus dans une cellule a permis de détecter des particules virales dans le noyau, seulement 15 minutes post-infection, et non pas 2 heures comme décrit précédemment par Bartlett *et al.* (21, 464). Ce processus se ferait par diffusion du virus à travers la membrane nucléaire, indépendamment du complexe du pore nucléaire dont la taille de 39 nm permettait pourtant l'internalisation de l'AAV-2 (24nm) dans le noyau (212). Par ailleurs, Xiao *et al.*, ont proposé que les particules d'AAV-2 s'accumuleraient dans l'espace péri-nucléaire pendant au moins 16 h, avant que l'ADN viral ne soit détecté dans le noyau. Le processus de décapsidation se ferait lors du passage de la membrane nucléaire, justifiant ainsi l'absence de particules intactes dans le noyau (562). Cependant, en présence d'adénovirus, les particules AAV-2 seraient très rapidement internalisées dans le noyau, 40 minutes post-infection, par un mécanisme également indépendant du complexe du pore nucléaire (562). Dans le cas des AAVr, il a été montré que le transport des particules dans le noyau serait favorisé par des agents inhibiteurs du protéasome. En effet, l'augmentation de l'ubiquitinilation des protéines de la capside faciliterait le trafic intracellulaire du virus dans les compartiments endosomaux, plutôt que son import nucléaire (131, 570, 571).

Le processus de décapsidation et de conversion du génome simple brin en double brin jouerait un rôle important, en particulier, dans l'efficacité de transduction des différents sérotypes. En effet, des AAVr de sérotype 2 injectés chez la souris persisteraient dans le noyau d'hépatocyte pendant 6 semaines avant d'être décapsidés, retardant ainsi l'expression du transgène, contrairement aux AAVr de sérotype 8 dont la décapsidation s'effectuerait très rapidement, en moins de 24h (502). Dans le cas de l'AAV-2, Huser *et al.*, ont détecté la présence d'ADN viral, intégré niveau du site AAVS1 seulement, 8 heures post-infection, suggérant que le processus de décapsidation et la conversion de son génome simple brin en double brin ne serait pas une étape limitante pour l'entrée du virus en phase latente (246).

3. La phase latente de l'AAV-2

L'AAV-2 est considéré comme un virus « défectif » car il nécessite la présence d'un virus auxiliaire, pour effectuer un cycle réplicatif complet. En absence de virus auxiliaire, il entre dans une phase de latence caractérisée par l'absence d'expression de ses gènes *rep* et *cap*.

3.1. La persistance du génome viral *in vitro*

Peu de temps après la découverte de l'AAV, des infections successives d'adénovirus sur des cellules primaires d'origine humaine ou simienne, initialement dédiées à la production d'un vaccin ont conduit à l'amplification de particules virales AAV (238). La présence initiale du génome de l'AAV dans ces cellules étant fort probable, les auteurs de cette étude ont confirmé qu'en absence de virus auxiliaire, l'AAV pouvait s'établir en latence, dans une lignée cellulaire humaine Detroit 6, provenant d'un carcinome du nasopharynx (238). En effet, après 10 passages successifs des cellules, la présence de l'AAV n'était plus détectable à moins d'apporter l'adénovirus en trans.

> **L'intégration site-spécifique dans le chromosome 19**

Plusieurs modèles de latence, établis dans des cellules immortalisées, incluant notamment des cellules HeLa et KB ont permis de caractériser les formes moléculaires associées à la persistance de l'AAV-2 *in vitro* (33, 211, 293, 527). En particulier, Cheung *et al.*, ont montré que l'ADN viral persistait dans le génome de cellule Détroit 6, en s'intégrant sous forme de concatéméres organisés en tandems tête-queue (93). Le clonage de la jonction entre l'ADN viral et cellulaire a permis de cartographier le site d'intégration de l'AAV-2, au niveau du chromosome 19, locus 19q13.3-qter, appelé site AAVS1 (Figure 5) (277, 278, 450).

Une région de 33 nucléotides comportant un site RBS et un site trs, semblables à ceux retrouvés au niveau des ITR a été définie comme la séquence minimale permettant l'intégration spécifique de l'AAV-2 dans le chromosome 19 humain, en présence des protéines Rep78/68 (310, 311). Ainsi, les 200 000 sites RBS répertoriés dans le génome cellulaire humain ne permettraient pas l'intégration spécifique de l'AAV-2 dans chacun de ces locus chromosomiques, du fait de l'absence d'un site trs associé, permettant à Rep78/68 de cliver l'ADN chromosomique (556, 580) (voir § II.3.1). De plus, des mutations affectant l'un des deux sites RBS ou trs présents dans l'AAVS1, ou encore l'absence de protéines Rep78/68 comme dans le cas des AAVr conduiraient à une perte d'intégration site-spécifique de l'AAV-2 (311, 345). Enfin, suite à la caractérisation du site AAVS1 chez l'homme, il avait été établit que les rongeurs seraient dépourvus d'un site AAVS1 consensuel dans le chromosome 19, limitant ainsi considérablement les études *in vivo*, visant à mieux comprendre les étapes d'intégration site spécifique de l'AAV-2. Ainsi, la plupart des études ont été réalisées *in vitro*, dans des lignées cellulaires, à l'aide de vecteurs dérivés du virus EBV, portant différentes régions chromosomiques entourant le site AAVS1 ou *in vivo*, sur des souris ou des rats transgéniques, portant le site AAVS1 humain (16, 177, 438, 580).

Cependant, deux homologues du site AAVS1 ont été récemment identifiés chez le primate et la souris (Figure 5) (7, 137). Chez le primate, le site AAVS1, identifié dans des cellules CV-1, dérivées de la lignée AGMK (African Green Monkey Kidney) se situe dans le chromosome 19 et présenterait les mêmes propriétés que son homologue humain (7). Par contre, chez la souris, le site AAVS1, identifié dans le chromosome 7 par comparaison des génomes murin et humain, récemment séquencés, présenterait des divergences plus importantes au niveau des séquences intergéniques en amont du site AAVS1 (137). Ainsi, les études antérieures réalisées chez la souris devraient permettre de déterminer si l'intégration du génome viral de l'AAV-2 a eu lieu au niveau du chromosome 7 murin et non pas de façon aléatoire comme il avait supposé auparavant.

> **Le site AAVS1 dans son contexte chromosomique**

Le site AAVS1 se situe en amont du site d'initiation de la traduction du gène *mbs85* (myosin binding subunit), appelé également PPP1R12C, codant la sous-unité 12C de la protéine phosphatase 1 (Figure 5) (136, 137, 499). L'intégration de l'AAV-2 dans le gène *mbs85*, impliqué dans la régulation de la polymérisation de l'actine conduirait à priori, à son inactivation, sans phénotype particulier associé pour l'instant (499).

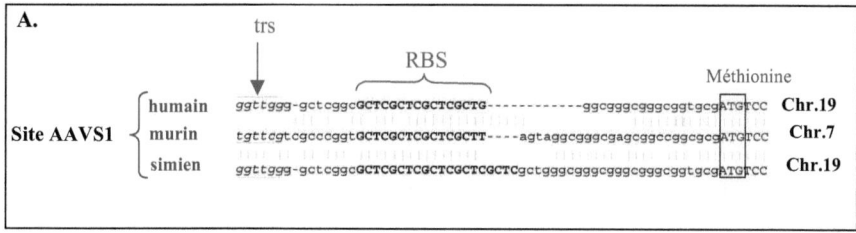

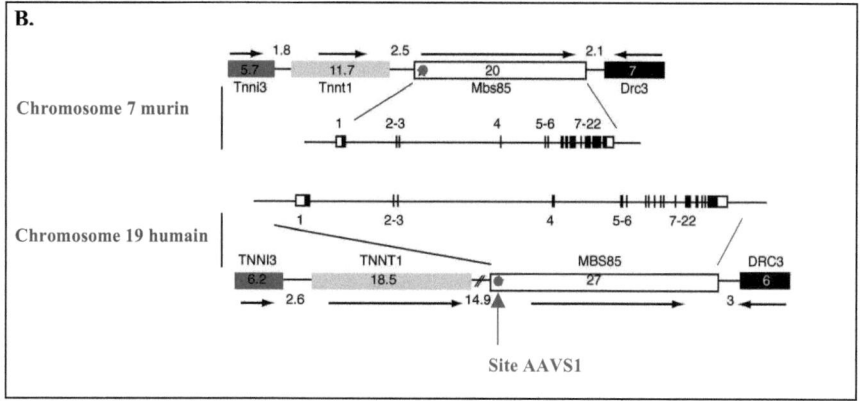

Figure 5: La localisation des sites AAVS1 humain et murin dans le génome cellulaire (d'après Dutheuil *et al.*, 2004)
A. Alignement des séquences AAVS1 d'origine humaine, murine et simienne. Le site AAVS1, identifié chez l'homme, comprend une région de 33 nucléotides formé des sites RBS et trs, deux éléments essentiels pour la fixation et l'activité endonucléase de Rep78/68. Il présente plus de 90% d'homologie avec les autres sites identifiés chez la souris (chr.7) et le primate (chr.19).
B. Organisation structurale des sites AAVS1 dans leur contexte chromosomique. Les sites AAVS1, représentés en rose sont situés dans le premier exon du gène *mbs85*, présent sur le chromosome 19 humain, ou sur le chromosome 7 murin. Le gène *mbs85*, codant la sous-unité 12C de la protéine phosphatase 1 est formé de 22 exons, dont l'organisation est détaillée dans la section centrale. L'insertion de génome viral dans le site AAVS1 conduit à priori, à l'inactivation du gène *mbs85*. Les gènes TNNT1, TNNI3 codent deux sous-unités de la troponine, exprimée au niveau du muscle squelettique (TNNT1) ou cardiaque (TNNI3). Les régions codantes et non codantes correspondent respectivement aux rectangles noirs et gris, et le sens de la transcription est indiqué par des flèches. Enfin, la taille des gènes et leur espacement sont indiqués en kb.

De plus, elle s'accompagnerait d'un réarrangement des gènes en proximité immédiate du site AAVS1, en particulier du gène TNNT1, situé à 14,7 kb en amont, codant une sous-unité de la troponine T, exprimée, à priori, uniquement dans les cellules du muscle squelettique (136, 444). Cependant, la présence de transcrits issus du gène TNNT1 a été mise en évidence dans deux lignées cellulaires d'origine non musculaire, infectées de façon latente par l'AAV-2 (HA-16 et Detroit 6), suggérant que l'intégration du génome viral pourrait modifier l'expression tissu spécifique du gène TNNT1 (136).

Par ailleurs, le site AAVS1 se situerait dans une région ouverte de la chromatine, transcriptionnellement active. En effet, d'après des expériences de sensibilité à la DNAse I, la présence d'un site DHS (DNAse I Hypersentive Site), s'étendant sur une région de 300 bp située juste en amont du site AAVS1 (de -50 à –350 bp) pourrait faciliter la fixation des protéines Rep78/68 sur le RBS, étape essentielle à l'intégration site-spécifique du génome viral (291). De plus, cette région comportant plusieurs sites de fixation pour des facteurs de transcription tels que Sp1, CREB pourrait favoriser le recrutement de protéines cellulaires impliquées dans le processus de recombinaison non homologue (291). Enfin, l'activité promotrice résiduelle détectée dans cette région, grâce à des expériences de transfection transitoire à l'aide de gènes rapporteurs serait neutralisée par la présence d'un insulateur, permettant ainsi de ne pas interférer sur la transcription des gènes de l'AAV-2 situés en aval (291, 384). De plus, l'absence de transcrits *rep* et *cap* pendant la phase latente de l'AAV-2 laisse supposer que les promoteurs des gènes situés de part et d'autre du génome viral n'interféreraient pas sur la transcription des gènes de l'AAV-2, du fait notamment, de la présence d'un insulateur (32).

> **Mécanisme d'intégration du génome viral**

Une fois dans le noyau, plusieurs étapes sont nécessaires avant l'intégration du génome viral au niveau du chromosome 19. En particulier, la conversion du génome viral simple brin en double brin s'effectuerait par l'intermédiaire de complexes de réplication cellulaire. En absence d'un processus de conversion suffisamment efficace, un mécanisme d'appariement de deux brins de polarité opposée permettrait la formation d'un duplex d'ADN simple brin, transcriptionnellement actif, conduisant, en particulier, à la synthèse des protéines Rep78/68, essentielles à l'intégration du génome viral dans le chromosome 19 (497, 580). Egalement, il a été suggéré que des protéines Rep78/68 puissent être apportées pendant l'infection virale. Elles seraient encapsidées en même temps que le génome viral dans les particules infectieuses ou associées à des protéines de la capside à la surface des particules virales (281). Cependant, cette étude n'a jamais été confirmée et ceci d'autant plus que les vecteurs AAVr, produits en présence des protéines Rep ne s'intègrent pas pour autant de façon site-spécifique dans le chromosome 19.

Plusieurs modèles d'intégration de l'AAV-2 dans le chromosome 19 ont été suggérés (138, 207, 310, 477, 579) (Figure 6). Dans tous les cas, l'intégration débuterait par la formation d'un complexe entre les protéines Rep78/68 et les sites RBS présents sur les ITR, le p5 et le site AAVS1, de façon à placer l'ADN chromosomique et viral dans un environnement proche (547). Après la formation de ce complexe, les protéines Rep78/68, de part leur activité d'endonucléase cliveraient l'ADN au niveau du site trs de l'AAVS1, tout en se fixant de façon covalente sur l'extrémité 5' du brin chromosomique clivé (255, 477, 517). La synthèse d'ADN serait alors initiée par les polymérases cellulaires de l'hôte, au niveau du site de coupure en direction du complexe formé par Rep78/68 et le génome viral. Après un ou deux tours autour du génome viral, créant des concatémères tête-queue, les polymérases cellulaires se déplaceraient par saut entre le brin chromosomique et le génome viral, créant une inversion des séquences AAVS1. Enfin, les protéines Rep78/68, possédant également une activité de ligase agiraient en collaboration avec des enzymes cellulaires de l'hôte pour réparer la jonction entre l'ADN viral et cellulaire (580).

Ainsi, le processus d'intégration de l'AAV-2 dans le chromosome 19 s'accompagnerait de l'amplification des séquences AAVS1 et de la réplication du génome viral, conduisant à la formation de concatémères, organisés en tandem tête-queue, retrouvés dans les formes latentes intégrées de l'AAV-2 (136, 276, 293, 527). De plus, les concatémères « tête-queue », n'ayant pas été observées lors la réplication de l'ADN viral sous une forme linéaire, il a été suggéré que le génome viral serait sous une forme circulaire avant de s'intégrer dans le chromosome 19.

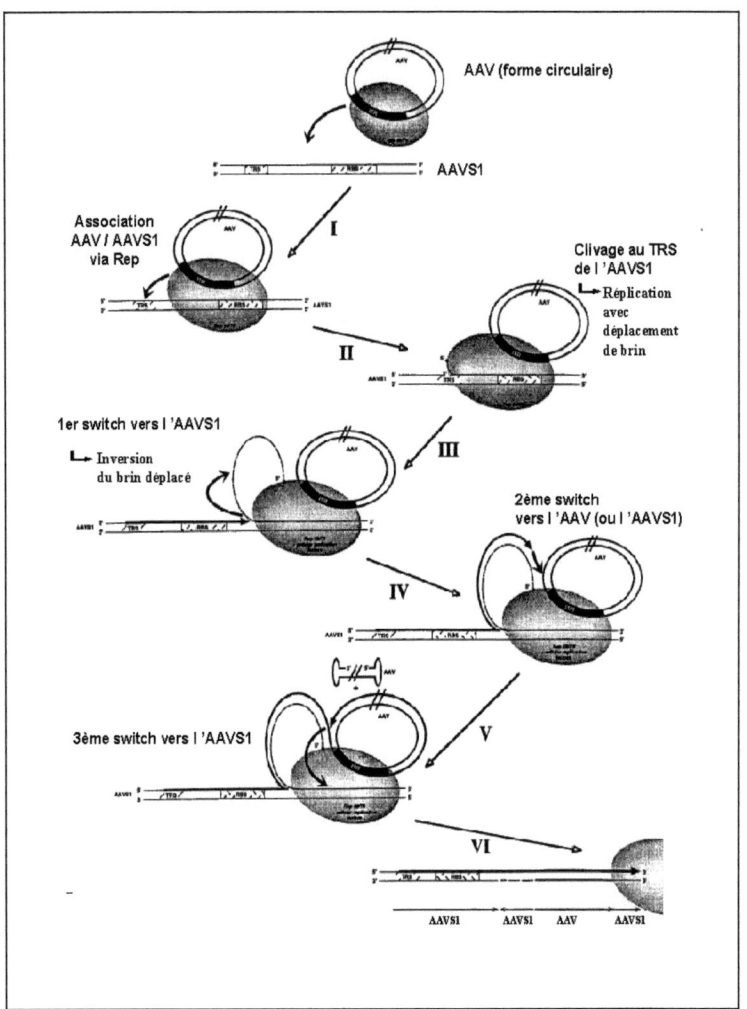

Figure 6 : Un modèle d'intégration de l'AAV-2 dans le site AAVS1 (D'après Linden *et al.*, 1996)
(I). Le processus d'intégration au niveau du site AAVS1 débuterait par la formation d'un complexe entre le génome viral sous forme circulaire et les protéines Rep78/68. **(II)** Le clivage de l'ADN chromosomique au niveau du site trs de l'AAVS1, par les protéines Rep78/68 s'accompagnerait de l'assemblage d'un complexe de réplication cellulaire. **(III).** La réplication du génome viral par déplacement du simple brin serait initiée au niveau du site trs. **(IV, V).** Le complexe de réplication cellulaire se déplacerait alors par saut entre l'ADN viral et le brin d'ADN chromosomique, créant une inversion des séquences AAVS1. **(VI).** La réparation des jonctions entre l'ADN chromosomique et le génome viral serait effectuée par l'intermédiaire des protéines Rep78/68 et d'enzymes cellulaires de l'hôte.

Enfin, il a été établi qu'en absence de génome viral, les protéines Rep78/68 induiraient un réarrangement des séquences entourant le site AAVS1, renforçant leur rôle essentiel pour initier le processus d'intégration dans le chromosome 19 (579, 580).

Par ailleurs, il semblerait que la présence du site trs au niveau des ITR ne soit pas essentiel au processus d'intégration site–spécifique de l'AAV-2, suggérant que l'étape d'intégration se ferait indépendamment de la réplication du génome viral (579). Ainsi, les ITR contribueraient seulement au maintien du génome viral pendant la phase latente et à sa mobilisation par un virus auxiliaire (579). De plus, il a été montré plus récemment que la présence d'une séquence de 138 paires de base, appelée p5IEE (p5 Integration Efficient Element), localisée dans le promoteur p5 conduirait à l'intégration site-spécifique de l'AAV-2, en absence des ITR (407). Ainsi, plusieurs études ont été initiées afin d'introduire la séquence p5IEE dans les vecteurs AAVr, ayant perdu la capacité de s'intégrer spécifiquement dans le site AAVS1. A ce jour, l'intégration site-spécifique au niveau du site AAVS1 a été mise en évidence à l'aide de plasmides comportant la séquence p5IEE et en présence des protéines Rep78/68 mais reste cependant, à démontrer pour les vecteurs AAVr (406, 408).

La caractérisation des formes moléculaires associées à la persistance de l'AAV-2 a été analysée principalement *in vitro*, dans des lignées cellulaires humaines. En particulier, la fréquence d'intégration du génome viral au niveau du chromosome 19 a été majoritairement étudiée au détriment de la caractérisation des autres formes moléculaires de l'AAV-2, telles que les formes épisomales (135, 136, 207, 247, 450). Par exemple, Huser *et al.*, ont analysé par PCR quantitative, l'intégration du génome de l'AAV-2, au niveau du site AAVS1 de cellules HeLa, au cours du temps. Seulement, 0.1% d'événement d'intégration par particule infectieuse, soit 1 génome sur 1000 a été détecté après quatre jours d'infection, en aval du site AAVS1, dans une région de 1000 bp (247). Bien que des événements d'intégration soient détectables dès 8 h, le processus d'intégration serait effectif entre 24 h et 48 h post-infection, confirmant ainsi les résultats obtenus avec un système d'intégration artificiel, à l'aide de vecteurs EBV, comportant différentes régions du site AAVS1 (176). Ainsi, l'intégration de l'AAV-2 dans le chromosome 19 serait un événement relativement rare, suggérant la présence de formes moléculaires, intégrées dans d'autres régions du génome ou persistant sous forme d'épisome.

3.2. La persistance du génome viral *in vivo*

La persistance du génome de l'AAV-2 *in vivo* a été peu étudiée pendant des années, puisque aucun site AAVS1 n'avait été trouvé au niveau du chromosome 19 des rongeurs. Ainsi, avant la découverte récente d'un site AAVS1 au niveau du chromosome 7 murin, des modèles de souris ou de rats transgéniques, comportant le site AAVS1 humain ont permis de démontrer quelques événements d'intégration site-spécifique de l'AAV-2, dans le site AAVS1 humain, deux mois après l'injection intramusculaire du quadriceps de ces animaux (438). De plus, une étude, réalisée chez le primate a également démontré la présence de séquences AAV-2, intégrées au niveau du site AAVS1 simien, chez deux animaux sur 8, ayant reçu le virus par voie intraveineuse (232).

Chez l'homme, malgré les données séro-épidémiologiques démontrant la forte prévalence de l'AAV-2, peu d'études ont investigué les formes moléculaires à la base de sa persistance. La présence de l'AAV-2, détectée principalement au niveau de la sphère génitale, a été mise en évidence en amplifiant par PCR les séquences du gène *rep*, ne permettant pas de distinguer les formes intégrées et épisomales (59, 140, 165, 508, 528). Cependant, la présence de formes intégrées de l'AAV-2 dans le site AAVS1 a été mise en évidence récemment, au niveau des gonades de deux patients, confirmant ainsi que l'AAV-2 a la capacité de s'intégrer de façon spécifique après une infection naturelle (349). De plus, Clark *et al.*, ont investigué la présence d'AAV dans 175 tissus d'origine diverses, prélevés chez de jeunes enfants (103). La caractérisation des formes moléculaires d'AAV détectées dans 9 tissus a été réalisée par trois méthodes de PCR, permettant de distinguer les formes épisomales (LRCA), les formes intégrées au hasard dans le génome cellulaire (LAM-PCR) ou dans le site AAVS1 (PCR site-spécifique). De façon très inattendue, cette étude a révélé que l'AAV-2 persistait très majoritairement sous forme d'épisomes, organisés en concatémères tête-queue avec des réarrangements au niveau des ITR, un seul événement d'intégration au niveau d'une région d'ADN hautement répétée dans le chromosome 1 ayant été identifié. Ainsi, l'absence d'intégration du génome viral dans le site AAVS1 est en accord avec le faible pourcentage d'intégration site-spécifique retrouvé *in vitro*. De ce fait, il serait intéressant de réaliser une étude à grande échelle afin de mieux caractériser les formes moléculaires associées à la persistance de l'AAV-2 chez l'homme.

3.3. Le cas particulier des AAVr

Contrairement à l'AAV-2, de nombreuses études réalisées *in vitro* et *in vivo* ont investigué les formes moléculaires associées à la persistance des AAVr. Dépourvus du gène *rep*, les AAVr persisteraient majoritairement sous forme d'épisome circulaire ou alors en s'intégrant de temps en temps, de façon aléatoire, dans le génome cellulaire de l'hôte, à priori dans des régions transcriptionnellement actives (356, 373, 440, 484). Des cassures préexistantes dans l'ADN chromosomique double brin (DSB, Double Strand Break) favoriseraient ainsi l'intégration des AAVr dans le génome cellulaire, par un mécanisme de recombinaison non homologue (NHEJ). En effet, il a été montré que des agents endommageant l'ADN augmenteraient la fréquence d'intégration des AAVr (5, 441). Par ailleurs, l'apport en *trans* des protéines Rep78/68 à l'aide notamment, de vecteurs adénoviraux ou dérivés de l'herpès permettraient l'intégration spécifique des AAVr au niveau du site AAVS1 (221, 429, 430, 532).

Les différentes formes moléculaires associées à la persistance des AAVr *in vivo* seraient variables d'un tissu à l'autre. Ainsi, seules, des formes épisomales circulaires, organisées en concatémères « tête-queue » ont été détectées dans le muscle squelettique de souris (134, 460, 484, 523). De plus, une étude récente a suggéré que la sous-unité catalytique de la DNA-PK inhiberait l'intégration des AAVr dans le génome de l'hôte (485). A l'inverse, quelques événements d'intégration dans le génome murin ont été mis en évidence après injection d'AAVr dans des cellules hépatiques, bien qu'une majorité de formes épisomales ait été également détectée (354, 373, 374).

4. La phase productive de l'AAV-2

La phase productive de l'AAV-2, conduisant à la réplication du génome viral et l'assemblage de nouvelles particules se déroule en présence d'un virus auxiliaire. La transcription du gène *rep*, permettant la synthèse des protéines Rep78/68, en particulier, est une étape essentielle dans la réplication de l'ADN viral et la synthèse des protéines de structure qui sera développée dans le prochain chapitre.

4.1. La réplication du génome viral

La réplication du génome viral se déroule dans le noyau. Des expériences de réplication *in vitro* ont permis de mettre en évidence que seuls, les ITR, les protéines Rep78 ou 68 ainsi qu'un complexe de réplication cellulaire étaient suffisants pour permettre la réplication de l'AAV-2 (537). En effet, Ni *et al.*, ont montré que des extraits de cellules HeLa non infectées par l'adénovirus conduisaient à la réplication du génome de l'AAV-2, confirmant que la synthèse de son ADN pouvait s'effectuer indépendamment de la présence de l'ADN polymérase de l'adénovirus (377). Dans le cas de HSV-1, la contribution du complexe UL30/UL42, correspondant à l'ADN polymérase et son facteur accessoire reste encore incertaine (536). Par ailleurs, d'après les travaux réalisés avec le polyomavirus SV40, où dix facteurs cellulaires ont été définis comme étant essentiels à la réplication de son génome viral, Ni *et al.*, ont trouvé qu'au moins 3 d'entre eux étaient impliqués dans la réplication de l'AAV-2 : les protéines RPA (Replication protein A), ainsi que les protéines RFC (Replication factor C) et PCNA (Proliferating cellular nuclear antigen), deux protéines accessoires des ADN polymérase cellulaires δ et ε (377). De ce fait, il a été proposé que les ADN polymérases cellulaires δ et ε participent activement à la réplication du génome de l'AAV-2, bien que ces enzymes ne permettent pas la synthèse de l'ADN viral *in vitro*, en présence des trois facteurs RPA, RFC, PCNA, suggérant l'existence d'un facteur intermédiaire supplémentaire (377).

> **La synthèse des formes réplicatives**

La réplication est initiée au niveau de l'extrémité 3' du génome, grâce à la structure en épingle à cheveux de l'ITR qui sert d'amorce aux ADN polymérases cellulaires (Figure 7).

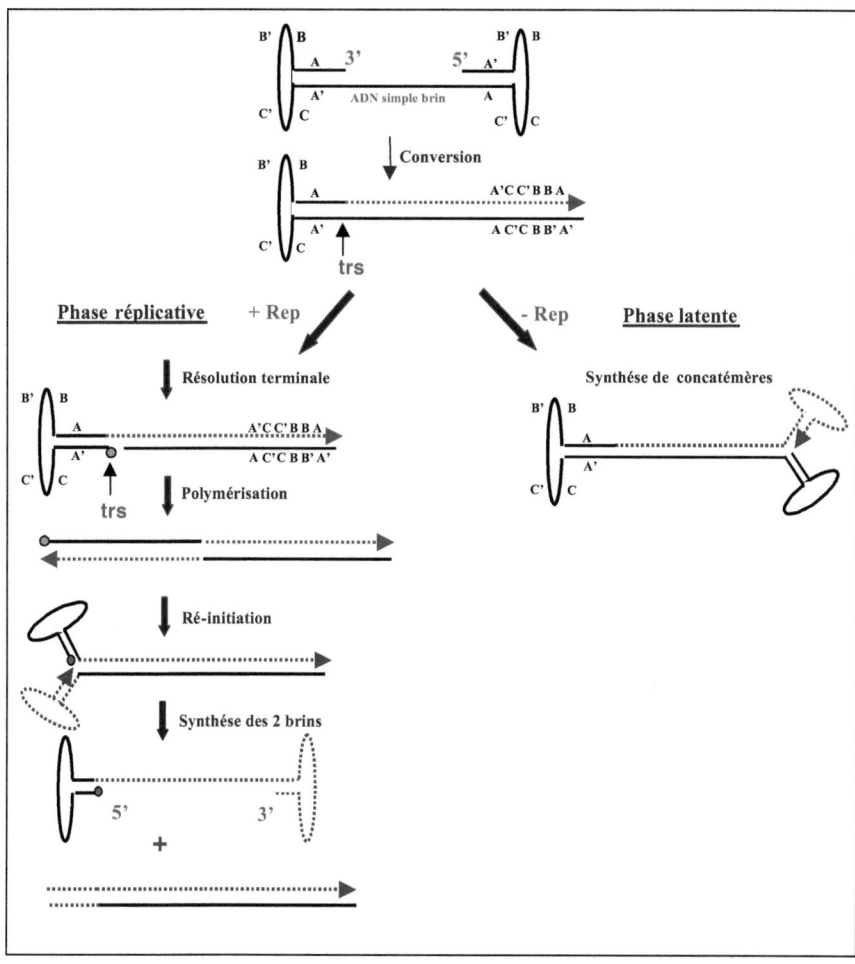

Figure 7: Un modèle de réplication de l'AAV-2
(d'après Brister J.R. *et al.*, 2000)
La réplication de l'ADN viral est initiée par la conversion de l'ADN simple brin en double brin. La résolution terminale de l'ITR s'effectue grâce à l'activité hélicase et endonucléase des protéines Rep78/68 (cercle roses), conduisant au clivage de l'ADN au niveau du site trs et la synthèse du brin inférieur. Un cycle de réplication est alors ré-initié par la séparation des deux brins et le repliement des ITR.

Ce mode de réplication par déplacement du simple brin est similaire à la réplication du MVM ou du bactériophage φX174 en cercle roulant (500). Cette étape conduit à une forme réplicative intermédiaire double brin, fermée à une des ses extrémités par le repliement de l'ITR, limitant ainsi sa réplication. Par conséquent, une des étapes-clé de la réplication implique que la structure en épingle à cheveux de l'ITR soit convertie en un duplex d'ADN ouvert pour être répliqué. Cette étape appelée résolution terminale des ITR est médiée grâce aux activités hélicase et endonucléase de Rep78/68, induisant une coupure sur le site trs du brin parental et libérant ainsi une amorce 3'OH pour la synthèse du brin complémentaire (249, 481, 482). L'activité endonucléase de Rep78/68, étant effective uniquement sur un simple brin, la fixation de Rep78/68 sous forme de multimères, au niveau des sites RBE et RBE' de l'ITR permet ainsi de séparer les deux brins d'ADN au niveau du site trs (34, 443, 478, 558). Cette réaction est médiée grâce à l'activité hélicase de Rep78/68 qui est dépendante d'ATP, conduisant ainsi au clivage du brin inférieur, entre les nucléotides 124 et 125 et l'attachement covalent de Rep au niveau de l'extrémité 5' du brin libéré (54, 481). La structure en épingle à cheveux de l'ITR est alors déroulée grâce à l'activité hélicase des protéines Rep permettant la synthèse complète d'une molécule d'ADN double brin et ainsi, l'initiation de la transcription des gènes (Figure 8)(54). Un cycle de réplication est alors ré-initié par la séparation des deux brins et le repliement des ITR. 10^6 génomes par cellule sont ainsi générés et encapsidés lors d'une phase de réplication en présence d'adénovirus. En absence de virus auxiliaire, la synthèse d'ADN conduit à des formes circulaires intermédiaires qui seraient des précurseurs d'intégration.

Initialement, il avait été proposé que les ITR étaient les seuls éléments impliqués dans la réplication et l'encapsidation du génome viral (229, 465, 531). Cependant, le fait que le génome de l'AAV-2 se réplique et s'encapside beaucoup plus efficacement que celui des AAVr, contenant seulement les ITR a laissé penser que d'autres éléments dans le génome viral contribuerait à sa réplication. Ainsi, il a été montré au laboratoire notamment, qu'une région de 350 paires de base, appelée CARE (Cis-Acting Replication Element) et localisée au niveau du promoteur p5 conduisait à la réplication d'un plasmide dépourvu des ITR, en présence d'adénovirus et des protéines Rep78/68 (381, 382, 515).

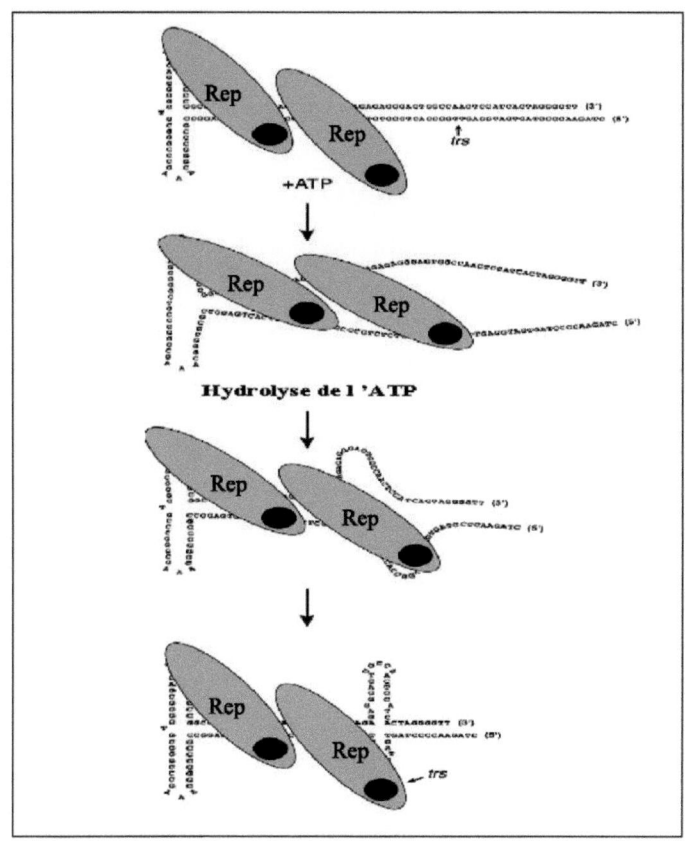

**Figure 8 : L'activité hélicase des protéines Rep78/68
(D'après Brister *et al.*, 2000)**
Après la fixation de Rep78/68 au niveau des sites RBE et du RBE' de l'ITR, leur activité hélicase dépendante d'ATP permet de dérouler l'ADN, en cassant les liaisons hydrogènes entre les bases. Ainsi, le site trs adopte une structure sous forme simple brin, permettant à Rep78/68 d'exercer leur activité d'endonucléase.

Récemment, cette région, restreinte à 55 paires de base, comprenant notamment, la boite TATA, les sites RBS, trs et YY1+1 a été définie comme l'origine de réplication minimale du p5 (Figure 15) (164). Sa contribution dans la réplication et l'encapsidation des particules AAVr est en cours d'analyse. De plus, cette région du p5, faisant partie de la séquence p5IEE de 138 paires de base, permettant l'intégration site-spécifique des AAVr dans le site AAVS1 pourrait contribuer également à cet effet (406-408).

> **Les centres de réplication de l'AAV-2**

La réplication du génome de l'AAV-2 se déroulerait dans les centres de réplication de ses virus auxiliaires, en particulier ceux de l'adénovirus (546). En effet, lors d'une co-infection de cellules HeLa par l'AAV-2 et l'adénovirus, le génome viral de l'AAV-2 et les protéines Rep se localisent dans les centres de réplication de l'adénovirus, correspondant à des corps d'inclusions associés à la matrice nucléaire, formés suite à la réorganisation des corps PML sous forme de fibre ou « track », par la protéine E4orf3 (305, 411, 418, 546). Ainsi, l'AAV-2 détournerait à son profit, les protéines cellulaires et adénovirales nécessaires à sa réplication, au détriment de celle de l'adénovirus. En particulier, les protéines Rep78/68 inhiberaient la réplication de l'adénovirus, en séquestrant au niveau de leur région C-terminale, la protéine kinase A (PKA), nécessaire à la phosphorylation du facteur de transcription CREB, activant l'expression des gènes précoces de l'adénovirus (126, 127, 457). De plus, elles agiraient également en se fixant au niveau du promoteur *E2a* qui contrôle l'expression de la protéine DBP (DNA Binding protein) de l'adénovirus, essentielle à sa réplication (72, 372).

De façon similaire, il semblerait que l'AAV-2, en particulier les protéines Rep78/68 se localisent dans les centres de réplication de HSV-1, situés le long de l'enveloppe nucléaire, et préformés juste avant la destruction des corps PML par la protéine ICP0 (152, 163, 492). Malgré l'absence de données démontrant la co-localisation du génome de l'AAV-2 dans les centres de réplication de l'HSV-1 lors d'une co-infection, comme il avait été démontré pour l'adénovirus, la présence des protéines Rep78/68 dans les centres de réplication de HSV-1 a été mise en évidence par co-marquage avec ICP8, la protéine DBP de HSV-1 (219, 492). De plus, il a été montré par transfection que les quatre protéines essentielles à la formation des centres de réplication de HSV-1, UL5/UL8/UL52, formant le complexe hélicase-primase et ICP8 seraient suffisantes pour établir des centres de réplication de l'AAV-2, dans lesquels les protéines Rep et ICP8 se co-localisent (313, 492). Ainsi, bien que le complexe hélicase-primase ne soit pas essentiel à la réplication du génome de l'AAV-2, sa présence permettrait le recrutement de ICP8 dans les centres de réplication (322, 492). Enfin, la taille des centres de réplication de HSV-1 étant nettement diminuée en présence d'AAV-2, cette observation suggère fortement que l'AAV-2 inhiberait la réplication de l'HSV-1, comme observé pour l'adénovirus, mais par un mécanisme qui reste à déterminer (218, 492).

4.2. L'assemblage des particules virales

L'assemblage des particules virales se déroule dans le noyau, en présence des trois protéines de structure, parmi lesquelles la protéine VP3 est indispensable à la formation des capsides (245, 551, 552).De plus, bien que des capsides puissent être assemblées en absence de VP1, les particules ainsi générées ne sont pas ou peu infectieuses (229, 479, 511). En effet, l'activité phospholipase, localisée dans la région unique de VP1 pourrait conférer au virus la capacité de s'échapper du compartiment endosomal et par conséquent d'entrer le noyau (180, 582). L'encapsidation du génome viral se ferait à priori dans des capsides vides préformées, à l'intérieur du nucléoplasme, d'après l'observation de particules vides dans les préparations d'AAV (189, 370, 506). Les protéines Rep52/40 joueraient un rôle important dans le processus d'encapsidation, en collaboration avec les protéines Rep78/68. En effet, une mutation abolissant la synthèse des protéines Rep52/40 diminue considérablement la synthèse de formes réplicatives simple brin, suggérant que l'encapsidation des génomes viraux serait également affectée (84). L'insertion de l'ADN simple brin dans les capsides vides se ferait grâce à l'activité hélicase des protéines Rep52/40, par l'intermédiaire des canaux situés autour de l'axe de symétrie d'ordre 5, présents à l'extérieur de la capside (42, 271).

4.3. Les fonctions régulatrices des protéines Rep

Comme on l'a vu, les protéines Rep sont impliquées dans de nombreuses étapes du cycle viral. De plus, elles interviennent dans la régulation du cycle cellulaire mais également dans la réplication des virus auxiliaires de l'AAV.

> **Les activités enzymatiques de Rep78/68 et Rep52/40**

Les protéines Rep78/68, synthétisées à partir du promoteur p5 jouent un rôle majeur lors de la réplication de l'ADN viral, la transcription des gènes *rep* et *cap* et l'intégration site-spécifique du génome viral, au niveau du site AAVS1. De ce fait, elles possèdent plusieurs activités enzymatiques, d'endonucléase site-spécifique, d'hélicase, d'ATPase, de ligase, leur permettant ainsi de contrôler chacune de ces étapes (Figure 9) (118, 249, 284, 394, 477, 481, 555). De plus, de part leur domaine de liaison à l'ADN, elles interagissent avec l'ADN double brin, sous forme de multimères, en se fixant sur les sites RBS retrouvés au niveau des ITR, du promoteur p5 et du site AAVS1 (Figure 10) (98, 277, 395, 547). En effet, bien que les quatre tétramères GAGC formant le RBS ne soient pas strictement conservés d'un site à l'autre, la fixation d'un complexe contenant 1 à 6 molécules de Rep78/68 reste néanmoins très stable (235, 308, 478). Les protéines Rep52/40, dépourvues de domaine de liaison à l'ADN mais ayant conservé leur activité d'hélicase et d'ATPase auraient un rôle restreint au cours du cycle viral (284). Elles seraient impliquées essentiellement dans le contrôle de la transcription des gènes de l'AAV-2 et lors de l'encapsidation des génomes viraux (83, 241, 271, 285).

Par ailleurs, bien que les modifications post-traductionnelles des protéines Rep aient été peu investiguées, il semblerait que l'état de leur phosphorylation conditionne fortement leur activité enzymatique et biologique. En effet, la phosphorylation des quatre protéines Rep au niveau du résidu sérine S535, induite en présence d'adénovirus serait impliquée, notamment dans la réplication de l'ADN viral (106, 209). Ainsi, il a été montré que l'hyperphosphorylation de la protéine Rep78, induite par un inhibiteur de phosphatase a pour conséquence d'inhiber son activité hélicase et sa fixation sur l'ITR *in vitro* (375). De plus, il a été proposé que l'état de phosphorylation de Rep68 serait critique pour son interaction avec les protéines 14-3-3, qui auraient pour rôle d'inhiber la fixation de Rep68 sur l'ITR (209).

Récemment, l'interaction de Rep68 avec Ubc9, une enzyme permettant de conjuguer SUMO-1 (Small ubiquitin-related modifier 1) a été mise en évidence par un système double–hybride dérivé de la levure (179, 539). Cependant, seule la modification de Rep78 au niveau du résidu lysine K84, par SUMO-1 a été démontrée *in vivo*, dans des cellules HeLa (539).

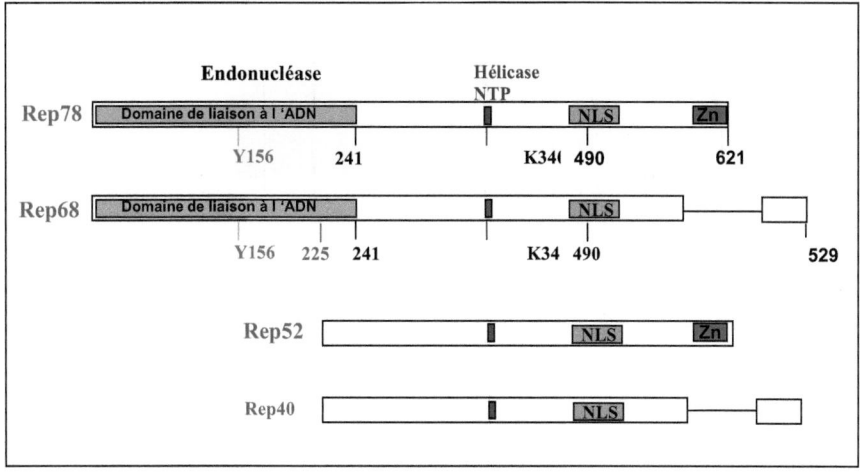

Figure 9 : Les domaines fonctionnels des protéines Rep
Les protéines Rep78/68, contrairement à Rep52/40 interagissent avec l'ADN au niveau de leur région amino-terminale. Leur activité endonucléase est médiée essentiellement par le résidu tyrosine 156. Ce résidu permet l'attachement covalent des protéines Rep78/68 sur le brin d'ADN coupé au niveau du résidu thymidine présent dans le site trs des ITRs et du site AAVS1. De nombreuses activités biologiques de Rep78/68 sont tributaires du domaine de liaison à l'ATP situé sur le résidu lysine 340, comme par exemple l'activité d'hélicase, d'endonucléase, de ligase. Un domaine de localisation nucléaire (NLS) est commun aux quatre protéines Rep. De plus, le domaine Zinc Finger (Zn) est retrouvé seulement au niveau de Rep78 et Rep52.

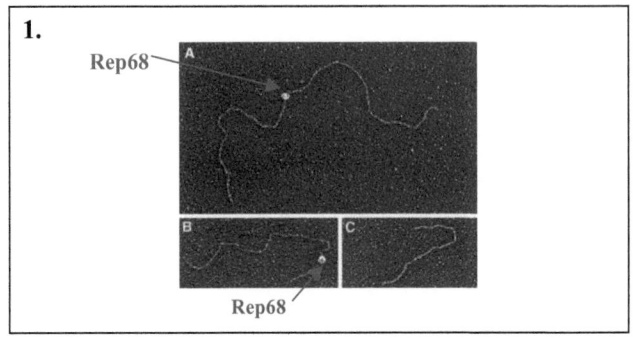

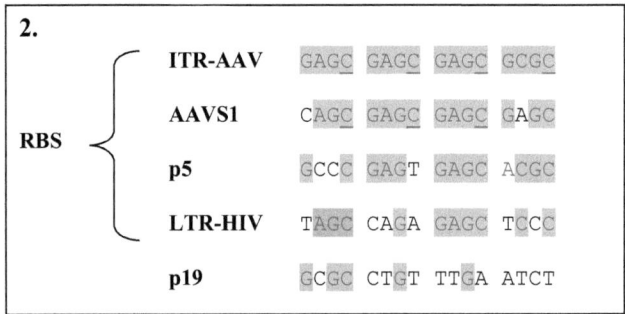

Figure 10: L'interaction des protéines Rep78/68 avec le site RBS
1. Attachement covalent de Rep68 à l'ADN (D'après Young *et al*., 2000). Une analyse par microscopie électronique des complexes Rep-ADN a permis de montrer la fixation de Rep68 sur le site RBS du fragment AAVS1 de 2.7 kb (A), ou sur un site RBS asymétrique présent sur un fragment d'ADN de 1,7 kb (B). L'absence de site RBE sur un fragment d'ADN de 935 bp ne permet pas la fixation de Rep 68 (C). **2. Comparaison entre les séquences des RBS localisés dans l'ITR, le site AAVS1, le p5 et le LTR de HIV.** Les séquences identiques apparaissent en rose sur fond gris. Les nucléotides soulignés correspondent aux cytosines importantes pour la fixation de Rep. Les séquences du p19 entre le boite TATA et le site d'initiation de la transcription montre l'absence de site RBS.

L'introduction d'une mutation ponctuelle au niveau de ce résidu, diminue alors considérablement la demi-vie de Rep78, indiquant que SUMO-1 contribuerait à sa stabilité, en particulier lors de l'établissement et du maintien en latence du virus. De plus, le résidu glutamine G83, permettant la fixation d'ions divalents nécessaires à l'activité endonucléase de Rep et localisé à proximité immédiate du site de sumolation, laisse penser que SUMO-1 pourrait interférer avec les activités enzymatiques des protéines Rep pendant le cycle viral (577).

> **Les effets biologiques des protéines Rep**

Au cours du cycle viral de l'AAV-2, les protéines Rep sont impliquées, non seulement dans le contrôle de l'expression des gènes de l'AAV-2 mais interférent également sur l'expression de certains gènes cellulaires et viraux, ayant pour conséquence de ralentir la progression du cycle cellulaire mais également d'inhiber la réplication des virus auxiliaires de l'AAV-2.

Les protéines Rep78/68, contrairement aux protéines Rep52/40 possèdent une activité anti-proliférative importante sur des cellules primaires ou des lignées cellulaires immortalisées, d'où la difficulté d'obtenir des lignées stables exprimant de façon constitutive les protéines Rep78/68 (225, 550). Elles induiraient un arrêt transitoire du cycle cellulaire en phase G1 et G2 (453). En particulier, Rep78 inhiberait la progression des cellules en phase S, en induisant l'accumulation de $p21^{WAF1}$, un inhibiteur de kinase des cyclines G1 et d'une forme hypophosphorylée de la protéine pRb, permettant ainsi de séquestrer et d'inhiber le facteur de transcription E2F qui est essentiel pour permettre le passage des cellules en phase S (453). De plus, par l'intermédiaire de son domaine Zing Finger, Rep78 induirait un arrêt du cycle cellulaire en phase S, ralentissant ainsi la synthèse de l'ADN cellulaire et par conséquent la croissance des cellules (453, 550).

Par ailleurs, les protéines Rep78/68 possèdent des propriétés oncosuppressives, leur permettant de ralentir la prolifération de cellules tumorales ou d'induire leur apoptose (18, 119, 266, 393, 439, 454). Elles agiraient, notamment, en inhibant l'activité promotrice d'oncogènes cellulaires (*ras*, *c-myb*, *c-fos*, *c-myc*) et viraux, comme par exemple, les protéines E6 et E7 des papillomavirus HPV16 et 18 (24, 226, 228, 493). Dans le cas de l'adénovirus, elles limiteraient la prolifération cellulaire non contrôlée, induite par les protéines E1a, en inhibant la progression du cycle cellulaire en phase S (453). De plus, l'interaction de Rep78 avec E2F permettrait de stabiliser le complexe pRB/E2F, limitant ainsi sa dissociation par les protéines E1a (25). Enfin, Rep78, en interagissant directement avec la protéine anti-oncogène p53, essentielle à l'intégrité du génome limiterait la dégradation de p53 induite par les protéines E1B55k/E4orf6 de l'adénovirus, ralentissant ainsi le processus d'immortalisation des cellules par E1a (26, 423, 489). Par ailleurs, la protéine Rep78 induirait l'apoptose de cellules tumorales en activant la caspase-3, impliquée dans le processus de mort cellulaire programmée (456).

Enfin, les protéines Rep sont capables d'inhiber l'activité promotrice de certains gènes viraux, tels que le LTR de HIV-1 mais également la réplication des virus auxiliaires de l'AAV-2, en particulier l'adénovirus et le papillomavirus HPV16 (9, 23, 74, 227, 241, 372, 546). Dans le cas de l'adénovirus, Rep78 interférerait avec la voix de transduction du signal dépendante de l'AMP cyclique, en inhibant deux de ses membres. En effet, par l'intermédiaire de son domaine Zing Finger, Rep78 séquestrerait et ainsi inhiberait la protéine kinase A (PKA) et son homologue PrKX, qui sont essentielles à l'activation de l'expression des gènes précoces de l'adénovirus et par conséquent à la réplication de son ADN (126, 127, 457). De plus, les protéines Rep inhiberaient l'expression de la protéine DBP de l'adénovirus, essentielle à sa réplication (72, 372). Pour HPV16, les protéines Rep, par leur domaine c-terminal inhiberaient la fonction transactivatrice de la protéine de réplication E2A, en dissociant le complexe formé par le coactivateur transcriptionnel p300 et la protéine E2A, conduisant ainsi à limiter la réplication de HPV16 (327). Pour les autres virus auxiliaires de l'AAV-2, en particulier, l'HSV-1, des évidences indiquent que l'AAV-2 inhiberait également leur réplication, cependant le mécanisme par lequel les protéines Rep agissent reste à démontrer (492).

4.4. Le rôle des virus auxiliaires au cours du cycle viral

Parmi les virus contribuant au cycle viral de l'AAV-2, seules les fonctions auxiliaires apportées par l'adénovirus ont été définies, contrairement aux virus de la famille des herpès ou encore aux papillomavirus (Figure 11).

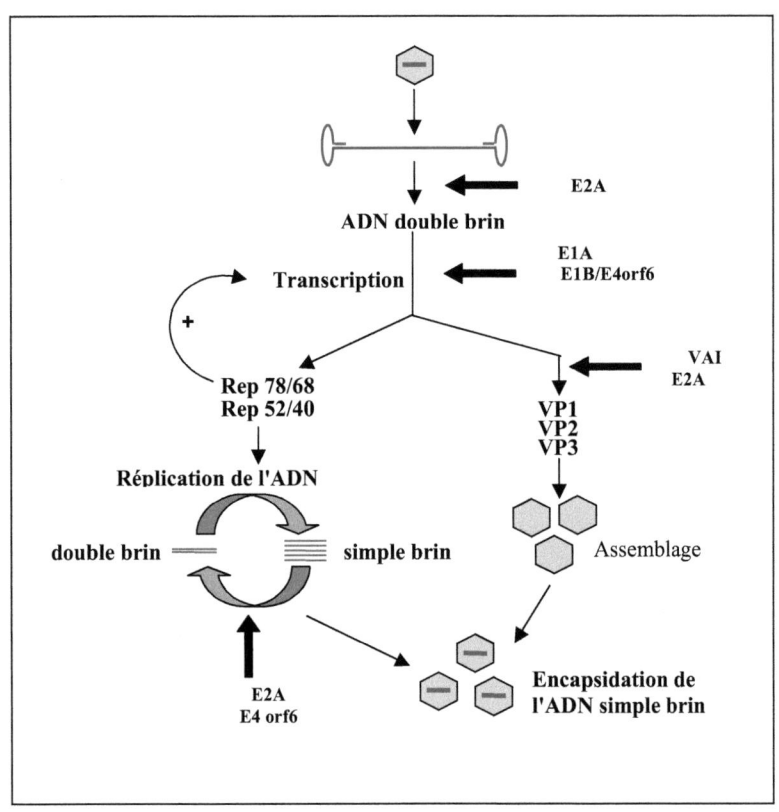

Figure 11: Les fonctions auxiliaires de l'adénovirus nécessaires au cycle viral de l'AAV-2.
La transcription des gènes de l'AAV-2 est initiée par les protéines E1A de l'adénovirus, au niveau du promoteur p5, conduisant à la synthèse des protéines Rep78/68. A leur tour, Rep78/68 transactivent les promoteurs p19 et p40, permettant ainsi la synthèse des protéines Rep52/40 et des trois protéines de structure VP1, VP2 et VP3. La réplication de l'ADN viral est contrôlée par Rep78/68, en collaboration avec des ADN polymérases de l'hôte et les protéine E2A et E4orf6. La protéine E2A participerait également à la conversion du génome simple brin en double brin, lors de l'initiation de la transcription. De plus, elle serait impliquée dans le transport des transcrits *cap*, en collaboration avec les ARN VAI. E1B/E4orf6 favoriserait l'exportation des ARNm viraux dans le cytoplasme, au détriment des ARNm cellulaires. Enfin, Rep52/40 permettrait l'encapsidation de l'ADN néo-synthétisé dans des capsides préformées.

De ce fait, les vecteurs AAVr sont produits actuellement en présence d'adénovirus ou des fonctions adénovirales qui ont été caractérisées.

> **Les fonctions auxiliaires apportées par l'adénovirus**

Les fonctions adénovirales contribuant au cycle réplicatif de l'AAV-2 ont été mises en évidence par transfection ou microinjection de fragments d'ADN et d'ARN d'adénovirus, ou encore grâce à l'utilisation d'adénovirus mutants (257, 434, 435, 511). Ainsi, la réplication de l'adénovirus, n'étant pas nécessaire pour la formation de particules AAV, seuls cinq gènes *E1a*, *E1b*, *E2a*, *E4orf6* et *VAI*, exprimés dès la phase précoce de l'adénovirus sont suffisants pour permettre à l'AAV-2 d'effectuer un cycle réplicatif complet. Ils interviennent à différentes étapes du cycle viral (Figure 11) :

Les protéines E1A, synthétisées à partir de 5 transcrits différents jouent un rôle majeur dans l'initiation de la transcription des gènes de l'AAV-2, en particulier du gène *rep* (80, 294, 436) (voir § III.2.3). Dépourvues de domaine de liaison à l'ADN, elles agissent par l'intermédiaire de facteurs de transcription ou de protéines co-activatrices pour activer l'expression de gènes viraux et cellulaires (468). De plus, l'activité transformante des protéines E1A favoriserait la progression des cellules en phase S pour permettre l'accumulation de facteurs cellulaires nécessaires à la réplication de l'ADN viral.

La protéine E2A de 72 kDa, appelée également DBP (DNA Binding Protein) serait impliquée essentiellement dans la réplication du génome de l'AAV-2, de part sa capacité à se fixer sur l'ADN simple brin (535). Elle favoriserait ainsi la conversion de l'ADN simple brin en double brin, en collaboration avec le complexe de réplication cellulaire, incluant son homologue, la protéine de réplication A (RPA) (69, 259, 424). De plus, la protéine E2A activerait la transcription des gènes issus du p5, d'après Chang *et al.*, toutefois, son effet transactivateur n'a pas été confirmé depuis cette étude (79).

La protéine E4orf6 de 34kDa, formant un complexe avec la protéine cytoplasmique E1B de 55kDa (E1B55K) permettrait son transport dans le noyau (183). Ce complexe E1B55K/E4orf6 favoriserait l'exportation et l'accumulation des ARNm de l'AAV-2 dans le cytoplasme, au détriment des ARN cellulaires. En effet, l'utilisation d'adénovirus mutés dans l'un des ses deux gènes inhiberait l'accumulation des transcrits AAV dans le cytoplasme (448). Toutefois, d'après les travaux de D. Pintel, l'exportation des transcrits AAV en dehors du noyau se ferait indépendamment de la présence d'adénovirus, indiquant que le rôle exact du complexe E1B55K/E4orf6 reste à préciser (367). Enfin, la protéine E4orf6 serait également impliquée dans la réplication du génome de l'AAV-2, en collaboration avec la protéine E2A (243).

Les ARN VAI, présents en faible quantité pendant la phase précoce de l'adénovirus favoriseraient en collaboration avec la protéine E2A, l'accumulation et la traduction des transcrits *cap* dans le cytoplasme (256, 257, 459). Chez l'adénovirus, ils contrôleraient la traduction des ARN messagers tardifs, en inhibant la protéine kinase eIF-2, bloquant ainsi la réponse anti-virale induite par l'interféron susceptible de limiter la traduction des protéines virales (501, 549).

> **Les fonctions auxiliaires apportées par l'HSV-1**

Parmi les autres virus contribuant au cycle viral de l'AAV-2, l'HSV-1 a été le plus étudié à ce jour, bien que la caractérisation de ses fonctions auxiliaires reste fragmentaire. Peu de temps après la découverte de l'AAV, des études préliminaires ont suggéré que l'effet auxiliaire apporté par l'HSV-1 était seulement partiel, du fait de l'absence de particules infectieuses AAV dans des cellules co-infectées par les deux virus (12, 37). Cependant, très rapidement, la présence de particules virales AAV-1 a été détectée dans le noyau de cellules infectées par HSV-1 ou HSV-2, confirmant ainsi leur contribution au cycle viral de l'AAV (223).

De façon similaire à l'adénovirus, la réplication du génome viral de l'HSV-1 ne serait pas nécessaire pour permettre à l'AAV-2 d'effectuer un cycle réplicatif complet (357, 505). Cependant, d'après des expériences de transfection de fragments d'ADN génomique de HSV-1, ou encore l'utilisation de mutants HSV-1, certains gènes impliqués dans la machinerie de réplication de HSV-1 contribueraient au cycle viral de l'AAV-2 (357, 505, 545). En particulier, Weindler *et al.*, ont montré que la protéine DBP ou ICP8 codée par le gène UL29, ainsi que le complexe hélicase-primase, codé par les gènes UL5/UL8/UL52 conduisaient à la réplication et à l'assemblage de particules AAV-2 dans des cellules HeLa. Dans cette étude, la réplication du génome de l'AAV-2 a été mise en évidence par co-transfection de plasmides exprimant les différents gènes de HSV-1 et le génome de l'AAV-2 tandis que l'assemblage des particules virales a été détecté après des infections successives des cellules Hela, par les mutants HSV-1 correspondants (545).

Cependant, il a été établi récemment, que les fonctions enzymatiques du complexe hélicase-primase ne seraient pas strictement requises pour la réplication du génome de l'AAV-2 mais contribueraient seulement à orienter la protéine DBP dans les centres de réplication de l'AAV-2 (492). En effet, d'après des expériences de réplication *in vitro*, réalisées en présence d'extraits de cellules HeLa, la protéine DBP (ICP8) seule serait suffisante pour permettre la synthèse des formes réplicatives de l'AAV-2 à un niveau comparable à celui de la protéine DBP de l'adénovirus (492). De plus, elle se localiserait dans les centres de réplication de l'AAV-2 et interagirait ainsi avec la protéine Rep78/68 de façon à augmenter sa fixation et son activité endonucléase sur les ITR de l'AAV-2 (219). De ce fait, le complexe hélicase-primase aurait pour fonction d'orienter la protéine DBP dans les centres de réplication de l'AAV-2. En effet, en l'absence d'un seul des trois constituants du complexe, la protéine DBP reste dispersée dans le nucléoplasme, comme initialement décrit par Lukonis *et al.* (322).

Enfin, la contribution de l'ADN polymérase de HSV-1 dans le cycle viral de l'AAV-2 reste un sujet de controverse, malgré des études réalisées en présence de PAA (Phosphonoacetic acid), un inhibiteur de la polymérase de HSV-1 ou de mutants dépourvus de l'enzyme, démontrant que sa fonction ne serait pas requise (210, 510, 545). En effet, Ward *et al.*, ont montré dans un système de réplication *in vitro* en présence de Rep68 que le complexe UL30/42 formé par l'ADN polymérase et d'une protéine accessoire était nécessaire pour permettre la synthèse de transcrits AAV (536). De plus, la protéine DBP, codée par le gène UL29 exercerait un effet synergique, en se fixant à l'ADN pour empêcher le repliement de l'ITR. Ces résultats suggèrent que lors d'une co-infection de l'AAV-2 et l'HSV-1, l'ADN polymérase de HSV-1 agirait de concert avec les enzymes de polymérisation cellulaire pour initier la réplication du génome de l'AAV-2.

Ainsi, parmi les facteurs de HSV-1 qui contribueraient au cycle viral de l'AAV-2, aucun d'entre eux ne possèderait d'activité transactivatrice, équivalente à celle des protéines E1A de l'adénovirus.

4.5. La production des vecteurs recombinants dérivés de l'AAV-2

Actuellement, la production des vecteurs recombinants dérivés de l'AAV-2 (AAVr), constitués des ITR et du transgène d'intérêt s'effectue grâce aux fonctions auxiliaires de l'adénovirus, récemment identifiées (190, 192, 338, 563). Ils sont produits classiquement dans des cellules 293 dérivées de rein embryonnaire humain, exprimant de façon constitutive les protéines E1 de l'adénovirus, par co-transfection du plasmide vecteur AAV et d'un plasmide comportant les gènes *rep* et *cap*, dépourvus des ITR, limitant ainsi la formation de particules sauvages. Les fonctions adénovirales sont apportées soit par un adénovirus non réplicatif, délété de la région E1, soit par un plasmide, comportant les gènes adénoviraux *E2a*, *VAI* et *E4* essentiels à l'effet auxiliaire et permettant ainsi de s'affranchir de la présence d'adénovirus contaminant dans les préparations d'AAVr (563). De plus, les gènes *rep* et *cap* peuvent être inclus avec les gènes *E2a*, *VAI* et *E4* sur un même plasmide (pDG), simplifiant ainsi le protocole de transfection (190). L'utilisation de ce plasmide pDG, dans lequel le promoteur p5 du gène *rep* a été remplacé par le LTR du MMVM (Mouse Mammary Tumor Virus) présente un avantage majeur. En effet, le nombre de particules AAV contaminantes, contenant des séquence *rep* est nettement diminué par rapport aux autres procédures de production, suggérant que l'origine de réplication contenue dans le promoteur p5 contribue à cet effet (381). De ce fait, les AAVr sont actuellement produits au laboratoire par co-transfection du plasmide vecteur AAV et du plasmide pDG. De plus, des plasmides similaires au pDG ont été développés pour la production vecteurs recombinants dérivés des autres sérotypes de l'AAV (188). Les particules AAVr, récoltées 48h post-transfection et purifiées par gradient de densité sur chlorure de césium ou par diverses méthodes de chromatographie présentent un titre équivalent, voire supérieur à celui obtenu en présence d'adénovirus (190).

III. La régulation de l'expression des gènes de l'AAV-2

Dans le cadre de ce travail de thèse, nous nous sommes intéressés aux mécanismes moléculaires impliqués dans l'activation de l'expression du gène *rep* de l'AAV-2, par une protéine de l'HSV-1. En particulier, nous avons étudié les facteurs cellulaires contribuant à réprimer ou activer l'expression du gène *rep*. De ce fait, les étapes d'initiation de la transcription des gènes et d'élongation seront présentées succinctement dans ce chapitre, ainsi que le rôle de la chromatine dans la régulation de l'expression des gènes.

1. Les mécanismes généraux de la transcription par l'ARN polymérase II

La transcription des gènes chez les eucaryotes implique trois ARN polymérase (ARN pol) différentes, chacune d'entre elles étant associée de la synthèse d'une classe d'ARN : l'ARN pol I transcrit les ARN ribosomaux (ARNr), l'ARN pol II transcrit les ARN messagers (ARNm) codant les protéines cellulaires alors que l'ARN pol III transcrit les ARN de transfert (ARNt) et les petits ARN (ARNsn). L'ARN pol II, formée de 12 sous-unités s'associe avec plus de 60 polypeptides, constituant ainsi la machinerie de transcription la plus complexe des eucaryotes (557).

La transcription des ARNm s'effectue dans le nucléoplasme, confinée à priori dans certaines zones du noyau ou sites de transcription. Elle se déroule en plusieurs étapes comprenant l'initiation, l'élongation et la terminaison, conduisant à la synthèse des ARN pré-messagers. Suivent ensuite les étapes d'épissage et de maturation donnant naissance aux ARNm qui seront alors exportés dans le cytoplasme pour être traduits en protéines. De nombreux facteurs cellulaires sont impliqués à chacune de ces étapes et participent ainsi à la régulation de la transcription des gènes. Toutefois, dans ce chapitre, nous nous intéresserons tout particulièrement, aux mécanismes moléculaires impliqués dans l'initiation de la transcription, étape-clé dans la synthèse des ARN pré-messagers.

1.1. L'initiation de la transcription

La transcription des ARNm débute par l'assemblage d'un complexe de pré-initiation (PIC) formé majoritairement par l'ARN pol II et des facteurs généraux de la transcription (GTFs), comprenant les facteurs TFIIA-H, impliqués dans la reconnaissance du promoteur (Figure 12). Cependant, l'ADN chromosomique n'étant pas directement accessible à la machinerie de transcription, le recrutement préalable de facteurs de transcription et/ou de facteurs co-activateurs remodelant la chromatine est nécessaire pour initier la transcription, parmi lesquels on distingue les facteurs appartenant ou interagissant directement avec le PIC et ceux agissant de façon indépendante. Ainsi, les événements de remodelage de la chromatine qu'ils soient directs ou indirects conduisent à l'assemblage du PIC sur le promoteur, point de départ de la transcription des gènes.

> **Les séquences régulatrices du promoteur**

Le recrutement de l'ARN pol II et de ses co-facteurs se fait par l'intermédiaire de séquences spécifiques constituant le cœur du promoteur, correspondant à une région de 100 paires de base, située de part et d'autre du site d'initiation de la transcription (+1) : les boites TATA (TBP-binding protein), BRE (TFIIB recognition element), Inr (initiator element) et DPE (Downstream promoter element), plus ou moins conservées chez la plupart des promoteurs permettent individuellement de positionner la machinerie de transcription sur le promoteur (Figure 12) (474). Chez l'AAV-2, seuls la boite TATA et l'élément Inr sont retrouvés sur le promoteur p5, point de départ de la transcription de ses gènes.

Historiquement, la boite TATA (ou « Goldberg-Hogness »), première séquence localisée 25 nucléotides en amont du site +1 de la transcription s'est révélée essentielle pour permettre la fixation de la protéine TBP (TATA -binding protein), une sous-unité du facteur TFIID (51, 62). Par la suite, la découverte de promoteurs dépourvus de boite TATA, restant transcriptionnellement actifs a permis de mettre en évidence l'existence d'autres séquences impliquées dans le recrutement du PIC, en particulier les séquences Inr (initiator element) et DPE (Downstream promoter element) (61, 472, 473, 498).

L'élément Inr, ayant une très faible affinité pour la protéine TBP *in vitro* permet le recrutement du facteur TFIID par l'intermédiaire de deux de ses cofacteurs $TAF_{II}250$ et $TAF_{II}150$ (ou selon la nouvelle nomenclature, TAF1 et 2) (78, 509).

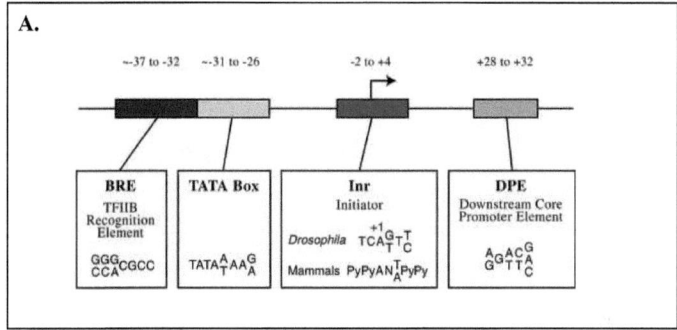

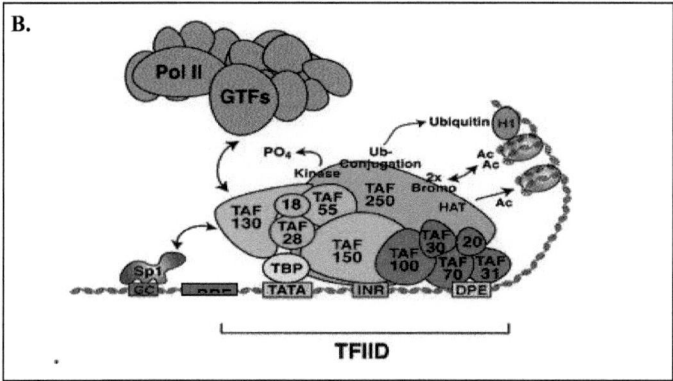

Figure 12 : L'assemblage du complexe d'initiation de la transcription (D'après Smale et al., 2003) A. Les séquences régulatrices du promoteur . La boite TATA permet la fixation de la protéine TBP (TATA binding protéin). Les boites BRE (TFIIB recognition element), Inr (Initiator element), et DPE (Downstream promoter element) permettent individuellement de positionner la machinerie de transcription sur le promoteur. Ces quatre séquences sont plus ou moins conservées d'un promoteur à l'autre. **B. Le recrutement des facteurs de la transcription sur le promoteur (Näär et al., 2001).** L'ARN polymérase II et ses facteurs généraux de la transcription (GTF) sont recrutés sur le promoteur grâce au complexe TFIID, comprenant la protéine TBP et quatorze TAFs. Parmi elles, TAF250 $_{II}$ (ou TAF1) possèdent des activités enzymatiques lui permettant de modifier la structure de la chromatine.

De ce fait, un promoteur dépourvu de boite TATA présente une activité basale plus faible que celui comportant les deux éléments associés (171, 335). En plus de son interaction avec les cofacteurs de TFIID, l'élément Inr permet notamment, la fixation du facteur de transcription YY1, identifié à l'origine sur le promoteur p5 de l'AAV-2 (466, 468). En effet, le groupe de T. Shenk a démontré que YY1, en interagissant seulement avec l'ARN pol II et le facteur TFIIB pouvait initier la synthèse de transcrits à partir du promoteur p5, dans un système reconstitué *in vitro* (518, 519). De façon surprenante, le complexe TBP/TFIID n'étant pas requis dans ce contexte, la contribution de YY1 pour stimuler la transcription à partir d'un élément Inr reste incertaine *in vivo*. En effet, une mutation en position +2 dans l'élément Inr, abolissant la fixation de YY1 n'affecte pas l'activité native du promoteur p5 ou celle d'un promoteur hétérologue contenant un élément Inr (258, 315).

L'élément DPE, mis en évidence chez la drosophile puis chez l'homme, localisé 30 paires de bases en aval du site +1 de la transcription est très souvent retrouvé sur des promoteurs dépourvus de boite TATA (60, 61). Il agit en synergie avec l'élément Inr, pour permettre la fixation des cofacteurs de TFIID (TAF$_{II}$60 ou TAF6 et TAF$_{II}$40 ou TAF9), contribuant ainsi à la stabilisation du PIC au niveau du promoteur(509).

Enfin, plus récemment, l'élément BRE (TFIIB recognition element) riche en GC, identifié chez les archaeabactéries puis chez l'homme permet la fixation du facteur TFIIB (289, 425). Localisé juste en amont de la boite TATA, il faciliterait les interactions du complexe TBP/TFIID sur la boite TATA, de façon à orienter la machinerie de transcription sur le promoteur et ainsi activer la transcription (30, 289).

Indépendamment de l'assemblage du complexe de pré-initiation sur le cœur du promoteur, d'autres séquences sont impliquées dans la fixation de facteurs de transcription qui vont permettre ou non le recrutement des facteurs généraux de la transcription associés au PIC. De façon générale, ces facteurs activateurs ou répresseurs de la transcription sont caractérisés par la présence d'un domaine de liaison à l'ADN, distinguant notamment les motifs « Zinc finger » (YY1, Sp1), « leucine Zipper » (AP1, CREB), homéodomaine HD (Oct-1) et HLH « Helix-Loop-Helix » (BMAL1) ainsi qu'un domaine de transactivation avec des régions enrichies en acides aminés acides (Asp, Gln, Pro) permettant de recruter d'autres partenaires cellulaires (360). Ces facteurs de transcription, susceptibles de subir des modifications post-traductionnelles (phosphorylation, ubiquitinylation, acétylation, sumolation…) ayant pour conséquence de modifier leur affinité pour leur substrat ou d'être séquestrés dans le cytoplasme (NF$_K$B) se fixent en amont du site d'initiation de la transcription ou alors agissent à distance sous forme de complexe multiprotéique appelé « enhanceosome ».

> **L'assemblage du complexe de pré-initiation**

D'après des expériences de transcription in vitro, l'ARN pol II et les facteurs GTFs comprenant TFIIB, TFIID, TFIIE, TFIIF et TFIIH sont suffisants pour permettre l'assemblage d'un complexe de pré-initiation stable (371, 557). Son assemblage débute par la fixation de la protéine TBP, sous-unité du facteur TFIID sur la boite TATA du promoteur (Figure 12). Le facteur TFIIA, n'étant pas essentiel dans un système reconstitué *in vitro*, stabiliserait pourtant le complexe TBP-TFIID/ADN *in vivo*, en neutralisant les facteurs répresseurs NC2, Mot1 et TAF$_{II}$ 250, susceptibles d'inhiber la fixation de TBP (300, 417). Suivent ensuite le recrutement successif de TFIIB, d'une forme non phosphorylée de l'ARN pol II associée à TFIIF et de TFIIE. A ce stade, le PIC étant non fonctionnel pour initier la transcription, le recrutement du facteur TFIIH va induire alors un changement conformationnel sur une dizaine de bases entourant le site d'initiation de la transcription. En effet, il semblerait que TFIIH, seul facteur du PIC possédant des activités enzymatiques définies induirait une torsion dans l'ADN, de part son activité d'ADN hélicase XPB, dépendante d'ATP (132, 270). La déstabilisation des liaisons entre les acides nucléiques positionnerait alors le brin matrice dans une configuration active pour la transcription, formant ainsi un complexe ouvert avec l'ARN pol II. Le démarrage de la transcription commence alors par la synthèse de plusieurs petits ARN abortifs de 3 à 10 bases, avant de permettre celle des ARN pré-messagers définitifs. Après la synthèse de 30 nucléotides, le passage vers l'étape d'élongation s'accompagne de la phosphorylation du domaine C terminal (CTD) de la sous-unité catalytique Rpb1, de l'ARN pol II grâce notamment, à l'activité kinase du facteur TFIIH (114, 314). Cet événement de phosphorylation libérant l'ARN pol II du promoteur et du reste de la machinerie de transcription permettrait le recrutement des facteurs d'élongation et de polyadénylation nécessaire à la maturation des transcrits (31). Après la terminaison de la transcription, des phosphatases recyclent alors l'ARN pol II dans sa forme non phosphorylée permettant ainsi de ré-initier la synthèse de nouveaux transcrits.

Le complexe TFIID, formé de la protéine TBP (TATA Binding protein), associée à quatorze TAFs (TBP-associated factor) joue un rôle essentiel au cours de la transcription (117). En plus de son interaction avec l'ADN, il possède plusieurs activités enzymatiques qui sont toutes regroupées au niveau de TAF1 (TAFII250) (538). En effet, TAF1 participerait à la régulation de la transcription au moyen de ses activités de kinase et d'acétyltransférase, mais également de sa capacité à activer et conjuguer des molécules d'ubiquitine, notamment sur les protéines histones H1 (128, 362, 404). Toutefois, aucune fonction biologique associée à ses activités enzymatiques n'a été mise en évidence à ce jour. De plus, quelques protéines TAFs ont été retrouvées associées à des complexes de remodelage de la chromatine (SAGA, pCAF (p300/CBP) et STAGA), suggérant leur implication dans le recrutement de facteur de remodelage essentiel pour initier l'assemblage du PIC sur le promoteur (185). Enfin, récemment, il a été montré que deux sous-unités du complexe TFIID, TAF5 et TAF12 peuvent être modifiées SUMO-1 (50). En particulier, la conjugaison de SUMO-1 sur TAF5 inhiberait la fixation de TFIID sur un promoteur, sans pour autant affecter l'assemblage de TBP avec les protéines TAF. Ainsi, il serait intéressant d'évaluer le rôle de SUMO dans l'assemblage du complexe d'initiation de la transcription sur le promoteur p5 de l'AAV-2.

1.2. L'étape d'élongation

L'élongation est une étape importante, pendant laquelle l'ARN pol II sert de plate-forme d'assemblage pour recruter les facteurs cellulaires nécessaires à la synthèse des transcrits mais également à leur maturation, comprenant notamment des facteurs d'épissage et de polyadénylation (469).

> **L'assemblage du complexe d'élongation et ses facteurs régulateurs**

L'assemblage du complexe d'élongation est initié par la phosphorylation successive de deux résidus sérine (Ser5 puis Ser2), présents dans la sous-unité CTD de l'ARN pol II grâce à l'action concertée de protéines kinases associées à certains facteurs du PIC dont TFIIH (Cdk7/cyclinH) ainsi que chez certains gènes, le facteur d'élongation P-TEFb (Cdk9 /cyclin T), dont la fonction *in vivo* a été initialement démontrée chez HIV (114, 314, 332, 416). Les transcrits naissants sont alors modifiés simultanément par l'ajout d'une coiffe à leur extrémité 5', empêchant ainsi leur dégradation par des exonucléases (347). Le complexe d'élongation, formé de l'ARN pol II, la matrice ADN et les transcrits naissants se déplace alors le long de l'ADN avant d'être dissocié suite à des signaux de terminaison.

Au cours du processus d'élongation, l'alignement incorrect des transcrits par rapport au site catalytique de l'enzyme, peut entraîner des arrêts transitoires ou définitifs du complexe d'élongation. De ce fait, des facteurs positifs d'élongation interviennent pour rectifier la trajectoire du complexe le long de l'ADN (ELL, Elongin, TFIIF), ou pour réactiver l'activité catalytique de l'enzyme (TFIIS, P-TEFb) et permettre ainsi le redémarrage de la transcription (469). De plus, d'autres facteurs, parmi lesquels on retrouve différents complexes de remodelage de la chromatine (FACT, Elongator), n'interférant pas directement avec l'activité catalytique de l'ARN pol II faciliteraient la progression du complexe d'élongation à travers la chromatine (268, 391, 392). Par ailleurs, des facteurs négatifs d'élongation (DSIF et NELF) sont susceptibles d'arrêter la progression de l'ARN pol II, sur certains gènes, dont le LTR de HIV (172). A l'origine, l'utilisation d'un inhibiteur de protéines kinases, le DRB (di-chloro ribofuranosyl benzimidazole) entraînant, selon sa concentration un arrêt prématuré ou tardif du complexe d'élongation, a permis de mettre en évidence deux facteurs négatifs d'élongation DSIF (DRB-sensitivity inducing factor) et NELF (Negative elongation factor) ainsi que le facteur positif d'élongation P-TEFb (positive transcription elongation factor b) (333, 334, 525, 569). Immédiatement après l'initiation de la transcription, les complexes DSIF et NELF se fixent sur la sous-unité CTD de l'ARN pol II non phosphorylée, la rendant ainsi non fonctionnelle et conduisant à la synthèse de transcrits abortifs. De plus, au cours de la transcription, ils inhibent la progression du complexe d'élongation, en augmentant la durée des temps de pause de l'ARN pol II (432, 568). Ainsi, l'effet répresseur de ces facteurs jouent donc un rôle déterminant dans le processus d'élongation qui a été particulièrement bien étudié chez HIV-1 (172, 543).

1.3. Les sites de transcription dans le noyau

Les étapes d'initiation de la transcription et d'élongation, conduisant à la synthèse de transcrits seraient limitées, à priori, à certaines zones du noyau, confinées dans des sites de transcription ou alors dans des usines d'assemblage, renfermant les protéines nécessaires à la maturation des transcrits. Différentes approches ont été utilisées pour caractériser ses lieux de transcription, notamment en localisant les protéines associées à la transcription ou encore, en suivant en temps réel, la synthèse des transcrits dans la cellule.

> **La localisation des transcrits naissants et en cours d'élongation**

Plusieurs procédés ont permis de répertorier le nombre de transcrits synthétisés par l'ARN pol II dans le noyau, comme par exemple l'incorporation d'un analogue de l'uridine ($[P^{32}]$ UTP, Br-UTP ou biotin-UTP...), dans des cellules préalablement perméabilisées, suivi de sa détection par autoradiographie ou par immuno-marquage (248, 544). Ainsi, Jackson et al., ont détecté dans des cellules HeLa, la présence de 75 000 transcrits naissants, concentrés dans 2400 sites répartis dans le nucléoplasme, à l'exception du nucléole (252). Par ailleurs, en analysant simultanément la répartition des transcrits issus de l'ARN pol II et de l'ARN pol III, Pombo et al., ont mis en évidence quatre fois plus de sites de transcription correspondant à l'ARN pol II par rapport à l'étude ci-dessus, démontrant ainsi les variabilités importantes dans ces procédés de détection (412). Cependant, les sites de transcription détectés pour l'ARN pol II et l'ARN pol III, dans cette étude présentaient des localisations distinctes dans le noyau, démontrant ainsi que des régions différentes sont spécialisées pour la transcription des ARNm et des autres ARN (ARNt, ARNsn).

Par ailleurs, des anticorps dirigés contre les différentes formes phosphorylées de l'ARN pol II, impliquées lors de la synthèse de transcrits naissants ou en cours d'élongation ont permis de préciser la localisation des sites de transcription dans le noyau par rapport aux autres domaines nucléaires. Ainsi, la forme phosphorylée de l'ARN pol II associée à des transcrits naissants est retrouvée de façon diffuse dans le nucléoplasme, associée majoritairement avec des fibrilles périchromatiques, structures de 3 à 5 nm de diamètre, localisées à proximité immédiate des ICG (Interchromatique Cluster Granule), appelées également « nuclear speckles » ou SC35 (154, 292). Par contre, la forme phosphorylée de l'ARN pol II associée à des transcrits en cours d'élongation et retrouvée également dans les fibrilles périchromatiques serait majoritairement localisée dans certaines lignées cellulaires, au niveau des « nuclear speckles » (52, 365). De ce fait, il a été proposé que ces structures nucléaires, renfermant essentiellement des facteurs d'épissage constitueraient des usines d'assemblage pour la maturation des ARNm (248, 413). Cependant, l'incorporation dans le noyau, d'un analogue de l'uridine n'ayant pas permis de détecter la présence de transcrits dans ces structures suggère fortement que les fibrilles périchromatiques seraient les sites principaux de la transcription des ARNm (105). De plus, Misteli et al., après avoir suivi en temps réel, la délocalisation d'un facteur d'épissage situé dans les « nuclear speckles » vers les sites de transcription suggèrent que l'ARN pol II retrouvée dans les « nuclear speckles » favoriserait le passage des facteurs d'épissage d'un compartiment à l'autre (359). Enfin, il semblerait que des transcrits naissants aient été également détectés dans les domaines OPT (Oct1/PTF/transcription), structures uniquement visibles pendant la phase G1 du cycle cellulaire et associées préférentiellement avec le chromosome 6 (410). Ainsi, malgré les divergences de point de vue concernant les lieux de la transcription dans le noyau, l'ensemble de ces données démontre le caractère hautement dynamique de ces structures nucléaires.

> **Les domaines nucléaires associés à la transcription**

Pendant la transcription des ARNm, l'ARN pol II et ses cofacteurs sont retrouvés essentiellement dans les sites de transcription (fibrilles interchromatiques et domaines OPT), mais également pour certains d'entre eux, confinés dans des domaines nucléaires distincts tels que les « nuclear speckles », les corps PML, les corps de Cajal ou encore sont séquestrés dans le cytoplasme (Figure 13) (487).

Les **« nuclear speckles »**, appelées également SC35 (Splicing factor compartement), ou encore IGCs (Interchromatin Granule Clusters) sont difficilement discernables des fibrilles interchromatiques en microscopie à fluorescence, d'où la difficulté de délimiter clairement les sites de transcription.

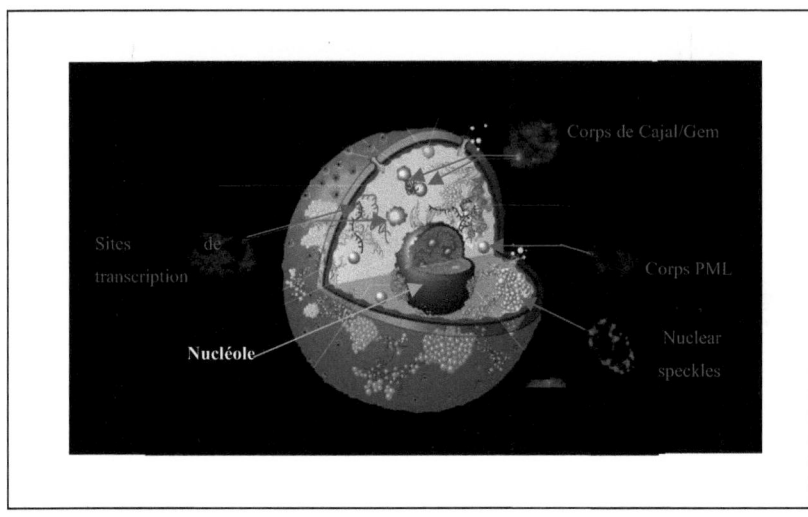

Figure 13 : Les domaines nucléaires associés à la transcription (D'après Spector *et al.*, 2001).
La localisation des principaux domaines nucléaires, associés à la transcription des gènes par l'ARN pol II sont représentés par des flèches roses. Les sites de transcription caractérisés par la présence de transcrits naissants ou en cours d'élongation regroupent les fibrilles périchromatiques et les domaines OPT (Oct1/PTF/transcription). Les « nuclear speckles » seraient le lieu de stockage et d'assemblage des facteurs nécessaires à l'épissage des ARNm alors que les corps de Cajal et les Gems seraient impliqués dans la biogénèse et la maturation de ces facteurs. Les corps PML renferment essentiellement des protéines régulatrices de la transcription.

En dehors, de l'ARN pol II, ils seraient le lieu de stockage et d'assemblage des facteurs nécessaires à l'épissage des ARNm ou pré-spliceosome, incluant notamment les petites ribonuléoprotéines (snRNP) et les protéines de la famille SR, ayant un domaine riche en sérine-arginine (SR), dont fait partie la protéine SC35 (292, 350). En effet, lorsque la transcription est inhibée par l'actinomycine D, un inhibiteur de l'ARN pol II, la taille des « nuclear speckles » augmente considérablement, renforçant l'idée qu'en absence de transcription, les facteurs restent confinés dans ces structures (486). A l'inverse, dans une cellule transcriptionnellement active ou lors d'une infection virale, par exemple en présence d'adénovirus, les facteurs d'épissage contenus dans les « nuclear speckles » sont redistribués dans les sites de transcription, suggérant que les sites d'épissage et de transcription des ARNm seraient réunis dans la même structure (53).

Les corps PML (PML nuclear bodies), appelés ND10 (Nuclear Domain 10), ou POD (PML oncogenic domain) ou encore Kr « Kremer bodies », initialement décrits chez des patients atteints de leucémie promyelocytaire sont formés des protéines PML, essentielles à l'intégrité de ces structures et de nombreuses autres protéines cellulaires parmi lesquelles sont retrouvés des facteurs régulateurs de la transcription incluant notamment Sp100, CBP, p300, p53, pRB, Daxx, HP1, USP7, SUMO-1, SENP1 (121). D'après la base de données NPD (Nuclear Protein Database, http://npd.hgu.mrc.ac.uk), plus de 40 protéines seraient localisées dans ces structures, de façon permanente ou transitoire en fonction du stress occasionné dans la cellule, par exemple lors d'une infection virale ou d'un dommage à l'ADN (122). Ils constitueraient ainsi un réservoir de protéines nécessaires à la transcription des gènes, régulant ainsi leur concentration dans la fraction soluble du noyau, lieu où se déroule la transcription (376). De plus, la présence de protéines conduisant à des modifications post-traductionnelles, telles que l'acétylation/décacétylation (CBP/HDAC), la sumolation/desumolation (SUMO-1/SENP-1), la phosphorylation (Hipk2), ou encore la deubiquitinylation (USP7) laisse penser que ces structures seraient un lieu de modification des protéines avant leur passage dans les sites de transcription ou alors de protéolyse, de part la présence de la sous-unité 11S du protéasome (43, 121). De plus, bien que les corps PML ne soient pas directement le site de transcription, ils seraient le lieu privilégié d'un certain nombre de virus à ADN et ARN pour initier leur transcription et leur réplication (143, 339).

Les corps de Cajal ou « Coiled Bodies », décrits à l'origine par Santiago Ramón y Cajal en 1903 sont caractérisés par la présence de la protéine coïline-p80, marqueur de référence de ces structures (168, 427). Bien que leur rôle ne soit clairement défini, ils participeraient à la biogénèse et à l'assemblage des petites ribonucléoprotéines snRNP, impliquées dans l'épissage des ARN messagers mais aussi des ARN ribosomaux, synthétisés dans le nucléole (57). De plus, ces structures ont été retrouvées associées à des locus chromosomiques transcriptionnellement actifs, en étroite interaction avec les protéines histones, suggérant leur implication dans la régulation de l'expression de certains gènes, par un mécanisme dépendant d'ATP (254, 409). Par ailleurs, la présence isolée des facteurs de transcription TFIIF et TFIIH dans les corps de Cajal de cellules HeLa laisse penser que ces structures seraient également le lieu de stockage avant leur passage dans les « nuclear speckles » (184). Enfin, les GEMS ou « Gemini of Cajal bodies », structure en étroite interaction avec les corps de Cajal, caractérisée notamment par la présence de la protéine de survie du motoneurone SMN (Survival motoneuron gene), à l'origine de l'amyotrophie spinale seraient impliqués également dans la maturation des snRNP (217, 337). De plus, la protéine SMN serait la cible privilégiée de virus tels les parvovirus autonomes H1 et MVM, pour initier leur réplication. En effet, lors d'une infection virale, la protéine NS1, protéine régulatrice essentielle à ces deux virus s'associe avec la protéine SMN, induisant ainsi la formation d'une nouvelle structure dans le noyau des cellules infectées, appelée APAR (autonomous parvovirus associated replication bodies) au début de l'infection et SAAB (ou SMN-APAR) en fin d'infection, conséquence directe de l'agrégation des domaines nucléaires ND10, « nuclear speckles » et corps de Cajal (22, 113, 578).

1. 4. Le rôle de la chromatine dans la transcription des gènes

L'accessibilité de l'ADN à la machinerie de transcription est un élément déterminant dans le contrôle de la transcription des gènes. Dans le noyau, l'ADN chromosomique, dont la taille est estimée à deux mètres de long s'associe avec des nucléoprotéines permettant ainsi sa compaction sous forme de chromatine dont l'élément de base est le nucléosome. Ainsi, des régions du noyau transcriptionnellement actives ou euchromatine et des régions silencieuses ou hétérochromatine ont été définies en fonction du niveau de compaction de l'ADN, observé par microscopie électronique (175). De plus, il a été suggéré que la position d'un gène au sein d'un chromosome pourrait influencer son expression (111). Cependant, grâce à l'utilisation de techniques, comme le FRAP (Fluorescence Recovery After Photobleaching) ou le FLIP (Fluorescence Loss In Photobleaching), permettant de suivre en temps réel la mobilité de protéines de fusion fluorescentes, il semblerait que les protéines associées à la machinerie de transcription puissent atteindre des régions compactées de l'hétérochromatine pour initier la transcription (312, 358). De plus, l'exploration récente de la structure de la chromatine, en particulier de ses protéines histones, pièces maîtresses des nucléosomes a permis de mettre en évidence le rôle majeur de ces protéines dans le contrôle de la transcription des gènes et ceci indépendamment du niveau de compaction de l'ADN.

> **Les modifications épigénétiques de la chromatine**

La structure de la chromatine joue un rôle déterminant dans le contrôle de la transcription des gènes. Le nucléosome, unité de base de la chromatine est constitué d'une région de 146 paires de base qui s'enroule autour d'un octamère de protéines histones (H2A, H2B, H3 et H4) et d'une région de 20 à 60 paires de base, dite ADN de liaison, caractérisée par la présence de la protéine histone H1 et reliant les nucléosomes entre eux (321). La compaction de l'ADN résulte directement de l'interaction de charges entre l'ADN chargé négativement et les résidus lysines des histones chargés positivement. De plus, les extrémités N-terminales des histones peuvent subir des modifications post-traductionnelles telles que l'acétylation, la phosphorylation, la méthylation, l'ubiquitinylation ou encore la sumolation, susceptibles de modifier le niveau de compaction de l'ADN mais également d'interférer sur le recrutement de facteurs cellulaires nécessaires à l'assemblage du complexe d'initiation de la transcription.

Ces modifications covalentes sont catalysées par des enzymes ciblant des résidus spécifiques pour chaque histone et sont généralement réversibles. Par exemple, la méthylation de la lysine 9 sur l'histone H3 serait associée à des régions du génome transcriptionnellement silencieuses tandis que l'acétylation des histones, en particulier la lysine 12 de l'histone H4 correspondrait à des régions permissives pour la transcription (17, 91, 471). De plus, la caractérisation récente de nouveaux variants d'histone, en particulier H2A pourrait également participer à la régulation de la transcription des gènes (77). Enfin, la modification de l'ADN, par méthylation au niveau d'îlots CpG jouerait un rôle central dans la répression transcriptionnelle, en particulier dans le processus de cancérogenèse (167). En effet, l'hyperméthylation de gènes suppresseurs de tumeurs, impliqués notamment dans la régulation du cycle cellulaire, comme la protéine pRb s'accompagnerait de la perte de leur expression et serait ainsi à l'origine de nombreux cancers (224). De plus, dans ce contexte, l'état d'acétylation des histones serait impliqué dans le verouillage de l'expression de ces gènes. Ainsi, l'ensemble de ces modifications épigénétiques, regroupée sous le terme de « code histone » participerait de façon directe ou indirecte au recrutement de la machinerie de transcription sur le promoteur et serait alors susceptible de modifier l'activité transcriptionnelle de la chromatine.

> **Les enzymes participant au remodelage de la chromatine**

L'accessibilité de l'ADN à la machinerie de transcription est une étape essentielle dans l'activation de l'expression des gènes. De nombreux facteurs cellulaires participent au remodelage de la chromatine, parmi lesquels on distingue les enzymes modifiant de façon covalente les protéines histones, les HAT (Histone Acetyl Transferase) et les HDAC (Histone Deacetylase) et les complexes de remodelage dépendant d'ATP, utilisant une source d'énergie par hydrolyse de l'ATP, pour modifier la position et/ou la structure des nucléosomes (Figure 14) (303, 324, 514). De plus, des complexes protéiques, indépendants d'ATP, comme par exemple FACT (FAcilitates Chromatin Transcription) permettraient la transcription à travers le nucléosome, en se fixant au niveau des histones H2A et H2B, déstabilisant ainsi la structure du nucléosome (392).

Les enzymes HAT et HDAC agissent au niveau des extrémités N-terminales des quatre protéines histones, en ajoutant ou clivant des groupements acétyl sur différents résidus lysine (303). De plus, elles peuvent également modifier l'état d'acétylation de protéines non histones, comme par exemple des facteurs de transcription. Parmi les histones-acétyltransférases (HAT), p300 et CBP, deux protéines homologues, impliquées dans la régulation des promoteurs de l'AAV-2, conduisent à l'acétylation des quatre protéines histones, avec cependant une préférence particulière pour les histones H3 et H4, ainsi que des protéines non histones, incluant notamment des facteurs de transcription (YY1, p53), des facteurs généraux de la transcription et des protéines associées à la chromatine (HMG1(Y)) (336, 491, 524). A l'inverse, les HDACs, regroupées essentiellement en deux classes, HDAC1, -2, -3, -8 et HDAC4, -5, -6, -7, -9, -10, exercent l'effet inverse des HATs. Leur activité enzymatique peut être inhibée par des drogues, comme la Trichostatine A (TSA) et le sodium butyrate, à l'exception des HDAC de la famille Sir2. En particulier, il a été montré que la TSA conduisait à la réactivation de génomes AAVr, dans des cellules HeLa, par un mécanisme dépendant de la déacétylation du résidu lysine 8 de l'histone H4, démontrant ainsi le rôle prépondérant des ces enzymes dans la régulation de la transcription des gènes (91) (90). De plus, les enzymes HAT et HDAC sont souvent associées aux complexes de remodelage de la chromatine, dépendants d'ATP, pour réguler la transcription des gènes.

Les complexes de remodelage de la chromatine dépendants d'ATP sont regroupés essentiellement en quatre classes, SWI/SNF, ISWI, Mi2/CHD1 et INO80, ayant en commun, une sous-unité ATPase appartenant à la famille SNF2 (108, 272, 324). Les complexes SWI/SNF et ISWI répertoriés chez l'homme, la drosophile et la levure ont été les mieux caractérisés à ce jour (Figure 14) (272, 363, 514). En particulier, les sous-unités ATPase BRG1 (Brahma/Swi2-related gene1) et hBRM identifiée chez l'homme participeraient notamment, à l'activation ou la répression de la transcription, induite par différents facteurs de transcription (275). Elles pourraient notamment exercer un effet répresseur en recrutant la protéine HP1 de l'hétérochromatine (361, 378). Ainsi, leur interaction avec la chromatine conduirait à un déplacement du nucléosome sur l'ADN, sans pour autant induire de modifications covalentes des protéines histones, par les HAT et les HDACs, leur permettant ainsi de réguler positivement ou négativement la transcription des gènes. En revanche, le complexe humain NuRD, appartenant à la famille Mi2/CHD1 possède à la fois une activité d ATPase, permettant de déplacer les nucléosomes mais également de HDAC, lui permettant de réguler la transcription (155).

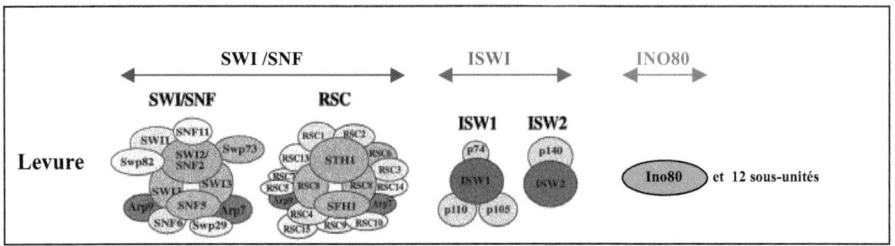

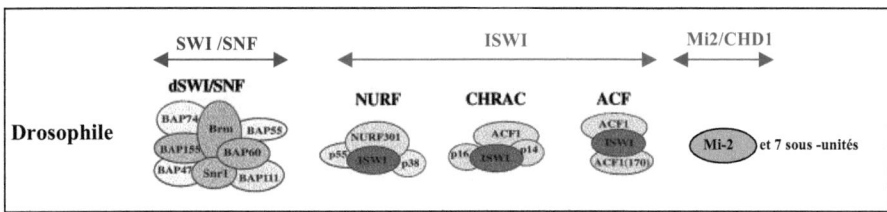

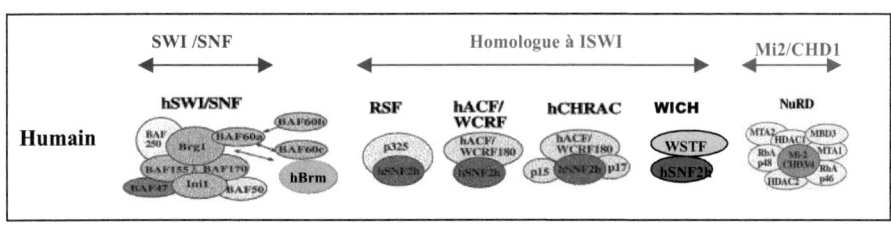

Figure 14: Les complexes de remodelage de la chromatine dépendants d'ATP
(D'après Kingston *et al.* 1999, Lüsser *et al.*, 2003 et Corona *et al.,* 2004)
Les complexes de remodelage de la chromatine, dépendant d'ATP, répertoriés chez la levure, la drosophile et l'homme sont classés essentiellement en quatre familles. Les complexes SWI/SNF, ISWI, Mi2/CHD1, INO80 ont en commun une sous-unité ATPase, appartenant à la famille SNF2, représentée respectivement en bleu, rouge, vert ou gris.

2. La régulation de la transcription des gènes de l'AAV-2

L'expression des gènes de l'AAV-2 dépend de la présence d'un virus auxiliaire ou de l'altération du milieu intracellulaire par un traitement des cellules avec des agents cytotoxiques pour activer la transcription des gènes *rep* et *cap*. Parmi les facteurs cellulaires et viraux, impliqués dans la régulation de la transcription des gènes de l'AAV-2, les protéines Rep78/68, en collaboration avec des protéines E1A de l'adénovirus, en particulier, jouent un rôle prépondérant dans ce processus.

2.1. La transcription des gènes *rep* et *cap*

La transcription des gènes de l'AAV-2 est initiée au niveau du promoteur p5, point de départ de la transcription des gènes *rep* et *cap*. Toutefois, les ITR posséderaient également des activités promotrices résiduelles, susceptibles d'interférer avec la transcription des gènes *rep* et *cap* ou des transgènes clonés dans des vecteurs AAVr.

> **Les promoteurs de l'AAV-2**

Les trois promoteurs conduisant à l'expression des gènes *rep* et *cap* sont caractérisés par la présence de séquences régulatrices, permettant la fixation de facteurs de transcription clé pour initier la synthèse des transcrits (Figure 15). En particulier, seul le promoteur p5 comporte une séquence RBS, permettant la fixation des protéines Rep78/68 qui sont essentielles pour activer la transcription des gènes *rep* et *cap*, en présence d'adénovirus. De plus, le promoteur p19 présente la particularité d'avoir deux séquences TATA, redondantes, ayant à priori la même activité promotrice (403).

> **L'accumulation temporelle des transcrits issus du p5, p19 et p40**

En présence d'adénovirus, six ARN polyadénylés d'une taille de 4.3 kb à 2,3 kb sont détectables par Northern Blot, parmi lesquels quatre transcrits *rep* issus des promoteurs p5 et p19, codant respectivement les protéines Rep78/68 et Rep52/40 ainsi que deux transcrits *cap* issus du promoteur p40, conduisant à la synthèse des trois protéines de structure VP1, VP2 et VP3 (186, 296) (Figure 2A). L'analyse, par un test de protection à la RNAse, des transcrits synthétisés dans des cellules HeLa ou 293, co-infectées par l'AAV-2 et l'adénovirus a permis de démontrer l'accumulation temporelle des transcrits *rep* et *cap* (367).

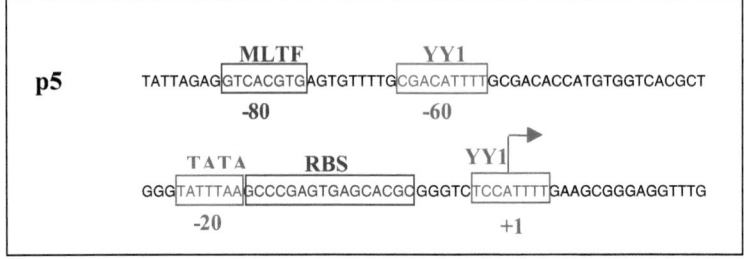

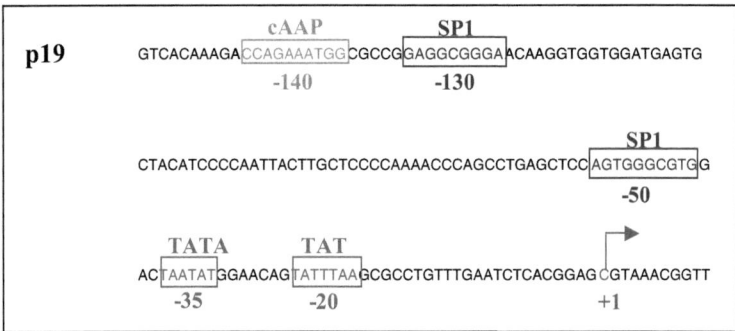

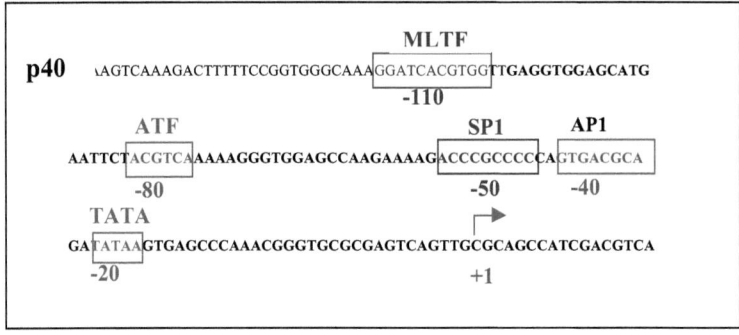

Figure 15: Les promoteurs p5 et p19 de l'AAV-2 (D'après Lackner *et al.*, 2002)
Le promoteur p5 comporte un site RBS pour la fixation de Rep78/68, ainsi que deux sites de fixation pour le facteur de transcription YY1 en position –60 et +1 et un site de fixation pour MLTF (Major Late Transcription Factor) en position –80. Le promoteur p19, dépourvus de site RBS contient deux boites TATA en position –30 et –35, deux sites de fixation pour le facteur de transcription SP1 en position –50 et –130 ainsi qu'un site de fixation pour une protéine cellulaire non identifiée cAAP (cellular AAV activating protein). Le promoteur p40 possède en plus de p5 et p19, un site de fixation pour le facteur de transcription ATF, et AP-1.

Ainsi, les transcrits *rep* non épissés, issus du p5 sont détectables 10 heures post-infection, contrairement aux autres transcrits mis en évidence plus tardivement. La synthèse prématurée des ces transcrits, conduisant à l'expression des protéines Rep78 est en accord avec le rôle essentiel, initialement décrit de ces protéines pour initier la transcription des gènes *rep* et *cap*. En effet, la transfection d'un génome AAV, dont le gène *rep* placé sous le contrôle du p5 a été invalidé, abolissant ainsi la synthèse des protéines Rep78/68 ne conduit pas à la formation et l'accumulation des transcrits issus du p19 et p40, dans des cellules 293 ou HeLa, malgré la présence d'adénovirus (287, 342, 512). La synthèse des transcrits est alors restaurée par l'apport en *trans* d'un gène *rep* intact, démontrant ainsi le rôle essentiel des protéines Rep78/68 et de la région promotrice du p5 dans la transcription des gènes de l'AAV-2. Ainsi, des expériences par transfection transitoire, à l'aide de gènes rapporteurs ont ainsi permis de préciser les fonctions régulatrices des protéines Rep78/68, en particulier sur les trois promoteurs de l'AAV-2, en présence ou absence d'adénovirus.

> **Les activités promotrices résiduelles des ITR**

D'après des études réalisées sur les vecteurs AAVr, il semblerait que les ITR de l'AAV-2 possèdent des activités promotrices résiduelles, permettant d'initier la transcription d'un gène, en absence de promoteur (159, 161, 200). Toutefois, la localisation précise du site d'initiation de la transcription dans les ITR reste controversée. En effet, initialement, deux séquences homologues à une séquence initiatrice Inr, permettant d'initier la transcription en absence de boite TATA ont été caractérisées au niveau du RBS et du trs des ITR, entre les nucléotides 88 et 95 de la région A ainsi que 126 et 133 de la région D (159, 161, 472). De plus, deux sites de fixation pour le facteur de transcription Sp1 ont été mis en évidence en amont des séquences Inr et favoriseraient ainsi l'assemblage du complexe d'initiation de la transcription, en particulier du recrutement du facteur de transcription TFIID sur la séquence Inr (159, 475). Toutefois, une étude plus récente a démontré que la transcription initiée à partir des ITR se ferait indépendamment des séquences Inr, au niveau d'une région de 37 nucléotides, excluant le site RBS et s'étendant entre la région A (109 nt) et D (145 nt) (200). Ainsi, l'influence de cette région sur la transcription des gènes *rep* et *cap* reste difficilement quantifiable au cours du cycle viral de l'AAV-2, du fait de son implication dans la réplication et l'encapsidation de l'ADN viral. De façon intéressante, un site d'initiation de la transcription a été précisément caractérisé au niveau du site trs, présent dans les ITR de l'AAV-5 et semblerait être particulièrement efficace, contrairement à celui de l'AAV-2, pour permettre la synthèse conséquente d'un transcrit unique (421). De ce fait, dans le cas des vecteurs AAVr, l'activité transcriptionnelle des ITR pourrait alors fortement interférer avec l'expression des gènes placés sous le contrôle de promoteurs finement régulés, ayant pour conséquence de modifier par exemple l'expression tissu-spécifique du transgène (86). Par conséquent, l'utilisation d'une séquence insulateur bloquant l'activité promotrice des ITR apparaît être nécessaire, comme mis en évidence chez les vecteurs dérivés de l'adénovirus (522).

2.2. La régulation des promoteurs de l'AAV-2 pendant la phase latente

Pendant la phase latente de l'AAV-2, le génome viral, persistant sous une forme épisomale ou intégrée, est sensible à un mécanisme de répression cellulaire qui éteint la transcription de ses gènes *rep* et *cap,* ses trois promoteurs sont silencieux. L'inhibition de la transcription serait dépendante de la présence des protéines Rep78/68, dont l'expression a été faiblement détectée, pendant la phase latente de l'AAV-2 mais également de facteurs cellulaires répresseurs tels que le facteur de transcription YY1 (293, 351, 468). De plus, la présence de nucléosomes associés à l'ADN viral, mise en évidence par des expériences de digestion par une nucléase issue du micrococcus pourrait participer au mécanisme de répression du génome viral, en empêchant notamment le recrutement de facteurs cellulaires clé pour initier la transcription du gène *rep* (328). Cependant, l'état de compaction de l'ADN viral, en particulier la présence de nucléosome associé au promoteur p5 n'a pas été caractérisée précisément, à ce jour.

> ### Le rôle des protéines Rep dans la répression du p5 et du p19

Parmi les quatre protéines Rep de l'AAV-2, Rep78/68 joueraient un rôle majeur dans la régulation des promoteurs de l'AAV-2, de part notamment leur domaine de liaison à l'ADN. En effet, en absence de virus auxiliaire, les protéines Rep78/68 réprimeraient leur propre expression, en se fixant, notamment, au niveau du site RBS, présent dans le promoteur p5 (28, 241, 286). Les ITR, malgré la présence d'un site RBS, ne seraient pas essentiels pour maintenir l'état de répression du génome viral (285, 344). En effet, il a été montré au laboratoire qu'en absence de virus auxiliaire, l'expression des gènes *rep* et *cap* n'était pas détectable dans des cellules HeLaRC32, ayant intégrées dans leur génome cellulaire, plusieurs copies d'AAV-2, dépourvues des ITR (76). Par ailleurs, les protéines Rep78/68, ainsi que Rep52/40, dans une moindre mesure, exerceraient un effet répresseur, au niveau du promoteur p19, par l'intermédiaire de facteurs cellulaires inhibiteurs, du fait de l'absence de site RBS dans le p19 (286). Cet effet serait dépendant à priori, de leur activité hélicase, puisqu'une mutation, affectant la fixation de nucléotide tri-phosphate dans Rep78/68 ou Rep52/40 abolit leurs fonctions inhibitrices, principalement sur le promoteur p19 (241, 286, 343).

Enfin, plusieurs facteurs co-répresseurs, interagissant avec Rep78/68 seraient impliqués dans la répression des promoteurs de l'AAV-2. Les protéines HMG1 (High mobility group 1), protéines non histones participant à l'architecture de la chromatine interagiraient avec les protéines Rep78/68, augmentant ainsi leur affinité pour le RBS, et par conséquent leur effet répresseur sur le promoteur p5 (63, 109). De plus, le facteur coactivateur PC4, impliqué dans l'assemblage du complexe d'initiation de la transcription participerait à la répression du p5, en interagissant avec les protéines Rep78/68, par l'intermédiaire de son domaine de liaison à l'ADN simple brin (173, 325, 541). Toutefois, le mécanisme par lequel PC4 contribue à cet effet reste à préciser. Enfin, l'interaction de Rep78 avec la protéine TBP (TATA-Binding Protein), impliquée dans le recrutement du complexe TFIID sur la boite TATA pourrait retarder l'assemblage du complexe d'initiation de la transcription, comme il a été démontré avec le promoteur p97 de HPV16 (231, 493).

> **La contribution de YY1 dans la répression du p5**

Par ailleurs, parmi les facteurs de transcription participant à la répression du génome viral, le facteur Ying Yang 1 (YY1) jouerait un rôle majeur dans la répression du promoteur p5. En effet, identifié à l'origine sur le p5, en position –60 et +1, il inhiberait la transcription initiée à partir du p5, en se fixant en position –60, par un mécanisme qui reste à préciser, en collaboration avec le facteur de transcription MLTF (Major Late

Transcription Factor) en position –80 (80, 468). Ainsi, YY1 est un facteur de transcription multifonctionnel, de part sa capacité à réprimer ou activer de nombreux promoteurs cellulaires et viraux. Il agirait par l'intermédiaire de facteurs activateurs ou régulateurs de la transcription, incluant des protéines impliquées dans l'assemblage du complexe d'initiation (TBP, TFIIB, TAFII55), des facteurs de transcription (Sp1, c-myc, ATF/CREB, C/EBP), ou encore différentes protéines régulatrices de la transcription (p300, CBP, HDAC1, HDAC2, HADC3), possédant des activités enzymatiques leur permettant de modifier l'état d'acétylation des histones (Figure 16) (503, 576). En particulier, l'interaction de YY1 avec les trois HDAC1, 2 et 3 de classe 1, homologues à la protéine inhibitrice RPD3 de levure, et localisées presque exclusivement dans le noyau pourrait contribuer à son effet répresseur, en favorisant un état condensé de la chromatine (572, 573). En effet, il a été montré que YY1 exercerait un effet répresseur sur le LTR de HIV, en recrutant notamment HDAC1 (110). Dans le cas de l'AAV-2, les facteurs cellulaires interagissant avec YY1 pour réprimer le promoteur p5 n'ont pas été caractérisés à ce jour.

Par ailleurs, parmi les autres facteurs cellulaires impliqués dans la répression du génome viral, la protéine ZF5 (Zinc Finger 5), exprimée de façon ubiquitaire participerait à la répression du promoteur p5, par l'intermédiaire de son domaine POZ, un motif protéique lui permettant de recruter des facteurs cellulaires co-répresseurs (75, 107). Cependant, malgré le fait que ZF5 puisse interagir avec les sites RBS du p5 et des ITR, l'effet répresseur exercé par ZF5 sur le promoteur p5 serait seulement dépendante de sa fixation sur le RBS de l'ITR.

2.3. La régulation des promoteurs de l'AAV-2 en présence d'adénovirus
➤ Le rôle des protéines E1a dans l'activation du p5

Les protéines E1A de l'adénovirus, synthétisées à partir de cinq transcrits dont deux majoritaires (12S et 13S) jouent un rôle majeur dans l'activation du gène *rep*, pour permettre la synthèse des protéines Rep78/68, qui à leur tour transactivent les promoteurs p19 et p40. Dépourvues de domaine de liaison à l'ADN, elles agiraient par l'intermédiaire de facteurs coactivateurs, pour lever la répression exercée au niveau du promoteur p5, par YY1 et MLTF, notamment. En effet, d'après des expériences de transfection transitoire, l'apport en trans des protéines E1A augmente de façon significative l'expression de gènes rapporteurs, placés sous le contrôle du promoteur p5, incluant les sites de fixation de YY1 et MLTF (28, 80, 286, 402). De plus, dans le contexte du génome viral, l'effet transactivateur des protéines E1a est régulé négativement par les protéines Rep78/68 néosynthétisées qui agiraient en se fixant sur le RBS des ITR et/ou du p5, réprimant ainsi leur propre expression (285-287, 402, 542). Ainsi, d'après des délétions successives au niveau du p5, à l'exception de la boite TATA, les protéines E1a agiraient principalement par l'intermédiaire de MLTF et YY1, en position –60 (402). En effet, il semblerait que la présence de YY1 sur l'élément Inr en position +1, correspondant à une séquence initiatrice de la transcription, redondante avec celle de la boite TATA ne soit pas essentielle pour initier la synthèse des transcrits en présence de E1A (402, 466).

L'utilisation de protéines E1A mutées, affectant leur interaction avec différents facteurs cellulaires coactivateurs a permis de mettre en évidence le rôle essentiel de la protéine p300 dans le processus d'activation du promoteur p5 (Figure 16) (166). Toutefois, le mécanisme conduisant à cet effet reste à préciser. En effet, la protéine p300, identifiée à l'origine de part son interaction avec le domaine CR1 de E1A augmenterait de façon significative la transcription d'un gène rapporteur, placé sous le contrôle du promoteur p5, dans des cellules 293, exprimant de façon constitutive les protéines E1A (10, 139, 297). De plus, un mutant p300, dépourvu de son domaine d'interaction avec E1A, ne conduit plus à cet effet, démontrant ainsi le rôle essentiel de p300 dans le processus de transactivation du promoteur p5 (139, 297, 383). Ainsi, il a été démontré que la protéine p300 interagissait avec YY1, laissant penser que p300 pourrait servir d'intermédiaire entre E1A et YY1, pour activer le promoteur p5 (15, 297). Par ailleurs, les protéines E1A sont également capable d'interagir directement avec le facteur YY1, caractérisé par la présence de domaines d'activation et de répression, nécessaires à son activité transcriptionnelle (299, 306). En effet, elles se fixeraient notamment au niveau du domaine de répression de YY1, localisé dans sa région C terminale et pourraient alors induire un changement conformationnel de la protéine, permettant de démasquer son domaine d'activation localisé dans la région N terminale. Ainsi, le processus d'activation du promoteur p5, en présence d'adénovirus impliquerait au moins le complexe protéique E1A/p300/YY1.

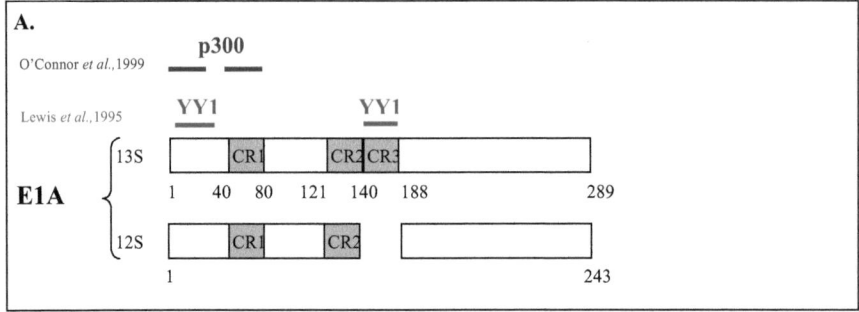
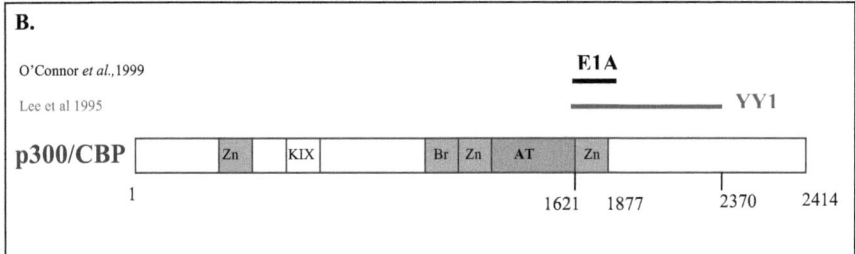
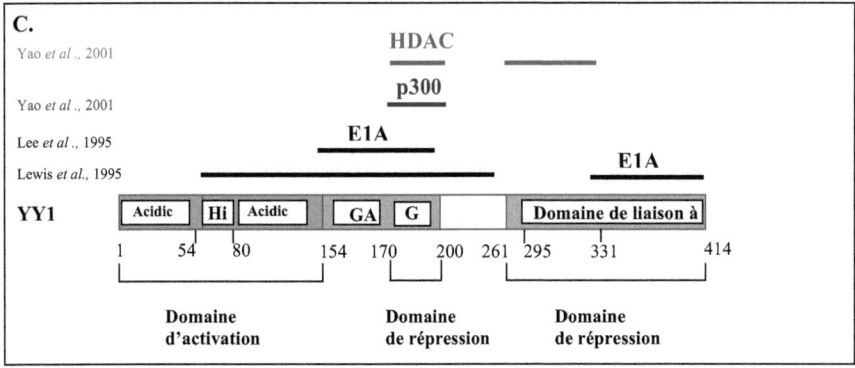

Figure 16 : Les domaines d'interaction de E1A, p300/CBP et YY1
A. (D'après Frisch *et al.*, 2002) Les protéines E1A issues du transcrit 13S comportent 3 régions conservées (CR). Elles interagissent avec YY1 au niveau du domaine CR3 et de la région incluant les résidus 15 à 35. L'interaction avec p300 se fait au niveau des résidus 1-25 et 30-75. **B. (D'après Frisch *et al.*, 2002)** La protéine p300/CBP comporte un domaine d'interaction avec CREB (KIX), un bromodomaine (Br) permettant la fixation de résidus lysine acétylé, un domaine d'acétyl transférase (AT) ainsi que 3 domaines Zing Finger (Zn). **C. (D'après Thomas *et al.*, 1999).** La protéine YY1 comporte des domaines riches en histidine (His), en glycine-alanine (GA), en glycine-lysine (GK). En plus de son interaction avec p300 et E1A, YY1 possède deux domaines d'interaction avec HDAC-1 et –2 au niveau de la région 170-200 et 261-333.

La protéine p300, présentant des similitudes importantes avec la protéine coactivatrice CBP (CREB Binding protein) possède notamment des activités acétyltransférases sur des protéines histones mais également sur des facteurs de transcription tel que YY1 (524). Ainsi, p300 pourrait interférer sur l'état d'acétylation de YY1, lui permettant ainsi de passer d'un facteur répresseur à un facteur activateur (576).

D'autres protéines de l'adénovirus pourraient également contribuer à l'activation du promoteur p5. En effet, d'après une étude réalisée par transfection transitoire, à l'aide d'un gène rapporteur, la protéine E2A ou DBP augmenterait l'activité promotrice du p5 à un niveau comparable à celui des protéines E1A (79). De plus, cet effet serait également dépendant des facteurs MLTF et YY1, comme décrit pour les protéines E1A. La protéine DBP, de par sa capacité à interagir avec l'ADN pourrait faciliter le recrutement de facteurs de transcription sur le promoteur p5. Toutefois, le rôle de DBP dans l'activation du promoteur p5 n'a pas été confirmé depuis cette étude.

> **Le rôle des protéines Rep78/68 dans l'activation du p19 et du p40**

Les protéines Rep78/68 exercent un effet transactivateur sur les promoteurs p19 et p40, par l'intermédiaire des facteurs de transcription, présents notamment, au niveau du promoteur p19, mais également grâce aux sites RBS retrouvés au niveau des ITR et du promoteur p5 (288, 342). En particulier, la transactivation du promoteur p19, dépourvu de site RBS serait dépendante de la présence du facteur de transcription Sp1, en position –50 et d'un facteur cellulaire cAAP (cellular AAV activating protein) de 34kDa, en position –50, dont la fonction n'est pas connue (Figure 15) (403). Ainsi, Rep78/68, en étant positionnées sur le RBS du promoteur p5 et/ou de l'ITR, interagiraient avec Sp1, après la formation d'une courbure dans l'ADN viral, permettant ainsi aux deux protéines d'entrer en contact (288, 403). De plus, Rep78, de part leur capacité à interagir avec Sp1, comme il a été démontré *in vitro* pourraient également participer à son recrutement sur le promoteur p19 (230). Par ailleurs, la transactivation du promoteur p40 par les protéines Rep78/68 nécessiterait la réplication de l'ADN viral, justifiant ainsi la présence essentielle des ITR dans le processus d'activation. En effet, en absence des ITR, l'effet transactivateur des protéines Rep78/68 sur le promoteur p40 est nettement réduite, suggérant que des facteurs coactivateurs présents au niveau des ITR, comme par exemple

Sp1 serait nécessaire pour induire la synthèse des transcrits cap (542). Enfin, au cours de ce processus d'activation, les protéines Rep78/68 réprimeraient leur propre expression, en se fixant sur le RBS du promoteur p5, tout en gardant leur fonction transactivatrice sur les promoteurs p19 et p40 (402). Ainsi, une mutation dans le RBS du p5 altère la capacité de Rep78/68 à transactiver le p19 et p40 (286, 402, 542). De plus, les protéines Rep78/68 contribueraient également à l'épissage des ARN transcrits à partir du p40 (422).

Par ailleurs, plusieurs facteurs cellulaires participeraient à l'effet transactivateur des protéines Rep78/68 sur les trois promoteurs de l'AAV-2. En particulier, la protéine TBP (TATA-Binding Protein), permettant le recrutement du complexe TFIID qui est essentiel à l'assemblage du complexe d'initiation de la transcription interagit *in vitro* et *in vivo* avec le domaine de liaison à l'ADN de Rep78 (231). Toutefois, aucun effet biologique n'a été démontré, du fait du caractère essentiel de la protéine TBP dans la physiologie de la cellule. De plus, d'après un criblage par un système double hybride, Rep78/68 interagirait avec Topors, une protéine cellulaire, identifiée à l'origine de part ses interactions avec la région N terminale de la topoisomérase I mais également avec la protéine p53, appelée dans ce contexte p53BP3 Binding protein (206, 540, 586). En absence de virus auxiliaire, la surexpression de Topors permettrait d'augmenter de façon significative l'expression des gènes *rep* et *cap* par transfection transitoire, suggérant son implication dans le processus d'activation du promoteur p5. Récemment, il a été démontré que Topors posséderait une activité de E3 ubiquitine ligase, conférée par son domaine RING Finger, quasi-identique, à celui de la protéine ICP0 de HSV-1, notamment (426). De ce fait, il semblerait que Topors participe également à la dégradation de p53 *in vivo* comme observé pour ICP0, suggérant que les deux protéines agiraient par un mécanisme d'action similaire. Enfin, l'orthologue de Topors, identifié chez la drosophile serait impliqué dans la dégradation du facteur Hairy, répresseur de la transcription, laissant penser que dans le cas de l'AAV-2, la dégradation d'un facteur répresseur par Topors pourrait conduire à l'activation du p5 (463).

2.4. La régulation des promoteurs de l'AAV-2 en présence d'HSV-1

Parmi les virus auxiliaires de l'AAV-2, l'HSV-1 est particulièrement efficace pour permettre à l'AAV-2 d'effectuer un cycle réplicatif complet. Cependant, contrairement à l'adénovirus, les protéines de l'HSV-1, impliquées dans l'activation du promoteur p5, conduisant ainsi à l'expression des protéines Rep78/68 ne sont pas connues. Ainsi, parmi les 80 gènes, environ, constituant le génome de l'HSV-1, trois protéines régulatrices majeures pourraient être potentiellement impliquées dans l'activation du promoteur p5.

➢ La description générale du cycle viral de l'HSV-1 et de son génome

L'HSV-1, dont le tropisme cellulaire est restreint à l'homme, appartient à la famille des *Herpesviridae* qui regroupe une centaine de virus, infectant différentes espèces du règne animal. Il est classé dans la sous-famille des virus neurotropes, les *Alphaherpesvirinae*, de part sa capacité à pouvoir s'établir en latence dans les neurones sensoriels, en particulier au niveau des ganglions trijumeaux (415). Lors de la primo-infection, survenant le plus souvent pendant l'enfance ou l'adolescence, à priori par contact direct entre les personnes, le virus se multiplie dans les cellules épithéliales, au niveau des muqueuses oro-faciales essentiellement, puis migre vers les terminaisons axonales, pour atteindre les neurones sensoriels par transport rétrograde, où il s'établit en latence. Différents stimulis, tels que le stress, les ultra-violets, la fièvre peuvent conduire à sa réactivation, permettant ainsi le transport antérograde du virus, le long des terminaisons axonales vers le site initial d'infection. La production de nouveaux virions se manifeste alors le plus souvent par des lésions cutanées bénignes, apparaissant dans la plupart des cas, sous forme de bouton de fièvre. Toutefois, elle peut entraîner, notamment, chez des individus immuno-déficients, des pathologies plus graves, comme par exemple des kératites, pouvant conduire à la cécité, ou encore dans certains cas, des pathologies mortelles, telles que des encéphalites. Actuellement, des traitements à base d'acyclovir ou de gancyclovir permettent de prévenir les complications engendrées lors d'une infection herpétique.

Contrairement à l'AAV-2, la structure du virion de HSV-1 est particulièrement complexe (Figure 17) . En effet, sa capside est entourée d'une couche protéique, appelé le tégument et d'une enveloppe lipidique dans laquelle sont insérées différentes glycoprotéines virales, essentielles pour la propagation du virus. Elle renferme une molécule d'ADN linéaire, double brin de 152 kbp, comportant plus de 80 gènes, regroupés en trois classes α, β, γ qui sont activés et exprimés de façon séquentielle .

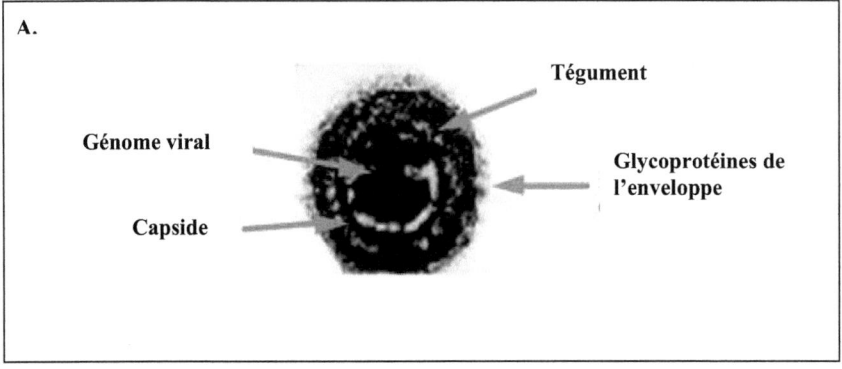

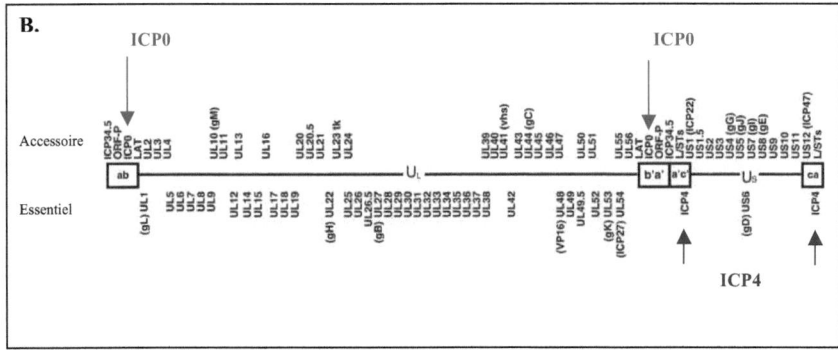

Figure 17 : La structure d'une particule HSV-1
(D'après Frampton *et al.*, 2005)
(A). Les particules HSV-1 sont constituées d'une capside, renfermant une molécule d'ADN double brin de 152 kbp. La capside est entourée d'une couche protéique, délimitant le tégument et l'enveloppe, apparaissant en gris par microscopie électronique. **(B).** Le génome viral comporte deux segments U_L (Unique Long) et U_S (Unique short), entouré chacun par des éléments inversés répétés (IR), constituant les origines de réplication du virus. La localisation des gènes essentiels à la réplication du virus *in vitro* ainsi que les gènes non essentiels ou accessoires sont indiqués.

Ainsi, l'activation des gènes très précoces (IE Immediate Early), ou gènes α est initiée par l'intermédiaire d'un complexe nucléoprotéique, formé de VP16, une protéine du tégument, présente lors de l'infection initiale et de deux facteurs cellulaires de l'hôte, Oct-1 et HCF-1 (Host Cell Factor), conduisant ainsi à la synthèse de protéines à localisation nucléaire, parmi lesquelles quatre d'entre elles sont impliquées dans le contrôle de l'expression des gènes de HSV-1 (560).

En effet, les protéines ICP0, ICP4, ICP22, ICP27 coordonnent l'expression des gènes précoces (E Early ou β) et tardifs (L Late ou γ), codant essentiellement les protéines de réplication et de structure. En particulier, ICP0 et ICP4 jouent un rôle majeur dans l'activation des gènes précoces et tardifs, contrairement aux deux autres protéines très précoces. En effet, ICP27, malgré son interaction avec ICP4 et l'ARN pol II, agirait majoritairement au niveau post-transcriptionnel, notamment dans la réplication de l'ADN viral ainsi que dans le contrôle et le transport des ARNm viraux et cellulaires (397, 405, 446, 451, 585). De ce fait, en son absence, le génome viral est très faiblement répliqué, conduisant à un arrêt du cycle viral en phase précoce (516). Par ailleurs, ICP22, dont l'activité dépend de la protéine kinase virale UL13 favoriserait la stabilité et l'épissage des ARNm d'ICP0 ainsi que l'expression des gènes tardifs, en interférant notamment, sur l'état de phosphorylation de l'ARN pol II (71, 319, 433). Toutefois, il semblerait que sa fonction ne soit pas essentielle pour permettre la progression du cycle viral (414).

> **Les facteurs HSV-1 potentiellement impliqués dans l'activation du p5**

Les protéines VP16, ICP0 et ICP4 sont les trois protéines transactivatrices majeures de l'HSV-1, conduisant à l'expression des trois classes de gènes du virus (387). Elles activent la transcription, par un mécanisme d'action spécifique, pour chacune d'entre elles.

La protéine VP16 (ou Vmw65), en s'associant à HCF-1, une protéine régulatrice clé de la prolifération cellulaire active l'expression des gènes très précoces, en se fixant sur leur promoteur au niveau d'une séquence consensus (5'TAATGARAT 3'), sur laquelle le facteur de transcription Oct-1 est positionné, par l'intermédiaire de son homéodomaine POU (560). En effet, de part la faible affinité de VP16 pour l'ADN, son association avec Oct-1 et HCF-1 stabilise sa fixation sur le promoteur (233). De ce fait, un mutant HSV-1 (*in*1814), dont la protéine VP16 n'interagit plus avec ses deux facteurs est très affecté dans sa capacité à activer l'expression des gènes très précoces, conduisant à l'entrée du virus dans une phase de latence (1, 490). Toutefois, la présence de Oct-1 ne serait pas essentielle lors d'une infection virale à fort MOI, d'après une étude réalisée sur des fibroblastes embryonnaires murins dont le gène Oct-1 a été délété, suggérant ainsi que VP16 pourrait interagir avec l'ADN par l'intermédiaire d'un autre facteur de transcription (380). Enfin, VP16 favoriserait l'assemblage du complexe d'initiation de la transcription grâce à son domaine d'activation riche en résidus acides qui lui permettrait d'interagir, notamment, avec différents facteurs généraux de la transcription, tels que TFIIB, TFIIH, TBP et certaines TAFs, mais également avec des facteurs coactivateurs modifiant la structure ou l'état d'acétylation de la chromatine, tels que le complexe Swi/SNF ou encore les protéines CBP et p300 (234). De ce fait, le domaine d'activation de VP16 est souvent fusionné à des domaines de liaison à l'ADN hétérologue pour activer la transcription de nombreux gènes eucaryotes.

La protéine ICP4, codée par le gène IE175 ou α4 est essentielle pour induire l'expression des gènes précoces et tardifs de HSV-1. En effet, en son absence, seuls les gènes très précoces sont exprimés, affectant considérablement la progression du cycle viral (123). De plus, elle régule négativement sa propre expression et celle des gènes très précoces, en particulier le gène codant ICP0 (124, 388). Contrairement à VP16, aucun site de fixation consensus n'a été identifié sur les trois classes de promoteur de l'HSV-1, et ceci malgré le fait qu' ICP4 possède un domaine de liaison à l'ADN, qui est essentiel à sa fonction transactivatrice (355, 401). Toutefois, chez certains gènes tardifs, ICP4 aurait une affinité particulière pour l'élément Inr, situé en position +1, correspondant à une séquence redondante à celle de la boite TATA (267). De plus, l'introduction de mutations dans ICP4, affectant uniquement l'expression des gènes tardifs laisse penser que l'activation des gènes précoces et tardifs par ICP4 se ferait par l'intermédiaire de partenaires cellulaires ou viraux différents (125, 581). Ainsi, l'effet transactivateur d'ICP4 serait dépendant de son interaction avec certains facteurs généraux de la transcription, tels que TBP et $TAF_{II}250$, favorisant ainsi le recrutement du complexe TFIID sur les promoteurs (67, 193, 282). De plus, ICP4 exercerait un effet répresseur de part son interaction avec TFIIB ou certains facteurs de transcription tel que Sp1, empêchant ainsi l'assemblage du complexe d'initiation de la transcription (196, 197, 476).

La protéine ICP0, exprimée à partir du gène IE110 (ou α0), joue un rôle majeur au cours du cycle viral de HSV-1. Cependant, sa présence n'est pas essentielle, en particulier lors d'une infection à fort MOI ou dans certains types cellulaires (145, 203). En effet, la progression du cycle viral, en absence d'ICP0 est très affectée dans des fibroblastes humains à passage limité, mais par contre, est comparable à celle d'un virus sauvage dans la lignée cellulaire U2OS, obtenue à partir d'un ostéosarcome d'origine humaine, suggérant l'existence d'un facteur homologue à ICP0 dans ces cellules, palliant ainsi son déficit (144, 445, 574). La protéine ICP0 est impliquée dans la transactivation des promoteurs, appartenant aux trois classes de gènes de HSV-1, mais également dans celle de promoteurs hétérologues viraux et cellulaires (65, 95, 181, 182, 283, 329, 387). Dépourvue de domaine de liaison à l'ADN, ICP0 agirait au niveau transcriptionnel, par l'intermédiaire de facteurs cellulaires dont la nature et les fonctions restent à préciser (260). Cependant, d'après une analyse par délétion successive du gène IE110, son effet transactivateur dépendrait essentiellement de son activité E3 ubiquitine ligase qui lui est conférée majoritairement par le domaine RING Finger, localisé dans la région N terminale de la protéine (49, 89, 141, 142, 202). De plus, sa capacité à déstructurer les corps PML, renfermant notamment des facteurs cellulaires associés à la transcription, mais également à interagir avec la protéase USP7 (Ubiquitin specific protease), appelée également HAUSP contribuerait dans une moindre mesure, à son effet transactivateur (150, 153).

Enfin, bien que le mécanisme d'action d'ICP0 sur l'activation de la transcription reste à définir, sa capacité à interagir avec différentes protéines cellulaires ou virales pourrait contribuer à son effet transactivateur, comme par exemple, son interaction avec la protéine ICP4 ou encore le facteur de transcription BMAL1, qui agirait notamment par l'intermédiaire de son domaine HLH, sur la régulation des rythmes circadiens par la protéine CLOCK (263, 575). Par ailleurs, la protéine p60, dont la fonction n'est pas connue ou encore le facteur d'élongation de la traduction EIF-1δ, interagissant également avec ICP0 pourrait contribuer également à la synthèse des transcrits *rep* (55, 262). Enfin, ICP0 interagirait avec les HDAC-4, -5, -7 de classe II, au niveau de leur domaine N-terminal, qui leur permet, notamment, de réprimer l'activité transcriptionnel de MEF-2 (Myocyte enhancer factor 2), un facteur de transcription impliqué dans la différenciation de cellules musculaires et neuronales (318). En effet, d'après des expériences de transfection transitoire à l'aide de gènes rapporteurs, l'interaction de ICP0 avec HDAC-5, en particulier, conduirait à lever la répression exercée par HDAC-5 sur MEF-2 (318). De plus, malgré son interaction avec des HDAC, il semblerait qu'ICP0 ne modifie pas l'état d'acétylation des protéines histones, suggérant qu'ICP0 n'induirait pas la formation d'une structure ouverte de la chromatine (318). Enfin, des modifications post-traductionnelles d'ICP0, telles que sa phosporylation par des kinases cellulaires et virales, son auto-ubiquitinilation ou encore sa nucléotidylation pourraient interférer sur ses fonctions transactivatrices au cours du cycle viral, en particulier en modifiant sa localisation nucléaire ou cytoplasmique (2-4, 41, 66, 116, 320, 385).

> **Les fonctions d'ICP0 et ses activités enzymatiques**

La protéine ICP0 joue un rôle clé pendant le cycle viral de HSV-1, de part, ses fonctions transactivatrices sur les trois classes de promoteurs, notamment, mais également lors de la phase latente de HSV-1, en contribuant à la réactivation du génome viral, suite à un stress cellulaire. Ces deux fonctions seraient dépendantes de son activité enzymatique de E3 ubiquitine ligase, lui permettant de conjuguer des molécules d'ubiquitine sur différents substrats, et d'induire pour certains d'entre eux, leur dégradation par le protéasome. De ce fait, ICP0 pourrait ainsi occasionner de nombreux effets délétères sur la physiologie de la cellule.

- Les domaines conférant l'activité de E3 ubiquitine ligase de ICP0

L'ubiquitinilation des protéines est une réaction enzymatique dépendante d'ATP qui nécessite l'action concertée de trois enzymes, E1, E2, E3, permettant respectivement, d'activer, de conjuguer et de liguer une ou plusieurs molécules d'ubiquitine sur un résidu lysine de la protéine (Figure 18) (369).

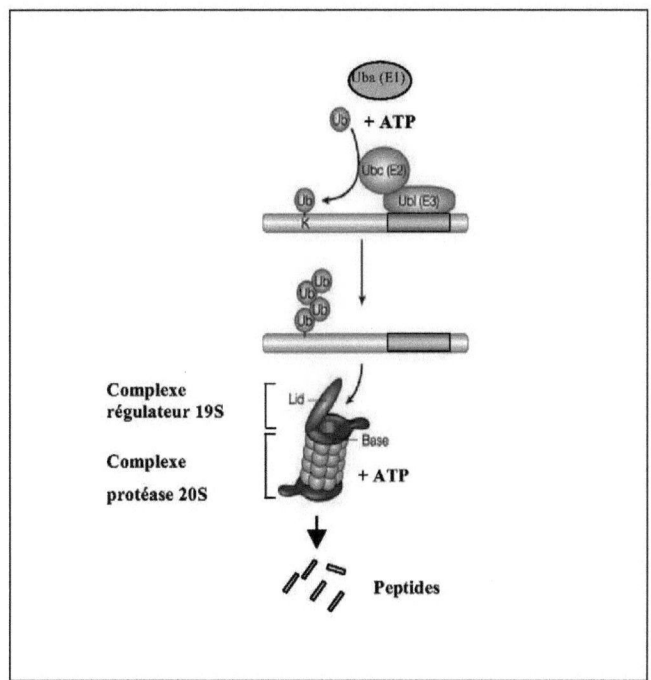

**Figure 18 : L'ubiquitinilation des protéines
(d'après Muratani *et al.*, 2003)**
L'ubiquitinilation des protéines nécessite l'action concertée de trois enzymes Ub-activating (Uba) E1, Ub-conjugating (Ubc) E2 et Ub-ligase (Ubl) E3. Le transfert d'une ou plusieurs molécules d'ubiquitine s'effectue au niveau d'un résidu lysine de la protéine, en présence d'ATP. Les protéines ubiquitinilées, comportant une chaîne d'ubiquitine formée d'au moins quatre molécules, assemblées en K48 sont envoyées en dégradation vers le protéasome. Le complexe 19S du protéasome a pour fonction de dé-conjuguer les molécules d'ubiquitine des protéines, conduisant ainsi à leur recyclage dans la cellule. Le complexe 20S correspond à la chambre catalytique du protéasome, où les protéines sont dégradées grâce à l'action de protéases actives à pH neutre.

Dans le cas de HSV-1, la protéine ICP0, formée de 775 acides aminés présente la particularité d'avoir, à priori, deux domaines, lui conférant une activité de E3 ubiquitine ligase. En effet, le domaine RING Finger (Really Interesting New Gene), appartenant à la famille des protéines Zing Finger de type C_3HC_4 et localisé entre les résidus 116 et 156 de ICP0, permettrait le recrutement de molécules d'ubiquitine, conjuguées aux enzymes E2 Ubc5a ou Ubc6 (20, 49). Ainsi, d'après des expériences d'ubiquitinilation *in vivo*, la présence d'ICP0 conduirait par l'intermédiaire de son domaine RING Finger, à la formation de chaînes d'ubiquitine, sur différentes protéines, telles que PML, SP100, p53, DNA-PK, CENP-A et CENP-C (85, 148) (46, 147, 301, 317, 399). Cependant, *in vitro*, en présence d'ICP0 et des enzymes nécessaires à l'ubiquitinilation, seules les protéines p53 ont pu être conjuguées à des molécules d'ubiquitine, suggérant qu'*in vivo* des facteurs cellulaires additionnels ou d'autres ligases seraient nécessaires à cet effet (46). De plus, ICP0 permettrait également, sa propre auto-ubiquitinilation *in vitro*, par l'intermédiaire de son RING Finger (66). Par ailleurs, il semblerait que ICP0 possède une seconde activité de E3 ubiquitine ligase, appelée HUL1 (Herpes virus Ubiquitine Ligase 1) et localisée entre les résidus 618 et 680 de la région c-terminale de la protéine (201, 202, 520). Dépourvue d'homologie avec d'autres ubiquitines ligases, il avait été proposé que HUL1 induirait la dégradation *in vivo*, de cdc34, une E3 ubiquitine ligase, impliquée dans la régulation des cyclines D1 et D3, qui interagiraient avec ICP0, notamment au niveau du résidu 199 (264, 521). Cependant, ces résultats n'ont pas été confirmés par ailleurs, suggérant que la fonction de HUL1 reste à démontrer (144).

- La dégradation par le protéasome des substrats d'ICP0
Ainsi, ICP0, de part son activité de E3 ubiquitine ligase induirait la dégradation *in vivo*, de plusieurs protéines cellulaires, incluant les deux protéines PML et SP100, localisées dans les structures ND10, les protéines du centromère CENP-A et CENP-C et enfin, la sous-unité catalytique de la DNA-PK (85, 147, 148, 317, 399). Leur dégradation peut être inhibée en présence de MG132, un inhibiteur du protéasome et est dépendante de la présence du domaine RING Finger de ICP0.

Par ailleurs, ICP0 contribuerait à la réactivation de génome HSV-1 établi en latence dans différentes lignées cellulaires ou encore dans des cellules primaires, provenant de ganglions trijumeaux de souris (204, 205, 215, 216, 587). Cet effet serait dépendant de son domaine RING Finger, et ne nécessiterait pas la désorganisation des corps PML (215). De plus, il a été suggéré que la dégradation par ICP0, de la sous-unité catalytique de la DNA-PK, une enzyme impliquée dans la réparation de l'ADN pourrait contribuer à la réactivation du virus (399). En effet, la DNA-PK, en favorisant la circularisation du génome viral pendant la phase latente limiterait ainsi sa réplication (253).

> **Les effets biologiques d'ICP0 au cours du cycle viral**
> **- La désorganisation des corps PML par ICP0**

La protéine ICP0, de part sa fonction de E3 ubiquitine ligase induirait des conséquences importantes dans l'environnement intra-cellulaire. En particulier, dès les premières heures de l'infection, elle se localiserait dans les structures ND10, parmi lesquelles sont retrouvés des facteurs régulateurs de la transcription, incluant notamment PML, Sp100, p53, Daxx, USP7, SUMO-1 et conduirait ainsi à leur dispersion, par un mécanisme dépendant de son RING Finger et du protéasome (149, 340, 341). En effet, ICP0 induirait, en particulier, la dégradation des protéines PML modifiées par SUMO-1, qui sont indispensables à la formation et l'intégrité des structures ND10 (290). Il a été montré qu'en absence de la protéine PML, comme par exemple, dans des fibroblastes embryonnaires provenant de souris transgéniques PML$^{-/-}$, où le gène *pml* a été inactivé par recombinaison homologue, les facteurs cellulaires normalement associés aux structures ND10 tels que Sp100 ou Daxx restent dispersés dans le nucléoplasme (534). L'apport *en trans* de PML conduit alors à la reformation des structures ND10 et la relocalisation des facteurs cellulaires associés (368). De plus, l'introduction d'une mutation au niveau du résidu lysine 160 des protéines PML, un des trois sites majeurs de sumolation conduit à la formation de structures ND10 aberrantes dans le noyau, ne permettant pas le recrutement des facteurs cellulaires tels que Sp100 et Daxx, et ceci indépendamment de leur propre état de sumolation (251, 584). Ainsi, ICP0 induirait *in vivo*, la dégradation spécifique des isoformes de PML modifiés par SUMO-1 sur le résidu lysine 160, conduisant ainsi à la dispersion des structures ND10, dont le rôle et la fonction reste à définir (48). En effet, il a été suggéré que les structures ND10 constitueraient un réservoir de protéines nécessaires à la transcription des gènes, ou alors un lieu de modification post-traductionnnelle des protéines, du fait de la présence, notamment de SUMO-1, USP7, CBP, HDAC, quatre enzymes impliquées respectivement dans la sumolation, la deubiquitination, l'acétylation et la déacétylation (43, 121, 376). Ainsi, ICP0, en induisant leur dispersion, pourrait favoriser le recrutement de facteurs cellulaires-clés, nécessaires à la transcription des gènes de HSV-1, initiés dans les centres de réplication, contiguës à ces structures (152).

De plus, il a été proposé que les structures ND10 participeraient aux mécanismes de défense anti-virale de la cellule, du fait de l'augmentation conséquente de leur taille, suite à un traitement des cellules à l'interféron (431). En particulier, il a été montré que l'expression de six protéines associées aux structures ND10, telles que, PML, Sp100, Sp110, Sp140, ISG120 (« Interferon-stimulated gene product of 20kD ») et PA28, correspondant à la sous-unité 11S du protéasome, était augmentée de façon significative en présence d'interféron (431). Ainsi, il semblerait qu'ICP0 inhibe la réponse à l'interféron à travers, notamment, la dégradation des protéines PML, par un mécanisme qui reste à préciser (82).

- La perturbation du cycle cellulaire

Parmi les nombreux effets biologiques induits par HSV-1, la protéine ICP0 interférerait sur la progression du cycle cellulaire. En particulier, elle induirait la dégradation de deux protéines, CENP-A et CENP-B, formant le kinétochore, structure qui joue un rôle clé, notamment, lors de la division cellulaire, pour le maintien des microtubules formant la plaque équatoriale, nécessaire à la migration des chromosomes (147, 317). De ce fait, ICP0 conduirait à la ségrégation aberrante des chromosomes pendant la mitose et par conséquent, à un arrêt du cycle cellulaire en phase G2/M (147, 317).

Par ailleurs, ICP0 induirait un arrêt du cycle cellulaire en phase G1/S, par un mécanisme qui reste à préciser (236, 316, 483). L'ubiquitinilation de p53 par ICP0, observé *in vitro* et *in vivo* pourrait contribuer à cet effet, malgré le fait que le niveau de p53 reste inchangé au cours du cycle viral (46). En effet, ICP0 conduirait à l'ubiquitinilation de p53, sans pour autant favoriser sa dégradation par le protéasome. Ainsi, p53, étant majoritairement ubiquitinilé par MDM2, une E3 ubiquitine ligase, il a été suggéré qu'ICP0 pourrait contribuer à la stabilisation de p53, grâce à son interaction avec USP7, une protéase clivant l'ajout d'ubiquitine sur des substrats protéiques, limitant ainsi la dégradation de p53 par le protéasome (47).

Enfin, la caractérisation de l'effet cytotoxique d'ICP0 a été récemment étudié sur des cellules primaires provenant de tissus cardiaques, du système nerveux ou encore sur une lignée cellulaire Gli36, dérivé de glioblastome (112). Il semblerait qu'ICP0 induise la déstructuration des centromères, s'accompagnant d'une nécrose des cellules et de l'arrêt du cycle cellulaire, seulement dans la lignée Gli36. Ces résultats suggèrent l'implication de facteurs cellulaires, limitant l'accumulation et l'effet cytotoxique d'ICP0, en particulier dans les cellules nerveuses, lieu où le virus s'établit en latence (92, 309). Ainsi, l'effet d'ICP0 sur la croissance et la viabilité de cellules tumorales a conduit à envisager son utilisation dans des protocoles de thérapies anti-cancéreuses (112, 379).

IV. Objectifs du travail

Ce travail de thèse s'inscrit dans le cadre d'un projet de recherche visant à étudier les interactions entre l'AAV-2 et un des ses virus auxiliaires, l'Herpes simplex virus de type I. En particulier, notre objectif était d'identifier les protéines de HSV-1, permettant d'activer l'expression du gène *rep* de l'AAV-2, étape essentielle pour initier son cycle viral. Parmi les gènes de HSV-1, quatre gènes codant le complexe hélicase primase et la protéine DBP participeraient à la synthèse de formes réplicatives de l'AAV-2. Cependant, aucun d'entre eux ne possèderait de fonctions transactivatrices capable d'activer l'expression du gène *rep*. De ce fait, nous avons analysé la contribution de ICP0 et ICP4, deux protéines transactivatrices majeures de HSV-1 dans l'activation du gène *rep*, à partir d'une forme latente intégrée de l'AAV-2.

RESULTATS

I. Identification des fonctions auxiliaires de HSV-1, conduisant à l'expression du gène *rep* de l'AAV-2 : rôle de la protéine ICP0

Article N°1 voir annexe

" Herpes Simplex Virus Type 1 ICP0 protein mediates activation of Adeno-Associated Virus type 2 rep gene expression from a latent integrated form"
Marie-Claude Geoffroy, Alberto L. Epstein, Estelle Toublanc, Philippe Moullier and Anna Salvetti. 2004. Journal of Virology. **71**: 10977-10986

1. Introduction

Dans le cadre de ce projet, nous avons cherché à identifier les fonctions auxiliaires de l'HSV-1, conduisant à l'expression des gènes de l'AAV-2, et plus particulièrement du gène *rep*. Comme décrit précédemment, l'AAV-2 est un parvovirus humain qui nécessite la présence d'un virus auxiliaire tel que l'HSV-1 ou l'adénovirus pour se répliquer. En leur absence, l'AAV-2 entre dans une phase de latence, caractérisée par l'absence d'expression de ses gènes. En effet, son génome viral, associé à la chromatine, est sensible à un mécanisme de répression cellulaire qui éteint la transcription des gènes *rep* et *cap*. Par conséquent, la première étape, conduisant à la réactivation d'une forme latente de l'AAV-2 par un de ses virus auxiliaires nécessite la dé-répression et la transactivation du promoteur p5, point de départ de la transcription des gènes de l'AAV-2. La plupart des études concernant la phase réplicative l'AAV-2 ont été réalisées en présence d'adénovirus. De ce fait, les fonctions auxiliaires apportées par l'adénovirus, en particulier, les protéines E1a, impliquées dans la transactivation du promoteur p5 sont maintenant bien connues, contrairement à celles des autres virus auxiliaires de l'AAV-2, en particulier de l'HSV-1. En effet, bien que l'HSV-1 permet à l'AAV-2 d'effectuer un cycle réplicatif complet, peu d'études ont investigué les fonctions de ses protéines virales contribuant à cet effet (357, 505, 545). En particulier, il a été montré que quatre gènes impliqués dans la réplication du génome de HSV-1, UL29 codant la protéine DBP (ICP8) et UL5/UL8/UL52 codant le complexe hélicase-primase seraient essentiels pour permettre la synthèse des formes réplicatives de l'AAV-2, à partir de cellules HeLa cotransfectées avec un plasmide comportant le génome de l'AAV-2 (492, 545). Toutefois, aucune de ces protéines virales ont été décrites comme étant capables de transactiver les promoteurs de l'AAV-2, en particulier le promoteur p5, d'une façon comparable aux protéines E1a de l'adénovirus.

De ce fait, nous avons initié ce projet, afin d'identifier la ou les protéines de HSV-1, permettant la transactivation du promoteur p5, étape essentielle à l'expression des gènes *rep* et *cap* de l'AAV-2. Les protéines transactivatrices majeures de HSV-1 sont VP16, protéine exprimée de façon tardive mais présente dans le tégument lors de l'infection initiale ainsi que ICP0 et ICP4, deux protéines très précoces. La protéine VP16 active l'expression des gènes très précoces de HSV-1, en se fixant, en collaboration avec deux facteurs cellulaires Oct1 et HCF-1, sur une séquence consensus TAATGARAT présente sur les promoteurs de HSV-1 (560). La protéine ICP4, essentielle à la transactivation des gènes précoces et tardifs agit en se fixant à l'ADN, avec une affinité particulière, à priori pour les séquences Inr (67, 476). Enfin, la protéine ICP0 transactive les trois classes de gènes de HSV-1, sans se fixer à l'ADN (145). En effet, elle agirait par l'intermédiaire de protéines cellulaires, régulatrices de la transcription pour la plupart et induirait pour certaines d'entre elles leur dégradation par le protéasome, grâce à son activité de E3 ubiquitine ligase. De plus, la protéine ICP0 joue un rôle essentiel dans la réactivation de génomes quiescents de HSV-1, par un mécanisme qui reste à préciser (64, 205, 215, 216, 253, 304, 587).

Ainsi, devant l'absence de séquences consensus pour la fixation de VP16, au niveau du promoteur p5, nous avons choisi d'évaluer le rôle des protéines ICP0 et ICP4 dans l'activation du gène *rep* de l'AAV-2. Pour cela, nous avons utilisé comme modèle d'étude, un clone de cellules HeLa (HA-16), comportant plusieurs copies du génome de l'AAV-2 intégrés dans le site AAVS1 du chromosome 19 (527). Dans ce contexte, les promoteurs de l'AAV-2 sont silencieux, en particulier le promoteur p5. L'effet répresseur est attribué aux protéines Rep78/68 qui agiraient en collaboration avec des facteurs cellulaires de l'hôte, tel que YY1 pour éteindre la transcription issue du p5 et du p19.

2. Résultats et discussion

2.1. Réactivation de l'expression du gène *rep* par ICP0

Dans cette étude, nous avons démontré que la protéine ICP0 conduisait à la ré-expression du gène *rep*, à partir d'une forme latente intégrée de l'AAV-2. Dans un premier temps, nous avons comparé le niveau d'expression des protéines Rep par Western Blot, après infection des cellules HA-16 avec un virus HSV-1 sauvage (HSVwt) ou avec des mutants HSV-1, dépourvus du gène ICP0 ou du gène ICP4 (HSVΔICP0 ou HSVΔICP4) (Figure 1 de l'article). L'expression du gène *rep* n'a pas été détectée dans les cellules HA-16 non-infectées, contrairement aux cellules infectées en présence d'HSVwt, confirmant que le génome viral, associé à la chromatine est, à priori, totalement réprimé. En absence d'ICP0 (i.e. avec le mutant HSVΔICP0), la synthèse des quatre protéines Rep n'était pas ou très peu détectable, malgré l'expression constitutive des protéines ICP4 et VP16, observée avec ce mutant, suggérant que seule, la protéine ICP0 serait nécessaire pour réactiver l'expression du gène *rep*. De plus, un mutant HSVΔICP4, surexprimant ICP0, du fait qu'ICP4 régule négativement son expression, a conduit à la synthèse de quatre protéines Rep, indiquant que ICP4 ne serait pas essentielle dans ce processus de réactivation.

Nous avons confirmé ces résultats, à l'aide d'adénovirus recombinants, comportant le gène ICP0 ou ICP4, placé sous le contrôle du promoteur TRE (Tetracyclin-Responsive Element), inductible en présence de doxycycline et du transactivateur rTA, exprimé à partir d'un autre adénovirus (Figure 2 de l'article et Figure 19A). D'après l'expression résiduelle d'ICP0 observée à partir du promoteur TRE, en absence d'inducteur, il semblerait qu'une très faible quantité d'ICP0 soit suffisante pour induire la synthèse des protéines Rep. De plus, la synthèse des protéines Rep, restant inchangée en présence d'inducteur suggère fortement que l'export des transcrits *rep* pourrait être inhibée par la présence d'ICP0. Enfin, dans ce contexte, les protéines Rep68/40, correspondant aux formes épissées des transcrits *rep* n'ont été détectées, seulement 48h post-infection, suggérant qu'ICP0 pourrait interférer également sur l'épissage et/ou le transport des transcrits *rep*.

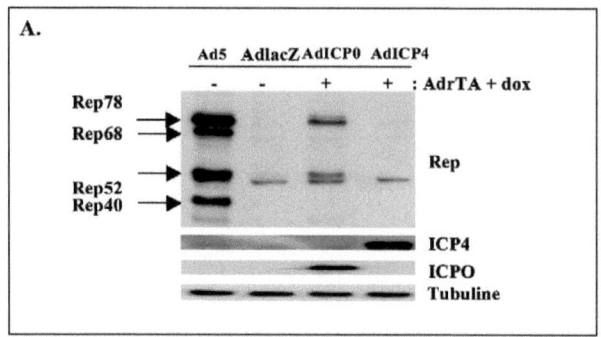

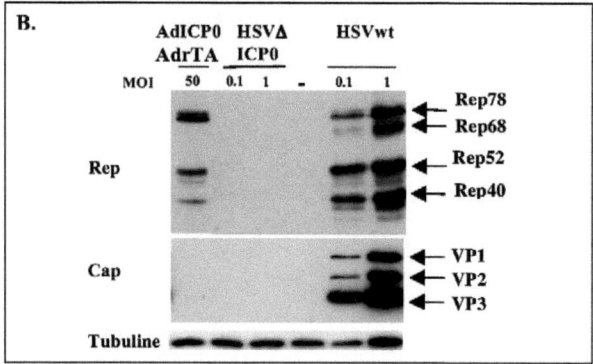

Figure 19: L'expression des gènes *rep* et *cap* en présence d'AdICP0 et d'AdICP4
(A). La synthèse des protéines Rep a été analysée par Western Blot, sur des cellules HA-16, co-infectées, à un MOI de 50, par AdICP0 ou AdICP4 en présence de AdrTA et de la doxycycline à une concentration de 3 µM finale. De plus, un adénovirus sauvage (Ad5) ou codant l'enzyme β galactosidase ont été utilisés en contrôle. (B). Les cellules HA-16 ont été infectées pendant 24 h, à différents MOI, par les virus HSVwt, HSVΔICP0. Les protéines de structure VP1, VP2 et VP3 ont été détectées par Western Blot, à l'aide de l'anticorps primaire anti-Cap B1, provenant d'un surnageant d'hybridome de souris.

Par ailleurs, nous avons analysé l'expression du gène *cap*, par Western Blot, à partir de cellules HA-16, infectées par deux adénovirus exprimant ICP0 et le transactivateur rTA, en présence de doxycycline (Figure 19B). Dans ces conditions, ICP0 ne conduit pas à la synthèse des trois protéines de structure, indiquant que d'autres gènes de HSV-1 sont nécessaires à cet effet.

Enfin, nous avons confirmé l'effet transactivateur d'ICP0 sur l'expression du gène *rep*, dans une autre lignée cellulaire Detroit 6 (7374D5), infectée de façon latente par l'AAV-2 (Figure 20) (33). De façon similaire aux cellules HA-16, le génome viral serait intégré, à priori, au niveau du chromosome 19, occasionnant un réarrangement du site AAVS1 (93, 136, 276). L'expression du gène *rep* a été mis en évidence par immunofluorescence, après transfection d'un plasmide exprimant ICP0 (Figure 20A). Cependant, le niveau d'expression des protéines Rep, détecté dans les cellules Détroit 6, étant significativement réduit par rapport à celui détecté dans les cellules HA-16, un système de détection plus performant a été utilisé pour mettre en évidence les protéines Rep, notamment en amplifiant le signal à l'aide d'anticorps biotinylés et de substrat extravidine. De ce fait, nous avons comparé par Southern Blot, le nombre de génomes AAV-2, intégrés dans les cellules Détroit 6 et les cellules HA-16. Ainsi, il semblerait que le faible niveau d'expression des protéines Rep, détecté dans les cellules Détroit 6 corrèle avec le nombre réduit de génomes AAV-2, intégrés dans ces cellules (Figure 20B). Ce résultat laisse penser que le processus de réactivation du gène *rep* par ICP0 pourrait s'accompagner de la réplication du génome viral et par conséquent d'un niveau d'expression des protéines Rep variable, selon le nombre de génomes AAV-2 intégrés.

2.2. Analyse de l'effet transactivateur d'ICP0 sur le promoteur p5

La contribution de ICP0 dans l'activation du gène *rep*, à partir d'une forme latente intégrée de l'AAV-2 a été confirmée grâce à la transfection d'un plasmide exprimant ICP0, dans les cellules HA-16 et conduisant ainsi à la détection des protéines Rep, par immunofluorescence (Figure 4 de l'article). Cependant, la présence des protéines Rep a été très faiblement détectée dans des cellules exprimant ICP0 sous forme de foyer

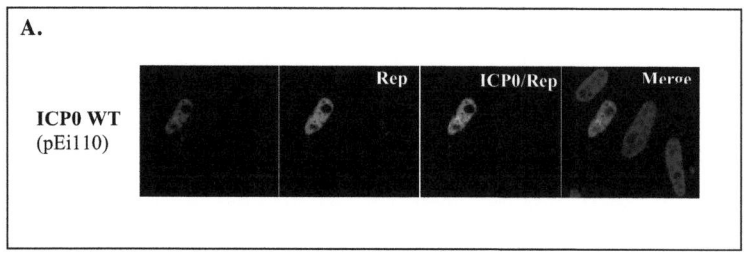

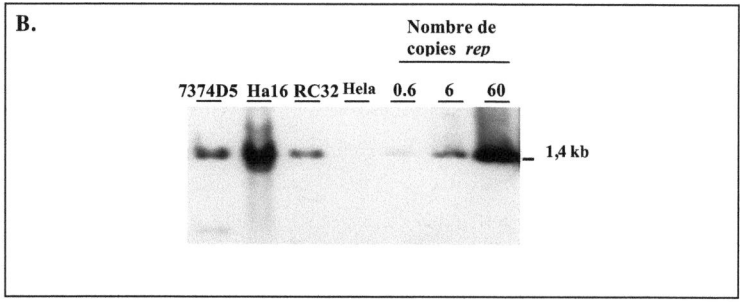

Figure 20: L'effet d'ICP0 sur l'expression du gène *rep* dans les cellules Détroit 6
(A). Analyse de l'expression du gène *rep* par immunofluorescence. Les cellules Détroit 6 (7374D5), infectées de façon latente par l'AAV-2 ont été transfectées avec un plasmide exprimant ICP0 et analysées 24 plus tard, par immunofluorescence à l'aide d'un sérum de lapin anti-ICP0 (r95) et d'un anticorps anti-Rep (76.3), provenant d'un surnageant d'hybridome de souris. Le signal ICP0 a été détecté grâce à un anticorps secondaire de lapin, couplé au fluorochrome TRITC. Le signal Rep a été détecté par un anticorps biotinylé de souris et amplifié par un substrat extravidine couplé au fluorochrome FITC. Le noyau des cellules a été visualisé grâce au TO-PRO-3, un agent intercalent de l'ADN.
(B). Analyse du nombre de génomes AAV-2 intégrés dans les cellules Détroit 6 (7374D5) et les cellules HA-16. 10 µg d'ADN chromosomique des cellules Détroit 6 et des cellules HA-16 ont été digérés par *Pst* I et analysés par Southern Blot, à l'aide d'une sonde *rep*. Les ADN génomiques de cellules HeLa et de cellules HeLaRC32, une lignée d'encapsidation des vecteurs AAVr ont été utilisés en tant que contrôle négatif et positif. La bande attendue de 1,4 kb a été comparée à celle d'un échantillon contrôle, comportant 0.6, 6 et 60 copies du gène *rep*.

ponctiforme, contrairement aux cellules exprimant ICP0 sous une forme plus diffuse dans le nucléoplasme. Cette observation suggère que la localisation d'ICP0 dans le noyau et sa capacité à se multimériser et/ou interagir avec d'autres protéines cellulaires pourrait influencer son effet transactivateur sur le gène *rep*.

De plus, nous avons montré que ICP0 agissait au niveau transcriptionnel, en induisant la synthèse de transcrits *rep*, issus du p5 (Figure 3 de l'article). En effet, les transcrits *rep* n'ont pas été détectés, par un test de protection à la RNAse (RPA), dans les cellules HA-16 non-infectées, confirmant que dans ce contexte, le génome viral et en particulier le promoteur p5 était silencieux. En revanche, la présence d'ICP0 a conduit à la synthèse des transcrits *rep* dont la quantité augmentait en fonction de la présence d'inducteur. Toutefois, ce résultat ne corrèle pas avec le niveau d'expression des protéines Rep qui reste inchangé par Western Blot (Figure 2 de l'article), suggérant qu'ICP0 pourrait interférer sur l'export des transcrits *rep* ou bien que d'autres facteurs HSV-1 interviendraient au niveau post-transcriptionnel sur la synthèse des protéines Rep.

Par ailleurs, nos résultats indiquent que l'effet transactivateur de ICP0 sur le gène *rep* est dépendant de l'activité protéolytique du protéasome. En effet, l'utilisation d'inhibiteur du protéasome tel que le MG132 inhibe la ré-expression des protéines Rep, dans des cellules HA-16, infectées en présence d'ICP0 (Figure 5 de l'article). De plus, un mutant ICP0 (ICP0FXE), dépourvu du domaine RING finger, qui lui confère son activité de E3 ubiquitine ligase ne permet pas la synthèse des protéines Rep, suggérant que l'ubiquitinilation spécifique de facteurs cellulaires par ICP0, conduisant pour certains d'entre eux à leur dégradation par le protéasome serait impliquée dans le processus de réactivation du gène *rep* (Figure 4 de l'article).

Enfin, nous avons investigué si la désorganisation des structures ND10 par ICP0 était nécessaire à la ré-expression du gène *rep*. En effet, il a été montré par transfection transitoire à l'aide de gènes rapporteurs, que l'effet transactivateur d'un mutant ICP0 (ICP0D14), affecté dans sa capacité à se localiser et à désorganiser les structures ND10 était considérablement réduit, suggérant que des facteurs cellulaires, localisés dans ces structures pourraient contribuer à la fonction transactivatrice d'ICP0 (142). Ainsi, la transfection dans les cellules HA-16, d'un plasmide exprimant ICP0D14 a conduit à la détection des protéines Rep à un niveau équivalent à celui de ICP0 non muté, indiquant que la désorganisation des structures ND10 par ICP0 n'est pas nécessaire pour induire la re-expression du gène *rep* (Figure 6 de l'article). De plus, l'utilisation d'un mutant ICP0 (ICP0D9), dépourvu de domaine de localisation nucléaire et par conséquent confiné dans le cytoplasme n'a pas conduit à la ré-expression de protéines Rep, indiquant que la présence d'ICP0 dans le noyau serait nécessaire pour exercer sa fonction transactivatrice sur le gène *rep*, mais également laisse penser que des protéines séquestrées dans le cytoplasme et potentiellement impliquées dans le processus de réactivation ne seraient pas la cible directe d'ICP0 (Figure 4 de l'article).

2.3. Contribution de USP7 dans l'effet transactivateur de ICP0 sur le p5

Enfin, nous avons analysé la contribution de USP7 (Ubiquitin specific protéase 7), une protéase interagissant avec ICP0 et qui participe également à son effet transactivateur, d'après des expériences de transfection transitoire, à l'aide de gènes rapporteurs (150). Pour cela, nous avons utilisé un mutant ICP0 (ICP0D12), délété de 40 acides aminés, affectant de ce fait son interaction avec USP7. Ainsi, nous avons montré par immunofluorescence que la synthèse des protéines Rep était considérablement réduite, voire indétectable, dans des cellules HA-16 transfectées avec ce mutant (Figure 6 de l'article). Par conséquent, ce résultat laissait penser que l'interaction de ICP0 avec USP7 serait critique pour permettre la ré-activation du gène *rep*, en plus de son activité de E3 ubiquitine ligase.

2.4. Conclusion

Dans cette étude, nous avons montré que la protéine ICP0 conduisait à la réactivation de l'expression du gène *rep,* à partir d'une forme latente intégrée de l'AAV-2. En particulier, ICP0 agirait au niveau transcriptionnel, en induisant la synthèse des transcrits *rep*, issus du promoteur p5. Cet effet serait dépendant de son activité E3 ubiquitine ligase, conférée par son domaine RING finger et de l'activité protéolytique du protéasome. De plus, la désorganisation des structures ND10 par ICP0 ne serait pas nécessaire pour activer le promoteur p5. Enfin, nous avons mis en évidence que l'interaction de ICP0 avec USP7 pourrait contribuer à la transactivation du p5, en plus de son activité E3 ubiquitine ligase, conférée par le domaine RING Finger. Cependant, le mécanisme moléculaire par lequel ICP0 conduit à la dé-répression du promoteur p5 reste à déterminer. De ce fait, nous avons entrepris d'investiguer le rôle de USP7 dans le processus de réactivation du gène *rep*, mais également de caractériser les facteurs cellulaires associés au promoteur p5 en présence et en absence d'ICP0.

Enfin, la question du rôle d'ICP4 dans le processus de réactivation de l'expression du gène *rep* reste posée. En effet, il semblerait que la protéine ICP4 ne conduise pas à la synthèse des protéines Rep dans les cellules HA-16, malgré sa capacité à interagir avec l'ADN. Pour confirmer ce résultat, il serait nécessaire d'investiguer plus en détail, si ICP4 peut agir au niveau transcriptionnel sur le promoteur p5, en induisant la synthèse des transcrits *rep*. Initialement, Mishra *et al.*, avait observé qu'ICP4 pourrait favoriser la synthèse des formes réplicatives de l'AAV-2, et par conséquent constituait un facteur auxiliaire potentiel pour l'AAV-2, en plus de la protéine DBP, du complexe hélicase-primase (357). De plus, dans le contexte d'un virus HSV-1, la protéine ICP4 pourrait contribuer à l'effet transactivateur d'ICP0, de part sa capacité à interagir avec ICP0 (575). De ce fait, il serait intéressant d'évaluer la contribution d'ICP4 dans le cycle viral de l'AAV-2, en présence d'ICP0.

II. Mécanismes moléculaires impliqués dans la réactivation du gène *rep* par ICP0

1. Rôle de USP7 dans l'activation du gène *rep*

(Manuscrit en préparation) => publié en 2006, voir annexe
M.C. Geoffroy, G. Chadeuf, A. Orr, A. Salvetti and R. Everett : Impact of the interaction between Herpes Simplex Virus type 1 regulatory ICP0 and ubiquitin specific protease USP7 on the activation of Adeno-Associated Virus type 2 *rep* gene expression. 2006. *J. Virol.* 80:3650-4

1.1. Introduction

Après avoir démontré que ICP0 conduisait à la réactivation du gène *rep*, à partir d'une forme latente intégrée de l'AAV-2, et en particulier, que l'interaction de USP7 avec ICP0 pourrait contribuer à cet effet, nous avons voulu investiguer plus en détail le rôle de USP7. Historiquement, USP7, appelée également HAUSP (Herpes-Associated Ubiquitin Specific Protease) a été identifiée, de part sa capacité à interagir avec ICP0

(141, 151, 352, 353). En effet, d'après le profil d'expression d'ICP0, apparaissant sous forme de foyer ponctiforme par immunofluorescence, le groupe de Roger Everett a investigué les protéines cellulaires et virales, susceptibles d'interagir avec ICP0, au cours de l'infection. En particulier, ils ont mis en évidence, par des expériences d'immunoprécipitation avec des extraits de cellules HeLa, préalablement marqués par incorporation de méthionine S35 et infectés par différents virus mutants d'ICP0, qu'une protéine de 135 kDa interagissait spécifiquement avec la région C-terminale de ICP0, entre les résidus 594 et 632 (353). Le séquençage de 6 régions peptidiques de la protéine de 135 kDa, conduisant ainsi à définir un oligonucléotide consensuel a permis de cribler une banque d'ADN complémentaire de cellules HeLa et de cloner USP7 (151). La comparaison de sa séquence avec d'autres protéines répertoriées dans les banques de données a permis de révéler deux motifs identiques au site catalytique de protéases, appartenant à la famille des enzymes DUB (Deubiquitinating enzyme), qui sont capables de générer des monomères d'ubiquitine libre, à partir des molécules précurseurs d'ubiquitine ou encore de chaînes de polyubiquitine, mais également de cliver les motifs ubiquitine conjugués à des protéines (269).

D'après la caractérisation de son activité enzymatique *in vitro*, USP7 posséderait une faible activité peptidase pour cliver les ponts isopeptidiques, reliant les molécules d'ubiquitine entre elles, indiquant que USP7 ne participerait pas au maintien et au renouvellement de molécules d'ubiquitine dans la cellule (66). Par contre, USP7 cliverait préférentiellement les motifs ubiquitines, conjugués à des protéines comme p53, ou la protéine régulatrice EBNA-1 du virus d'Epstein-Barr, limitant ainsi leur dégradation par le protéasome (239, 240, 307).

Ainsi, l'interaction de ICP0 avec USP7, impliquant au moins les résidus 623, 624 et/ou 620 dans ICP0 contribuerait à son effet transactivateur, au cours du cycle viral (Figure 21). En effet, des mutants ICP0, incapables de fixer USP7, tels que ICP0D12(Δ594-632), ICP0M1(R623L/K624I) et ICP0M4(R620I) sont très affectés dans leur capacité à activer l'expression de gènes rapporteurs par transfection transitoire ou encore à stimuler la croissance virale (150, 242, 352). Récemment, il a été montré que USP7 contribuerait à augmenter la stabilité de ICP0, au cours du cycle viral. En effet, ICP0, par l'intermédiaire de son domaine RING Finger possède la capacité de s'autoubiquitiniler *in vitro*, au niveau de plusieurs résidus lysine, conduisant à la formation de longues chaînes d'ubiquitine. Ainsi, USP7, en clivant, *in vitro,* les motifs ubiquitine conjugués sur la protéine ICP0 permettrait ainsi de limiter sa dégradation par le protéasome *in vivo* (66). De ce fait, un mutant ICP0M1, ne fixant pas USP7 est très instable au cours du cycle viral, par rapport à un virus sauvage (66). De plus, d'après des expériences réalisées à l'aide de siRNA, dirigés contre les ARN de USP7, des cellules U2OS infectées par HSV-1 et déprivées de USP7 présentent un niveau d'expression de ICP0, considérablement réduit par rapport à des cellules non traitées, confirmant ainsi que l'interaction de USP7 et ICP0 contribuerait à la stabilité d'ICP0 *in vivo* (66).

1.2. Matériels et méthodes
> **Plasmides et virus**

Les plasmides utilisés dans cette étude, codant ICP0 ou différentes versions mutées ont été fournis par Roger Everett, à l'exception du plasmide ICP0M1/D13 (Figure 21). Ils sont dérivés du plasmide pCi110, comportant le gène *IE110*, placé sous le contrôle du promoteur CMV. Le virus HSV-1, dérivé de la souche 17+ ainsi que les virus exprimant différentes formes mutées de ICP0 proviennent également du laboratoire de Roger Everett. Ils ont été produits sur des cellules BHK et titrés sur des cellules U2OS, dans lesquelles la présence d'ICP0 n'est pas nécessaire pour permettre une réplication optimale de HSV-1.

> **Infection et Western Blot**

Les cellules HA-16 ou HeLa ont été cultivées en milieu Dulbecco's Modified Eagles' Medium (DMEM, Sigma), supplémenté par 10% de sérum de veau fœtal (SVF, Sigma) et 1% de pénicilline/streptomycine (Gibco BRL, 5000 U/ml), à une densité de 10^5 cellules par puit, dans des boites de 24 puits (NUNC). Elles ont été infectées le lendemain, avec les différents virus HSV-1, à une multiplicité d'infection (MOI) de 10, soit 10 particules infectieuses par cellule. Après 1h d'adsorption, les cellules ont été rincées en milieu DMEM, de façon à enlever l'excès de virus non adsorbé puis ré-incubées dans du milieu neuf. Après plusieurs heures d'infection, allant de 2h à 8h, les cellules ont été rincées deux fois en PBS avant d'être récoltées directement dans 70 µl de tampon de chargement SDS-PAGE (6% SDS, 187 mM Tris-HCl, 15% β-mercaptoéthanol). Les extraits protéiques, soit 12 µl ont été séparés par électrophorèse, sur gel de polyacrylamide 10%, en présence de SDS et transférés sur membrane de nitrocellulose. Les protéines ICP0, ICP4 et UL42 ont été détectées à l'aide des anticorps monoclonaux anti-ICP0 (11060), anti-ICP4 (10076) et anti-UL42 (Z1F11) et d'anticorps secondaires couplés à la péroxidase, en utilisant le kit de détection de chimiluminescence ECL (Amersham).

➤ Test de stabilité d'ICP0

Les cellules HeLa ont été infectées par les différents virus HSV-1, à un MOI de 10, en double exemplaire. Après 1h d'adsorption, les cellules ont été incubées pendant 4h, puis 50% des échantillons ont été récoltés comme décrit ci-dessus. Au même moment, la cycloheximide a été ajoutée à une concentration de 100 µg/ml, dans les échantillons restants. Les cellules ont alors été incubées 4 h supplémentaires, avant d'être récoltées. L'expression des protéines ICP0 a été analysée par Western Blot. Les signaux détectés sur autoradiographie ont été scannés et quantifiés par PhosphorImager.

➤ Mutagénèse dirigée

Le plasmide codant ICP0M1/D13 a été construit à partir de pCi110D13, comportant le gène ICP0, dépourvu de son domaine de multimérisation et exprimé à partir du promoteur CMV. La mutation M1 (R623L/K624I) a été introduite par mutagénèse dirigée à l'aide du kit QuiKChange Site-directed Mutagenesis (Stratagene) (150). Au préalable, le fragment *BstE2/MluI* de pCi110D13 a été cloné dans les mêmes sites de restriction du plasmide p1180, dérivé de pBluescript II (Stratagene). Les séquences des oligonucléotides M1 forward et M1 reverse qui ont été utilisés pour la mutagénèse sont:

```
M1 For :GGG CCG AGG AAG TGC GCA CTG ATA ACG CGC CAC GCG GAG AC
M1 Rev : GT CTC CGC GTG GCG CGT TAT CAG TGC GCA CTT CCT CGG CCC
```

La réaction de mutagénèse a été réalisée par PCR, selon les recommandations du fournisseur. En particulier, 10 ng de plasmide, comportant l'insert ICP0 à muter, l'ADN polymérase *PfuTurbo* (2,5 unités), les deux oligonucléotides M1 for (125ng) et M1 Rev (125 ng), reconnaissant la même séquence sur chacun des brins opposés ont été utilisés pour la réaction de PCR. Le produit de PCR obtenu, incluant le plasmide de départ et le plasmide muté a été digéré par l'enzyme *Dpn* I, clivant seulement l'ADN méthylé ou hémi-méthylé du vecteur parental de départ puis transformé dans des bactéries *E.coli* XL1 blue. La mutation M1 introduite par PCR a été analysée par miniprep, grâce à l'enzyme de restriction *Fsp*I, dont le site apparaît en gras dans les oligonucléotides M1. Le fragment *BstE*2/*Mlu*I, comportant la mutation M1/D13 a été alors réintroduit après séquençage dans le plasmide pCi110.

1.3. Résultats et discussion

> **Contribution de USP7 dans l'activation du gène *rep* par transfection**

Nous avons démontré dans l'étude précédente, que le mutant ICP0D12, n'interagissant pas avec USP7, du fait d'une délétion de 40 acides aminés dans la région C terminale de ICP0, entre les résidus 594 et 632, était très affecté dans sa capacité à induire l'expression du gène *rep*, dans les cellules HA-16. De ce fait, nous avons voulu investiguer l'effet d'autres mutants de ICP0, comportant des mutations ponctuelles dans le domaine de fixation de USP7 (ICP0M1 et ICP0M4) ou encore en aval et en amont de celui-ci (ICP0D13, ICP0E52X) (Figure 21).

Plasmide	ICP0 Délétions ou mutations	Fixation USP7	Multimerization
ICP0 wt	None	+	+
ICP0FXE	Δ160-149	+	+
ICP0D12	Δ594-632	-	+
ICP0M1	R623L/K624I	-	+
ICP0M4	R620I	-	+
ICP0D13	Δ633-680	+	-
ICP0M1/D13	Δ594-632	-	+
ICP0E52X	Δ593-775	-	-

Figure 21 : Les domaines fonctionnels d'ICP0
La protéine ICP0 de 775 acides aminés est codée à partir du gène *IE110* comportant 3 exons. Les domaines RING Finger (RF), conférant l'activité E3 ubiquitine ligase majeure, d'interaction avec USP7 (USP7), de multimérisation (MD) et de localisation dans les structures ND10 sont représentés en couleur.

Ainsi, les plasmides codant ces différents mutants ont été transfectés dans les cellules HA-16 et l'expression du gène *rep* a été analysée 24h plus tard, par immunofluorescence et comparée à celle, obtenue avec un plasmide exprimant ICP0 (Figure 22). De plus, un plasmide codant ICP0FXE, dépourvu du domaine RING Finger a été utilisé comme contrôle négatif, puisqu'en absence d'activité E3 ubiquitine ligase, ICP0 perd sa fonction transactivatrice sur le gène *rep*.

Les protéines Rep n'ont pas été ou seulement très faiblement détectées en présence des mutants ICP0M1 et ICP0M4, ne fixant pas USP7, confirmant ainsi les résultats précédemment obtenus avec ICP0D12. De plus, le mutant ICP0D13, interagissant avec USP7 mais dépourvu des séquences nécessaires à la multimérisation de ICP0, localisées juste en aval du domaine de fixation de USP7, a permis d'activer l'expression du gène *rep*, à un niveau similaire, voire supérieur à celui de ICP0wt. Toutefois, le signal Rep a été détecté seulement dans 50% des cellules transfectées par ICP0, pour une raison qui reste encore à être élucidée.

Ainsi, ces résultats suggéraient que l'interaction de USP7 avec ICP0 serait nécessaire pour activer l'expression du gène *rep*. Cependant, nous avons trouvé que le mutant ICP0E52X, comportant une délétion de 181 acides aminés dans la région C-terminale d'ICP0 était toujours capable d'activer l'expression du gène *rep* et ceci, malgré le fait que ce mutant ne fixe plus USP7. Ce dernier résultat suggérait que l'interaction de ICP0 avec USP7 ne serait pas strictement requise pour activer l'expression du gène *rep* mais pourrait seulement contribuer à la stabilité de ICP0.

> **Effet de USP7 sur la stabilité de la protéine ICP0**

De ce fait, en collaboration avec le groupe de Roger Everett, nous avons analysé la stabilité de ICP0, au cours du temps, sur des cellules HeLa, infectées, en particulier, par les virus HSV-1, ICP0M1, ICP0D13, ICP0E52X (Figure 23).

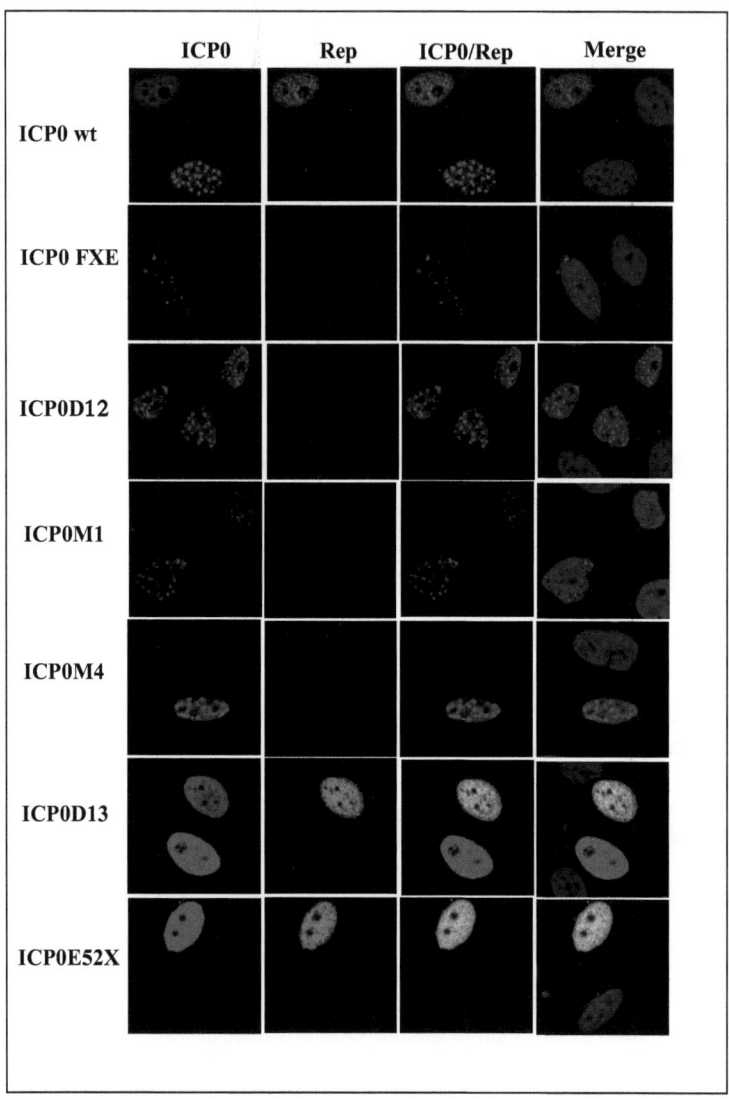

Figure 22: L'effet de mutants ICP0 sur l'expression de Rep par transfection
Les cellules HA-16 ont été transfectées par des plasmides codant différentes formes d'ICP0 et analysées par immunofluorescence 24 post-transfection. Le signal ICP0 a été détecté à l'aide d'un sérum de lapin anti-ICP0 (r95) et d'un anticorps secondaire anti-lapin couplé au fluorochrome TRITC. Le signal Rep a été détecté à l'aide d'un anticorps anti-Rep (76.3), provenant d'un surnageant d'hybridome de souris et d'un anticorps secondaire anti-mouse couplé au fluorochrome FITC. L'ADN chromosomique a été visualisé grâce au TO-PRO-3, un intercalent de l'ADN.

Le mutant ICP0M1 ne fixe pas USP7 (150), le mutant ICP0D13 fixe USP7 mais a perdu sa capacité à se multimériser et également à se localiser dans les structures ND10 (340, 352, 353), et enfin, le mutant ICP0E52X a perdu ses trois fonctions (352).

Ainsi, les cellules HeLa ont été infectées à un MOI de 10 et l'accumulation des protéines très précoces ICP0 et ICP4, ainsi que UL42, une protéine précoce, accessoire de l'ADN polymérase de HSV-1 a été analysée par Western Blot, entre 2h et 8 h post-infection (Figure 23A).

La quantité d'ICP0, détectée à partir du mutant ICP0M1, qui ne fixe pas USP7, était considérablement réduite par rapport à celles des trois autres virus, ou encore par rapport à celle d'ICP4, confirmant ainsi que USP7 contribuerait à la stabilité d'ICP0, comme il avait déjà décrit par Canning *et al.*, (Figure 23A) (66). Par contre, de façon surprenante, la quantité d'ICP0 détectée à partir du virus ICP0E52X était similaire à celle de HSV-1, et ceci malgré le fait, que ce mutant ne fixe pas USP7, suggérant qu'un domaine localisé dans la partie C-terminale de ICP0 confèrerait une instabilité à la protéine. Ainsi, nous avons émis l'hypothèse que le domaine de multimérisation en serait à l'origine. En effet, ICP0D13, ayant perdu son domaine de multimérisation était aussi stable, voire plus stable que ICP0wt, en particulier aux temps plus précoces, corrélant ainsi avec le niveau d'expression des protéines Rep plus élevé, observé par transfection transitoire (Figure 22). Enfin, l'accumulation de la protéine UL42 était nettement réduite en présence des mutants ICP0D13, ICP0E52X par rapport au virus sauvage. Ce résultat indique que ces mutations affectent la capacité d'ICP0 à induire l'expression des gènes précoces de HSV-1, et ceci indépendamment du fait que ces protéines soient stables, suggérant que le domaine C-terminal d'ICP0 est important pour son activité transcriptionnelle.

Enfin, l'accumulation d'ICP0 a été comparée et quantifiée en présence de cycloheximide, un inhibiteur de la synthèse protéique, sur l'ensemble des virus de cette étude, et a permis de confirmer que seuls, ICP0M1, ICP0M4 et ICP0D12, n'interagissant pas avec USP7 étaient très instables (Figure 23B).

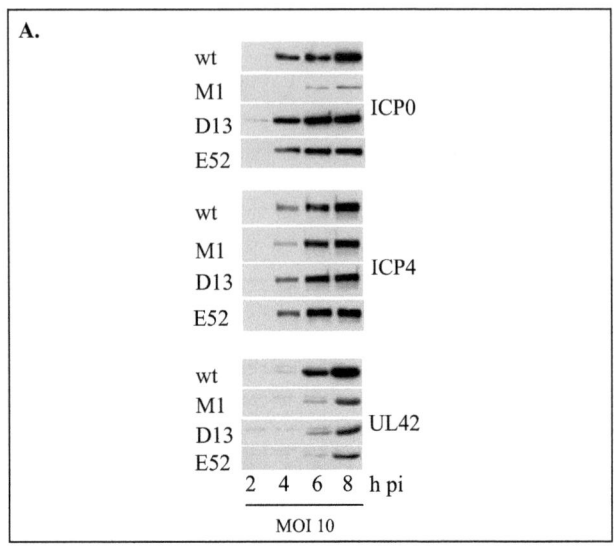

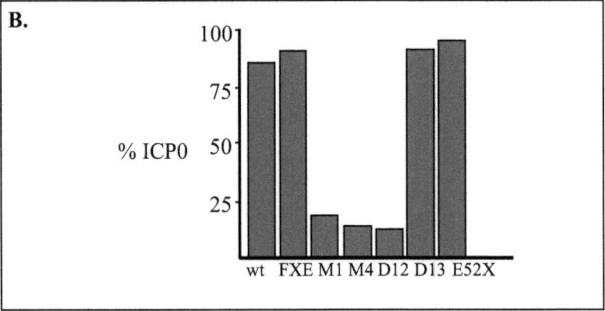

Figure 23 : L'analyse de la stabilité de ICP0 dans des cellules HeLa
A. Les cellules HeLa ont été infectées à un MOI de 10, pendant 2, 4, 6 ou 8 h par HSVwt ou différents virus HSV mutés dans ICP0. La synthèse des protéines ICP0, ICP4 et UL42 a été analysée par Western Blot, à l'aide des anticorps monoclonaux anti-ICP0 (11060), anti-ICP4 (10076) et anti-UL42 (Z1F11). **B.** Les cellules HeLa infectées pendant 4h avec les différents virus HSV ont été incubées 4 h supplémentaires, en présence de 100 µg/ml de cycloheximide. La synthèse des protéines ICP0 a été détectée par Western Blot et quantifiée par PhosphorImager.

Ainsi, l'incapacité de ces trois mutants à activer l'expression du gène *rep* par transfection transitoire pourrait corréler avec le niveau d'accumulation réduit de ICP0 au cours de l'infection. De plus, l'incapacité de ICP0D13 à se multimériser pourrait augmenter sa stabilité et ainsi, son effet transactivateur, et ceci, indépendamment de son interaction avec USP7. En effet, ICP0E52X, dépourvu, notamment, des domaines de multimérisation et d'interaction avec USP7 reste très stable au cours de l'infection virale et conserve une fonction transactivatrice sur l'expression du gène *rep*, équivalente à celle de ICP0wt, par transfection transitoire, laissant penser qu'en absence du domaine de multimérisation, USP7 ne serait pas directement requis pour activer l'expression du gène *rep*.

> **Identification d'un domaine répresseur dans le gène codant ICP0**

Pour vérifier cette hypothèse, nous avons construit un plasmide codant pour une protéine ICP0, contenant la double mutation M1/D13, dépourvue du domaine de fixation de USP7 et du domaine de multimérisation. En particulier, nous avons introduit la mutation M1(R623L/K624I), par mutagenèse dirigée, au niveau du gène codant ICP0D13. De plus, le virus correspondant à ce mutant a été obtenu par le groupe de Roger Everett, à partir de la souche virale HSV-1 17+. Comme précédemment, l'expression du gène *rep* a été analysée par immunofluorescence, dans des cellules HA-16, transfectées avec le plasmide codant ICP0M1/D13. Nous avons mis en évidence que le mutant ICP0 M1/D13 était toujours capable d'activer l'expression du gène *rep*, d'une façon comparable à ICP0D13, démontrant ainsi qu'en absence du domaine de multimérisation, USP7 n'est pas requis pour activer l'expression du gène *rep* (Figure 24).

De plus, la stabilité de ICP0M1/D13 a été analysée par Western Blot, à partir des cellules HeLa infectées, en présence de cycloheximide (Figure 25). La quantité de protéines ICP0 détectée avec le mutant ICPOM1/D13 était comparable à celle de ICP0D13, confirmant que la protéine ICP0 reste stable même lorsqu'elle est incapable d'interagir avec USP7.

Ainsi, ces résultats suggèrent que le domaine de multimérisation serait un domaine répresseur qui agirait en conférant une instabilité à la protéine ICP0. De ce fait, il est possible d'envisager que la capacité d'ICP0 à se multimériser pourrait favoriser son auto-ubiquitinilation, conduisant ainsi à augmenter sa dégradation par le protéasome.

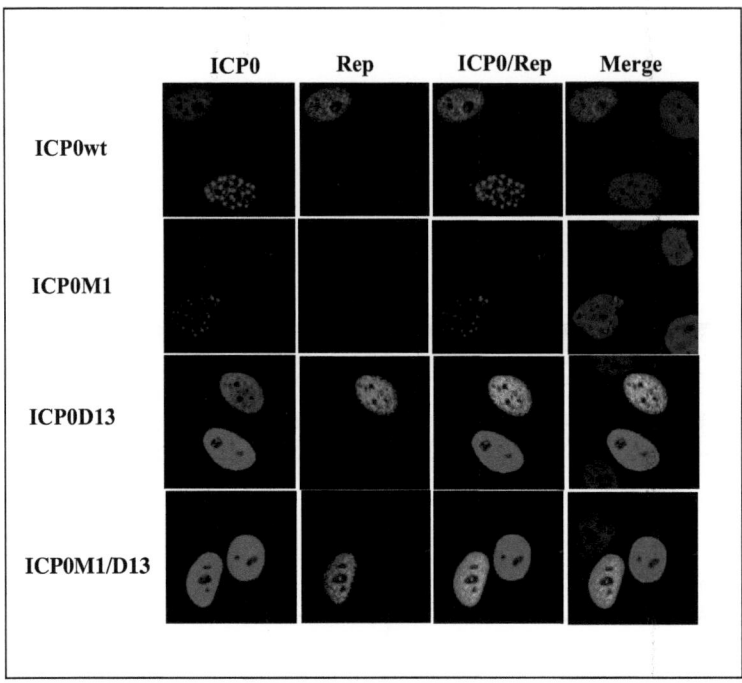

Figure 24: L'effet de USP7 sur l'expression du gène *rep* par transfection
Les cellules HA-16 ont été transfectées par des plasmides exprimant différentes formes d'ICP0 et analysées par immunofluorescence 24 plus tard. Le signal ICP0 a été détecté à l'aide d'un sérum de lapin anti-ICP0 (r95) et d'un anticorps secondaire anti-lapin couplé au fluorochrome TRITC. Le signal Rep a été détecté à l'aide d'un anticorps anti-Rep (76.3), provenant d'un surnageant d'hybridome de souris et d'un anticorps secondaire anti-mouse couplé au fluorochrome FITC. L'ADN chromosomique a été visualisé grâce au TO-PRO-3, un intercalent de l'ADN.

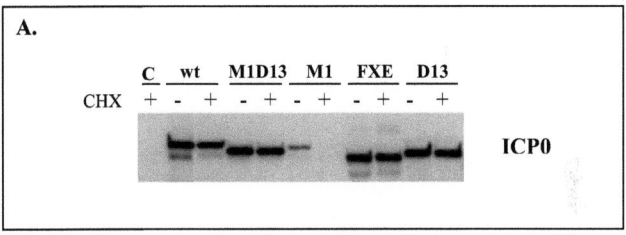

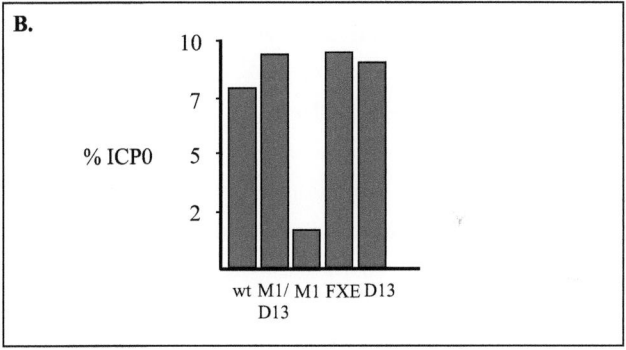

Figure 25: L'effet de USP7 sur la stabilité de ICP0 dans les cellules HeLa
(A). (B). Les cellules HeLa ont été infectées à un MOI de 10, pendant 4 h par les différents mutants HSV puis incubées 4h supplémentaires en présence de 100 µg/ml de cycloheximide. La synthèse des protéines ICP0 a été détectée par Western Blot à l'aide de l'anticorps monoclonal anti-ICP0 (11060) et quantifiée par PhosphorImager

De plus, la région D13 pourrait contenir un résidu lysine en position 660 qui pourrait être un site majeur d'auto-ubiquitinilation d'ICP0. Ainsi, la fixation de USP7 sur ICP0 permettrait alors de cliver les motifs ubiquitine sur ICP0 et ainsi de limiter sa dégradation par le protéasome. De ce fait, il serait intéressant d'évaluer la contribution de ee résidu lysine sur la stabilité d'ICP0 et son effet transactivateur sur l'expression du gène *rep*.

Ainsi, ces résultats démontrent que la fixation de USP7 ne serait pas directement requise dans l'activation du gène *rep* par transfection, mais pourrait contribuer seulement à la stabilité de ICP0.

> **Rôle de USP7 dans l'activation du gène *rep* au cours de l'infection virale**

Dans l'étude ci-dessus, la contribution de USP7 dans la réactivation du gène *rep* a été analysée par transfection, à l'aide de plasmides. Par conséquent, nous avons voulu analysé son effet dans le contexte du virus HSV. Pour cela, les cellules HA-16 ont été infectées par les différents mutants d'ICP0 utilisés au cours de cette étude (Figure 21). Les cellules ont été récoltées 8h post-infection et analysées par Western blot avec un anticorps anti-Rep (Figure 26). L'accumulation des protéines Rep n'a pas été détectée en présence de ICP0FXE, confirmant que l'activité de E3 ubiquitine ligase de ICP0 est essentielle à l'activation du gène *rep*. Par ailleurs, contrairement aux résultats obtenus par transfection, le mutant ICP0M1 a conduit à l'expression du gène *rep*, à un niveau presque équivalent aux mutants ICP0D13 et ICP0M1D13, indiquant que USP7 jouerait un rôle mineur sur l'activation du gène *rep*, dans le contexte du virus. Par contre, une très faible expression des protéines Rep a été observée en présence du virus ICP0E52X, suggérant que la région c-terminale de ICP0 serait déterminante pour permettre le recrutement de facteurs cellulaires ou viraux, nécessaires à l'activation du gène *rep*.

1.4. Conclusions

Dans cette étude, nous avons analysé la contribution de USP7 dans l'activation du gène *rep* par ICP0. Les résultats obtenus diffèrent selon le contexte dans lequel ICP0 est exprimé. Ainsi, par transfection, USP7 serait impliqué dans l'activation du gène *rep* de façon indirecte en contribuant à la stabilité de la protéine ICP0. En effet, nous avons mis en évidence que le domaine de multimérisation d'ICP0 se comporterait comme un

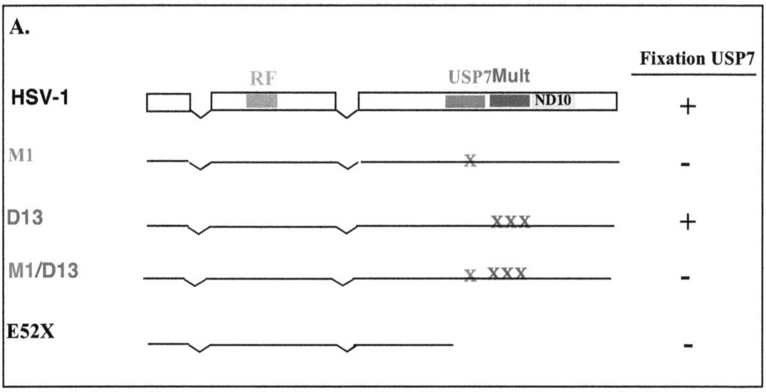

B.

Wt FXE M1 D13 M1/ D13 E52X C

Rep78
Rep68
Rep52
Rep40

Rep

ICP0

Tubuline

Figure 26: L'analyse de mutants HSV ICP0 sur l'expression du gène *rep*
(A). Les mutations dans ICP0 affectant son domaine Ring Finger (RF), la formation de multiméres (Mult) et son interaction avec USP7 sont représentés en bleu, rose et mauve. Le domaine de localisation de ICP0 dans les structures ND10 apparaît en jaune. **(B).** Les cellules HA-16 ont été infectées pendant 24 h, par différents mutants HSV à un MOI de 1. La synthèse des protéines Rep, ICP0 a été détectée par Western Blot, 8 h post-infection, à l'aide des anticorps anti-Rep (303.9) et anti-ICP0 (r95). De plus, un anticorps anti-tubuline a été utilisé comme contrôle de charge pour chaque échantillon.

domaine répresseur, en conférant une instabilité à la protéine ICP0, et limitant ainsi l'effet transactivateur d'ICP0 sur le promoteur p5, en absence d'USP7. En particulier, le résidu lysine 660 localisé dans le domaine de multimérisation pourrait être un site préférentiel d'auto-ubiquitinilation de ICP0 et contribuer ainsi, à sa dégradation par le protéasome. De ce fait, il serait intéressant de muter spécifiquement ce résidu lysine et d'analyser la stabilité de la protéine ICP0, qui devrait être équivalente à celle du mutant ICP0D13, dépourvu de domaine de multimérisation. Ainsi, USP7 serait impliqué dans l'activation du gène *rep*, seulement en présence du domaine de multimérisation et pourrait permettre de cliver les motifs ubiquitine sur la protéine ICP0, contribuant ainsi à sa stabilité.

Par ailleurs, dans le contexte d'un virus HSV-1, l'interaction de USP7 avec ICP0 ne serait essentielle pour induire la synthèse des protéines Rep dans les cellules HA-16 et ceci, indépendamment de la stabilité d'ICP0. Ce résultat pourrait s'expliquer par le fait que dans le contexte d'une infection virale, plusieurs facteurs de l'HSV-1 interviennent de façon coordonnée dans l'activation du gène *rep* et la synthèse de ses protéines. De ce fait, les variations d'expression de Rep observée lors de la transfection de plasmides codant pour ICP0 seul seraient masquées par l'effet en cascade des autres facteurs auxiliaires synthétisées au cours de l'infection virale. Le rôle d'autres facteurs de l'HSV-1 est aussi souligné par fait que le plasmide ICP0E52X peut activer l'expression du gène *rep* à un niveau comparable à celui de ICP0 sauvage alors que le contraire est observé avec le virus ICP0E52X. En effet, d'après l'analyse du virus mutant ICP0E52X, la région C-terminale d'ICP0 pourrait être impliquée dans l'activation du gène *rep*, en permettant le recrutement de facteurs cellulaires ou viraux, comme par exemple ICP4 (575). Il a été montré par transfection transitoire que ICP4 en interagissant avec ICP0, notamment, au niveau des résidus 680 et 767 augmenterait l'effet transactivateur d'ICP0 sur l'expression de gènes rapporteurs (141). De ce fait, l'effet de USP7 dans l'activation du gène *rep* pourrait être masqué par l'interaction synergique d'ICP4 et ICP0 dans le contexte d'un virus HSV-1.

2. Caractérisation des facteurs cellulaires associés au promoteur p5

2.1. Introduction

Dans cette étude, nous avons investigué les effets d'ICP0 sur le promoteur p5, afin d'essayer de mieux comprendre par quel mécanisme ICP0 conduit à la ré-expression du gène *rep*, à partir d'une forme latente intégrée de l'AAV-2. Comme on l'a vu, ICP0 ne fixe pas l'ADN, mais pourrait agir par l'intermédiaire de facteurs cellulaires pour lever la répression exercée au niveau du p5. En effet, dans les cellules HA-16, le génome viral associé à la chromatine est silencieux, en particulier, le promoteur p5, d'après l'analyse des transcrits *rep* par RPA (Figure 3 de l'article). Plusieurs études ont démontré que les protéines Rep78/68, en se fixant au niveau du RBS participeraient à la répression du p5, en collaboration avec le facteur de transcription YY1, en position -60. Toutefois, ces études ont été réalisées par transfection transitoire et non pas dans un contexte où le génome viral est intégré. De ce fait, nous avons investigué si ICP0 pourrait interagir avec certains facteurs réprimant le p5 et permettre ainsi leur dégradation par le protéasome ou alors altérer leur structure conformationnelle. Pour cela, nous avons analysé par immunoprécipitation de la chromatine ou CHIP (Chromatin Immunoprecipitation PCR assay), la présence de certains facteurs cellulaires associés au p5, en présence et en absence d'ICP0.

De plus, nous avons investigué par CHIP, l'état de la chromatine, associée au génome viral, dans les cellules HA-16 non infectées. En particulier, plusieurs études ont démontré que l'état d'acétylation des histones H3 et H4 pourrait modifier la structure de la chromatine, permettant ainsi le passage d'une chromatine réprimée vers une chromatine transcriptionnellement active. Ainsi, nous avons analysé par CHIP, si ICP0 induisait une modification covalente des histones associées au promoteur p5 et nous avons comparé son effet, à des drogues telles que la TSA, conduisant à une hyperacétylation des histones.

2.2. Matériels et méthodes

> **Préparation des amplicons**

Les amplicons ICP0/GFP et GFP ont été préparés par le laboratoire de Alberto Epstein. Ils sont dérivés de deux plasmides pA-(GFP, ICP0) et pA-(GFP) (112). Le plasmide pA-(GFP, ICP0) comporte les gènes *gfp* et *IE110*, placés respectivement sous le contrôle du promoteur IE4/5 d'ICP4 et du promoteur CMV, ainsi qu'une origine de réplication (ori-S) de HSV-1 et une séquence d'encapsidation (« a »), nécessaires à la production des amplicons. Le plasmide pA-(GFP) comporte les mêmes éléments, à l'exception du gène *IE110*. La production des amplicons s'est déroulée en deux étapes (112). Dans un premier temps, les plasmides amplicons ont été transfectés dans une lignée cellulaire complémentaire BHK-CINA6, exprimant ICP4 (583). Le lendemain, les cellules ont été infectées à un MOI de 0.25, par le virus auxiliaire non réplicatif HSV-1LaLΔJ, dépourvu notamment du gène α4, codant ICP4 (583). Les cellules ont été récoltées 48h plus tard et lysées par sonication aux ultra-sons dans un bain-marie. Après centrifugation, les surnageants renfermant les amplicons et les particules virales HSV-1LaLΔJ ont été titrés sur différentes lignées cellulaires. En particulier, le titre de HSV-1LaLΔJ a été déterminé, notamment, sur des cellules E5, exprimant ICP4 et dérivées des cellules VERO alors que le titre des amplicons GFP a été déterminé sur la lignée cellulaire Gli36. Dans une deuxième étape, afin de s'affranchir de la présence des particules virales HSV-1LaLΔJ dans les préparations d'amplicons, des cellules TE-CRE-GRINA129, ne permettant pas la réplication pas du virus auxiliaire ont été utilisées. En effet, ces cellules exprimant ICP4 comporte également la recombinase CRE, permettant d'induire spécifiquement une délétion au niveau de la séquence d'encapsidation « a » du virus HSV-1LaLΔJ, empêchant ainsi la formation de particules virales. Ainsi, les cellules TE-CRE-GRINA129 ont été infectées à un MOI de 1, d'après le titre obtenu pour les amplicons. Deux jours plus tard, les cellules ont été récoltées et lysées comme décrit ci-dessus. Le titre des amplicons a été déterminé et comparé à celui du virus auxiliaire. Le ratio de particules virales contaminantes par rapport aux amplicons a été évalué à 1/500.

> **Immunoprécipitation de la chromatine (CHIP)**

Les cellules HA-16 ont été réparties à une densité de 10^8 cellules par boite de 150cm, puis infectées, 24 h plus tard, par les amplicons ICP0/GFP et GFP, à un MOI de 1. Le lendemain, les cellules infectées ou non infectées ont été incubées pendant 5 min, en présence de formaldéhyde, à une concentration finale de 1%, de façon à permettre une réaction de « cross-linking » entre l'ADN et les nucléoprotéines. Cette réaction a été arrêtée, en ajoutant de la glycine à une concentration finale de 125 mM. Les cellules ont été récoltées et lysées dans 1 ml de tampon IP (20mM Tris pH8, 0.1% déoxycholate de sodium, 0.5% TritonX100, 2mM EDTA, 150 mM NaCl), contenant également des inhibiteurs de protéases (Roche). Après 30 minutes d'incubation sur glace, le lysat cellulaire a été soniqué par cycle de 10 sec, répété 6 fois, de façon à obtenir des fragments de chromatine d'une taille inférieure ou égale à 500 bp, d'après analyse sur gel d'agarose. La densité optique des échantillons a été déterminée après avoir traité la chromatine avec un mélange de SDS (1%), de protéinase K (4µg/µl), de RNAse (1µg/µl), de façon à ne conserver que l'ADN. Ainsi, 100 µg de chromatine par échantillon ont été pré-incubés pendant 1h à 4°C, en présence de protéines A/G, couplées à des billes de sépharose (Sigma), de BSA (Bovine Serum Albumin) et d'ADN de sperme de saumon, afin de saturer les sites de reconnaissance des anticorps qui seraient non spécifiques. Après centrifugation à 1800 rpm, le surnageant a été incubé avec 1 µg d'un anticorps primaire et incubé toute la nuit à 4°C. En particulier, les anticorps polyclonaux, provenant de sérum de lapin, dirigés contre YY1 (Sc-281), p300 (Sc-584), HDAC1 (Sc-7872), HDAC2 (Sc-7899), H3 $K_{9/14}$ di-acétylé (06-599), H4 $K_{5/8/12/16}$ tétra-acétylé (06-866) ont été obtenus chez Santa Cruz Biotechnology (Sc) ou chez Usptate Biotechnology. De plus, l'anticorps monoclonal anti-Rep303.9, provenant d'un surnageant d'hybridome de souris a été fourni par J. Kleinschmidt. En contrôle, des immunoglobulines de lapin couplé à HRP (Sigma) ont été utilisées comme anticorps irrelevant. Par ailleurs, un échantillon de chromatine non traité a servi de contrôle de référence avant immunoprécipitation ou « input ». Ainsi, les protéines A/G/sépharose, reconnaissant les fractions Fc des immunoglobulines ont été ajoutées, le lendemain, aux échantillons pendant 1h, afin d'isoler les complexes immuns. Après une succession de lavages, les complexes immuns ont été séparés des billes de sépharose, par un traitement à la chaleur, puis incubés en présence de protéinase K (4µg/µl), et de SDS (1%), afin de dissocier l'ADN immunoprécipité des nucléoprotéines. Enfin, les échantillons ont été traités au phénol/chloroforme et l'ADN a été précipité à l'éthanol, en présence de d'acétate de sodium et de glycogène. Les échantillons ont été repris dans 20 µl d'H20 et analysé par PCR, après avoir déterminé les conditions optimales de PCR et testés différents couples oligonucléotides dans le promoteur p5. En particulier, les oligonucléotides utilisés dans cette étude étaient situés de part et d'autre du site d'initiation de la transcription, en position –130 et +70, incluant ainsi les sites RBS et YY1 du p5. Les produits de PCR d'une taille de 200 bp ont été amplifiés en présence de

Taq Gold DNA polymérase (Applied Biosystem) et analysés sur des gels de 2% d'agarose.

2.3. Analyse des facteurs cellulaires associés au p5

La caractérisation de facteurs cellulaires, associés au promoteur p5 a été déterminée dans les cellules HA-16, par CHIP, en présence et en absence d'ICP0. Pour cela, nous avons utilisé des amplicons exprimant ICP0, à la place de l'adénovirus recombinant AdICP0 utilisé précédemment dans l'étude, afin de s'affranchir de la présence de certains gènes adénoviraux, susceptibles d'interférer sur l'état de la chromatine. En effet, les amplicons, comportant seulement le transgène d'intérêt, une origine de réplication viral ainsi qu'une séquence d'encapsidation nécessaire à leur production sont dépourvus de gènes HSV-1. Les cellules HA-16 ont été infectées à un MOI de 1, par l'amplicon ICP0/GFP, comportant les gènes *IE110* et *gfp*, placés respectivement sous le contrôle des promoteurs CMV et IE4/5 d'ICP4. En contrôle, les cellules ont été non infectées ou infectées par l'amplicon GFP, comportant seulement le gène *gfp*, placé sous le contrôle du promoteur IE4/5 d'ICP4. Le pourcentage de cellules infectées, supérieur à 90% a été visualisé grâce à la GFP, par microscopie à fluorescence. De plus, l'expression du gène *rep* a été détectée par immunofluorescence, seulement dans les cellules infectées par l'amplicon ICP0/GFP (Figure 27).

Les cellules HA-16 ont été traitées 24h post-infection et la chromatine a été immnunoprécipitée, à l'aide d'anticorps spécifiques. En particulier, nous avons analysé la présence de facteurs répresseurs du p5, tels que YY1 et Rep78/68, mais également de facteurs potentiellement activateurs, tels que p300 (Figure 28). Plusieurs expériences de CHIP ont été réalisées à partir des mêmes échantillons, afin d'essayer d'obtenir une meilleure reproductibilité. De façon surprenante, nous n'avons pas détecté la présence de Rep78/68 et de YY1 sur le promoteur p5, dans les cellules HA-16 non-infectées ou infectées par les amplicons ICP0/GFP ou GFP. Ce résultat suggère que ces facteurs ne seraient pas présents ou alors ne seraient pas directement accessibles aux anticorps.

Par contre, nous avons mis en évidence la présence de p300 dans les cellules infectées par l'amplicon ICP0/GFP, suggérant que ICP0 pourrait permettre le recrutement de ce facteur sur le promoteur p5, comme il avait été décrit pour les protéines E1A de l'adénovirus.

Par ailleurs, nous avons analysé par CHIP, l'état d'acétylation des histones associés au p5, en utilisant des anticorps dirigés contre des résidus acétylés des histones H3 et H4 ainsi que des anticorps dirigés contre HDAC-1 et HDAC-2, interagissant et modulant l'activité de YY1 (Figure 28). En effet, il a été montré que HDAC-1 et HDAC-2 interagirait notamment au niveau des résidus 170 et 200 de YY1, correspondant également au domaine de fixation de la protéine p300 sur YY1 (Figure 16) (576). Ainsi, de part la capacité de la protéine p300 à acétyler YY1, il a été proposé que l'interaction de YY1 avec HDAC-1 et HDAC-2 permettrait de réguler le niveau d'acétylation induit par la protéine p300 et moduler ainsi son effet activateur ou répresseur (576). Ainsi, nous avons mis en évidence que l'état d'acétylation des histones restait inchangé dans les cellules HA-16, indépendamment de la présence d'ICP0. En effet, il semblerait que les histones H3 et H4, associées au promoteur p5 soient acétylées dans les cellules non infectées ou infectées par les différents amplicons, suggérant que le génome viral, intégré dans le site AAVS1 se trouverait dans une configuration de chromatine permissive pour la transcription, comme il avait été initialement décrit par Lamartina *et al.*, (Figure 28) (291). Par ailleurs, la présence de HDAC-1 et HDAC-2 n'a pas été clairement mise en évidence dans les cellules HA-16 non infectées, d'après la comparaison du signal obtenu avec celui d'un anticorps irrelevant, et ceci, malgré le fait que ces deux protéines interagissent avec YY1, facteur de transcription clé dans la régulation du p5. Ainsi, ce résultat suggère que les HDAC-1 et -2 n'interviendraient pas dans la répression du p5 bien que l'on ne puisse pas exclure que l'absence de signal par CHIP soit dû au fait que ces deux facteurs ne seraient pas directement accessibles aux anticorps. De plus, il est envisageable que d'autres HDAC puissent être impliquées dans la répression du p5, en particulier les HDAC-4, -5, -7 de classe II, interagissant avec ICP0 (318).

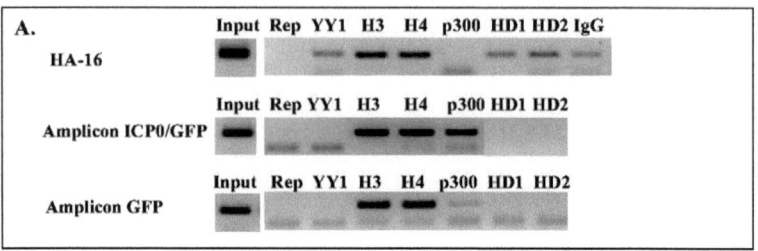

Figure 28: Caractérisation des facteurs cellulaires associés au p5 par CHIP
(A). Les cellules HA-16 non infectées ou infectées par les amplicons ICP0/GFP et GFP ont été analysées par immunoprécipitation de la chromatine (CHIP), 24 h post-infection. Les facteurs cellulaires associés au promoteur p5 ont été mis en évidence à l'aide d'anticorps anti-Rep (303,9), anti-YY1, anti-p300, anti-histone H3 $K_{9/14}$ di-acétylée, anti-histone H4 $K_{5/8/12/16}$ tétra-acétylée, anti-HDAC-1 et anti-HDAC-2. De plus, des immunoglobulines de lapin IgG ont été utilisées comme contrôle négatif. **(B).** Les expériences d'immunoprécipitation ont été répétées plusieurs fois à partir des mêmes échantillons de chromatine (#). La caractérisation de certains facteurs cellulaires n'a pas été déterminée de façon systématique lors de ces expériences (ND).

2.4. Effet de la trichostatine A sur l'expression du gène *rep*

D'après les résultats obtenus par CHIP, suggérant que les HDAC-1 et HDAC-2 ne seraient pas directement impliqués dans la répression du p5, nous avons voulu analysé l'effet de drogues, modifiant l'état global d'acétylation des histones. En particulier, nous avons utilisé la trichostatine A (TSA), qui inhibe l'activité enzymatique de la plupart des HDAC cellulaires, conduisant ainsi à une hyperacétylation des histones et la formation d'une chromatine permissive pour la transcription. Les cellules HA-16 ont été incubées pendant 1 h, 3 h, 5 h, et 24 h, en présence de TSA, à une concentration de 2 µM. En contrôle, les cellules ont été infectées par l'Ad5 ou par un adénovirus exprimant ICP0 (AdICP0). L'expression du gène *rep* et l'état d'acétylation des histones H3 ont été analysés par Western Blot, à l'aide d'un anticorps anti-Rep (303.9) et d'un anticorps dirigé contre les résidus lysine $K_{9/14}$ di-acétylé des histones H3 (Figure 29A). De plus, l'état d'acétylation des histones H4 a été analysé à l'aide d'un anticorps reconnaissant les quatre résidus lysine $K_{5/8/12/16}$ des histones H4 (résultat non montré).

Les protéines Rep n'ont pas pu être détectées par Western Blot, en présence de TSA, et ceci malgré le fait que le niveau d'acétylation des histones H3 augmentait au cours du temps (Figure 29A). De ce fait, nous avons essayé différentes concentrations de TSA ainsi que d'autres drogues, inhibant l'activité des HDAC, telles que le sodium butyrate ou encore l'acide hydroxamique suberoylanilide (SAHA) (résultat non montré) (199, 437). Cependant, aucune de ces drogues n'a conduit à la synthèse des protéines Rep, détectables par Western Blot. De ce fait, nous avons investigué la présence de transcrits *rep* par RT-PCR dans les cellules HA-16, incubées en présence de TSA. Les transcrits *rep* ont été détectés seulement par hybridation, à l'aide d'une sonde *rep*, indiquant que la TSA exerce un effet mineur sur le promoteur p5 (Figure 29B). De plus, les transcrits ont été mis en évidence majoritairement après 5h d'incubation et n'étaient plus détectables à 24h, suggérant que la faible quantité de protéines Rep78/68, néo-synthétisées serait suffisante pour réprimer la synthèse des trannscrits *rep* après 24h d'incubation, en se fixant au niveau du RBS du promoteur p5.

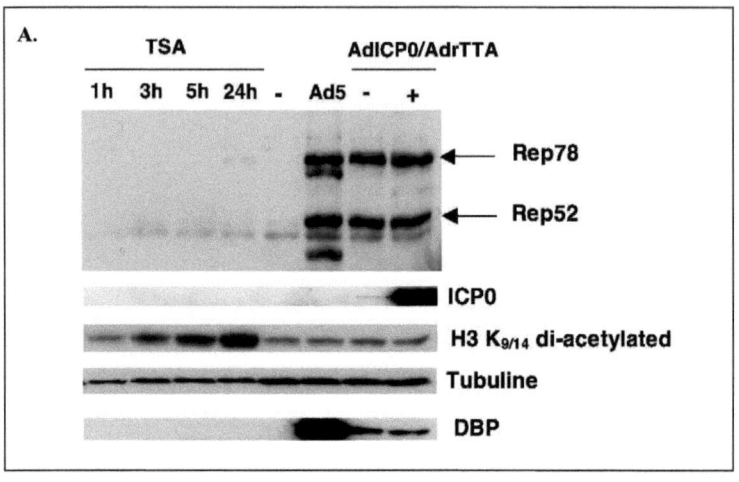

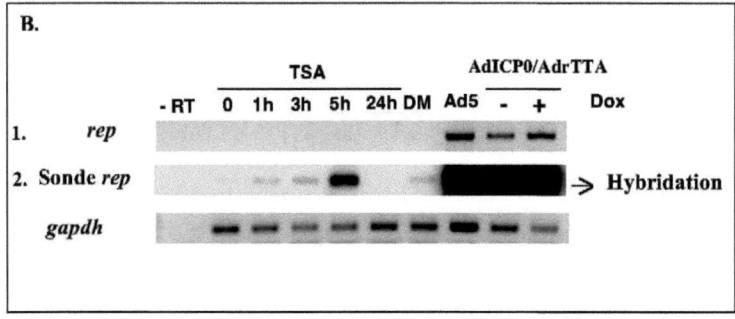

Figure 29: Effet de la trichostatine A sur l'expression du gène *rep*
A. Les cellules HA-16 ont été incubées pendant 24h en présence de 2µM de Trichostatin A (TSA). En contrôle, les cellules ont été infectées à l'aide d'un adénovirus sauvage ou codant ICP0. La synthèse des protéines Rep, ICP0 et tubuline a été détectée par Western Blot, à l'aide d'un anticorps anti-Rep (76. 3), anti-ICP0 (r95) et anti-tubuline α. L'état d'acétylation des protéines histones H3 a été mise en évidence à l'aide d'un anticorps anti-H3 K $_{9/14}$ di-acétylé. **B.** La synthèse des transcrits *rep* a été déterminée par RT-PCR et détectée sur gel d'agarose (1) et par hybridation radioactive à l'aide d'une sonde *rep* (2). En contrôle, la synthèse des transcrits *gapdh* a été analysée sur gel d'agarose.

Dans l'ensemble, ces résultats suggèrent que la synthèse des protéines Rep, induite par ICP0 se ferait indépendamment de l'état d'acétylation des histones. En effet, nous avons observé que le niveau d'acétylation des histones H3 restait inchangé dans des cellules infectées par un adénovirus exprimant ICP0 (Figure 29A). Ce résultat est en accord avec l'étude réalisée par Lomonte *et al.*, démontrant que des cellules infectées par un mutant HSV-1 surexprimant ICP0 présentaient un niveau d'acétylation des histones H4 identique à celui de cellules non infectées (318). Ainsi, ICP0 ne modifierait pas, à priori, l'état global d'acétylation des histones, confirmant ainsi les résultats obtenus par CHIP.

2.5. Conclusions

Dans cette étude, nous avons tenté de caractériser par CHIP, certains facteurs cellulaires associés au promoteur p5 dans les cellules HA-16. Nous n'avons pas réussi à mettre en évidence les facteurs répresseurs du p5 tels que YY1 et Rep78/68, laissant penser que ces facteurs seraient absents ou non accessibles aux anticorps. Par contre, il semblerait que la protéine p300, interagissant avec YY1 soit recrutée sur le promoteur p5, en présence d'ICP0, suggérant que p300 pourrait jouer un rôle déterminant pour activer l'expression du gène *rep*. De ce fait, nous sommes en train de compléter ces expériences de CHIP, en se plaçant à des temps plus précoces afin de confirmer ce résultat.

De plus, nous avons mis en évidence que les histones H3 et H4, associées au promoteur p5 seraient acétylées dans les cellules HA-16 non infectées, suggérant que la chromatine associée au génome viral se trouverait dans une conformation ouverte. Pour confirmer cette hypothèse, nous avons entrepris de caractériser par une test de protection à la MNase, les nucléosomes associés au promoteur p5, dans des cellules HA-16 non infectées ou infectées par un amplicon exprimant ICP0. Ainsi, la caractérisation de l'état de compaction du génome viral en présence et en absence d'ICP0 devrait nous permettre de mieux comprendre par quel mécanisme ICP0 conduit à l'activation du gène *rep*. Cependant, les expériences réalisées en présence de trichostatine A semblent indiquer que l'hyperacétylation des histones, conduisant à un remodelage de la chromatine ne serait pas suffisant pour lever la répression exercée au niveau du promoteur p5. Ce résultat laisse supposer qu'ICP0 n'induirait pas un remodelage de la chromatine pour activer l'expression du gène *rep* mais agirait par l'intermédiaire de facteurs cellulaires pour lever la répression exercée au niveau du p5, en induisant la dégradation d'un facteur répresseur du p5 et/ou en recrutant un facteur co-activateur, hypothèse en accord avec les résultats obtenus, en inhibant l'activité protéolytique du protéasome.

DISCUSSION GENERALE

Ce travail de thèse avait pour objectif d'identifier les protéines de l'HSV-1, contribuant au cycle viral de l'AAV-2 et plus particulièrement, permettant d'activer l'expression du gène *rep*, étape essentielle à l'initiation du cycle viral de l'AAV-2. En particulier, nous avons évalué la contribution de ICP0 et ICP4, deux protéines transactivatrices majeures de HSV-1, dans l'activation du gène *rep*. Pour cela, nous avons utilisé comme modèle d'étude des cellules HA-16, infectées de façon latente par l'AAV-2, portant plusieurs copies du génome viral intégrées dans le chromosome 19. Dans ce contexte, le génome viral, associé à la chromatine est réprimé, en particulier, le promoteur p5, point de départ de la transcription des gènes *rep* et *cap*.

Dans cette étude, nous avons mis en évidence que la protéine ICP0 permettait de lever la répression exercée au niveau du promoteur p5, par un mécanisme qui reste cependant à préciser. En particulier, nous avons montré qu'ICP0, dépourvue de domaine de liaison à l'ADN agit au niveau transcriptionnel, en induisant la synthèse des transcrits *rep* issus du p5. Cet effet est dépendant de son activité E3 ubiquitine ligase, conférée par son domaine RING Finger et de l'activité protéolytique du protéasome, suggérant qu'ICP0 pourrait induire la dégradation de facteurs cellulaires participant à la répression du p5. De plus, nous avons montré que la localisation d'ICP0 dans les structures ND10 et par conséquent, leur désorganisation n'est pas nécessaire pour activer l'expression du gène *rep*, laissant penser que la dégradation des formes sumolées des protéines PML et Sp100 par ICP0 ne serait pas requise pour activer le promoteur p5. Par ailleurs, USP7, une protéase clivant les motifs ubiquitine conjugués sur ICP0 participerait indirectement à l'effet transactivateur d'ICP0 sur le promoteur p5, en contribuant, notamment, à la stabilité d'ICP0. De plus, l'analyse de l'effet de USP7 nous a conduit à mettre en évidence que le domaine de multimérisation de ICP0 serait un domaine répresseur, conférant une instabilité à la protéine ICP0, en absence de USP7. Par ailleurs, la caractérisation de certains facteurs cellulaires associés au p5 nous a permis de mettre en évidence que ICP0 pourrait conduire au recrutement de la protéine p300 sur le promoteur p5, suggérant que p300 pourrait jouer un rôle déterminant dans le processus de réactivation du gène *rep*.

En revanche, il semblerait que la protéine ICP4 ne soit pas capable de remplir le même rôle que la protéine ICP0 pour activer l'expression du gène *rep*, à partir d'une forme latente intégrée de l'AAV-2. En effet, la protéine ICP4, exprimée à partir d'un adénovirus n'a pas permis d'induire la synthèse des protéines Rep dans les cellules HA-16. Toutefois, pour confirmer ce résultat, il serait important de déterminer par un test de protection à la RNAse (RPA), si ICP4 pourrait activer le promoteur p5 et induire la synthèse de transcrits *rep*, dans les cellules HA-16, à un niveau comparable à celui de ICP0. En effet, il est envisageable que ICP4, de part sa capacité à interagir avec l'ADN puisse être un facteur transactivateur du promoteur p5 mais que l'export des transcrits *rep* en dehors du noyau pourrait être inhibé dans des cellules HA-16 infectées par un adénovirus exprimant ICP4, ce qui justifierait l'absence de protéines Rep synthétisées dans ce contexte.

Le premier point de discussion concerne le mécanisme moléculaire par lequel ICP0 conduirait à l'activation du gène *rep*, à partir d'une forme latente intégrée de l'AAV-2. D'après l'analyse des transcrits *rep* par RPA, nous avons montré que le promoteur p5 était silencieux, dans les cellules HA-16 non infectées. De ce fait, il est possible que le promoteur p5 soit enfoui sous la chromatine, empêchant ainsi le recrutement des facteurs généraux de la transcription sur le p5, pour initier la synthèse des transcrits *rep*.

- La première hypothèse envisagée serait que ICP0 intervienne avant l'assemblage du complexe d'initiation de la transcription sur le promoteur p5, afin de rendre l'ADN viral accessible à la machinerie de transcription. En particulier, ICP0 pourrait agir par l'intermédiaire de complexes de remodelage de la chromatine, dépendants d'ATP, de type SWI/SNF, d'une façon analogue à ce qui a été décrit chez HIV-1. En effet, il a été montré que la sous-unité ATPase BRG1 du complexe hSWI/SNF serait impliquée dans la dissociation du nucléosome nuc-1, associé au LTR de HIV-1, par un mécanisme dépendant de l'état d'acétylation des histones (222). Il apparaît donc essentiel de déterminer par un test de protection à la Mnase, l'état de compaction du génome de l'AAV-2, dans les cellules HA-16 non infectées et de le comparer à celui de cellules infectées en présence d'ICP0. Toutefois, les résultats obtenus par CHIP indiquent que les histones H3 et H4 associées au promoteur p5 dans les cellules HA-16 non infectées seraient acétylées, suggérant que la structure de la chromatine autour du p5 serait déjà dans une conformation ouverte, permettant à la machinerie de transcription d'accéder à l'ADN viral. De plus, les expériences réalisées avec la trichostatine A, induisant une hyperacétylation des histones, et par conséquent, la dissociation de nucléosomes potentiellement associés au promoteur p5 n'ont pas permis d'induire l'expression du gène *rep* dans les cellules HA-16. Ce résultat suggère que l'ADN viral resterait accessible à la machinerie de transcription, pendant la phase latente de l'AAV-2, et ceci, indépendamment de la présence de nucléosome associé au p5, laissant penser qu'ICP0 n'agirait pas par l'intermédiaire de complexes de remodelage de la chromatine dépendants d'ATP pour activer l'expression du gène *rep* dans les cellules HA-16.

- La deuxième hypothèse, apparaissant être la plus probable serait que ICP0 participe à la dissociation de complexes répresseurs du p5 et/ou à leur dégradation par le protéasome, afin d'initier l'assemblage du complexe d'initiation de la transcription sur le promoteur p5. En effet, ICP0, dépourvue de domaine de liaison à l'ADN pourrait activer l'expression du gène *rep*, en induisant la dégradation de facteurs répresseurs du p5 par le protéasome, ou alors en modifiant leur activité biologique par l'intermédiaire de facteurs co-activateurs. D'après les résultats obtenus par Western Blot, la synthèse des protéines Rep n'a pas été détectée dans des cellules HA-16, exprimant un mutant ICP0, dépourvu de son domaine RING Finger ou encore dans des cellules, préalablement traitées par un inhibiteur du protéasome (MG132) puis infectées par un adénovirus exprimant ICP0. Ces résultats suggèrent fortement que ICP0, grâce à son activité de E3 ubiquitine ligase pourrait conduire à la formation d'une chaîne comportant au moins quatre molécules d'ubiquitine (de type K48) sur un facteur répresseur du p5, et par conséquent, à sa dégradation par le protéasome. D'après plusieurs études réalisées par transfection transitoire, les facteurs cellulaires et viraux, qui participeraient à la répression du p5, seraient Rep78/68 et YY1, fixés respectivement, sur le RBS et en position –60 du p5. Cependant, malgré que le fait que nous n'ayons pas détecté leur présence par CHIP, dans un contexte où le génome viral est intégré, nous avons envisagé que ICP0, de part son activité de E3 ubiquitine ligase, pourrait induire l'ubiquitinilation des protéines Rep fixées sur le RBS du p5, afin de permettre le recrutement de la protéine TBP sur la boite TATA, situé juste à proximité. Pour cela, des tests d'ubiquitinilation *in vitro* avec notamment, ICP0 et Rep78 ou Rep68 ont été réalisés par le groupe de Roger Everett. Il semblerait que ICP0 n'ubiquitine pas les protéines Rep78/68 *in vitro*, contrairement à la protéine p53, suggérant que la dissociation des protéines Rep78/68 du promoteur p5 ne dépendrait pas directement d'ICP0. Par ailleurs, nous n'avons pas encore investigué si ICP0 pouvait induire l'ubiquitinilation du facteur de transcription YY1, qui présente la caractéristique d'exercer un effet répresseur et activateur sur le promoteur p5. Cependant, ICP0 pourrait inhiber l'effet d'YY1 sur le promoteur p5, sans pour autant induire sa dégradation par le protéasome. En effet, ICP0 pourrait interférer sur le recrutement de HDAC-1 et HDAC-2 qui régulent les activités transcriptionnelles de YY1, d'une façon similaire à celle observée pour le facteur répresseur REST (503). Effectivement, il a été récemment démontré qu'ICP0 induirait la dissociation d'un complexe répresseur formé de HDAC-1/-2 et REST/CoREST (198). Le facteur de transcription REST (RE1-silencing transcription factor), appelé également NRSF (Neurone-restricted silencing factor), présent uniquement dans les cellules non neuronales exercerait un effet répresseur en se fixant sur une séquence promotrice consensus, en collaboration avec le cofacteur répresseur CoREST ainsi que HDAC-1 et HDAC-2 (8, 27, 101, 461, 462). Lors de l'infection de cellules HeLa par HSV-1, ICP0 induirait la dissociation du complexe répresseur, en interagissant avec CoREST, conduisant ainsi à la translocation de HDAC-1/-2 et de CoREST/REST dans le cytoplasme (198). Ainsi, ICP0 pourrait agir de façon analogue avec YY1, appartenant à la même famille de protéines Zing Finger que le facteur répresseur REST, en induisant la dissociation de HDAC-1/-2 et de YY1, sans induire pour autant leur dégradation par le protéasome (503). Par ailleurs, il a été montré que ICP0 interagirait *in vitro* avec les HDAC-4, -5, -7 (318). En particulier, l'interaction de ICP0 avec HDAC-5 permettrait de lever l'effet répresseur exercé par le facteur de transcription MEF-2, d'après des expériences de transfection transitoire, à l'aide de gènes rapporteurs, renforçant l'idée que ICP0 n'induirait pas forcément la dégradation de facteurs répresseurs du p5 par le protéasome mais pourrait seulement modifier leur interaction avec des facteurs cellulaires régulant leur activité transcriptionnelle (318). En effet, ICP0 pourrait favoriser le recrutement de facteurs co-activateurs, pour initier la transcription à partir du promoteur p5. Nous avons mis en évidence par CHIP, la présence de la protéine p300 associée au promoteur p5 dans les cellules HA-16, infectées par un amplicon exprimant ICP0. D'après des expériences d'acétylation *in vitro*, p300, de part son activité d'acétyl-transférase induirait l'acétylation de YY1, en se fixant entre les résidus 170 et 200 de YY1, également impliqués dans l'interaction avec HDAC-1 et HDAC-2 (503, 576). Ainsi, ICP0 pourrait dissocier les interactions entre YY1 et HDAC-1/-2, et permettre ainsi à p300 d'acétyler YY1, afin d'initier le recrutement des facteurs généraux de la transcription sur le promoteur p5. Ainsi, il serait intéressant de déterminer par des expériences de co-immunoprécipitation, si ICP0 interagit directement avec YY1 et/ou p300 pour initier la transcription du gène *rep*, comme il avait été démontré pour les protéines E1A de l'adénovirus (297, 299, 306, 383). De plus, on pourrait déterminer si la présence d'ICP0 dans les cellules HA-16 modifie l'état d'acétylation de YY1, en comparant les protéines YY1 immunoprécipitées, à partir d'extraits cellulaires non infectées ou infectées en présence d'ICP0, à l'aide d'un anticorps reconnaissant les résidus lysine acétylés. Par ailleurs, p300 possède également une activité de E4 ubiquitine ligase, lui permettant l'allongement de chaînes d'ubiquitine, comme par exemple dans le cas de la protéine p53 mono-ubiquitinylé par MDM2 (194). De ce fait, p300 pourrait agir de concert avec ICP0 pour favoriser la dégradation d'autres facteurs répresseurs du p5 qui restent à identifier.

Le second point de discussion concerne le rôle des protéines localisées dans les structures ND10 qui pourraient contribuer à l'effet transactivateur de ICP0 sur le promoteur p5. Les structures ND10, renfermant une multitude de protéines impliquées notamment, dans la régulation de la transcription des gènes sont la cible privilégiée d'ICP0, conduisant à la dispersion des protéines associées à ces structures dans le nucléoplasme. En particulier, ICP0 induirait préférentiellement la dégradation des protéines PML et Sp100, modifiées par SUMO, suggérant qu'ICP0 pourrait agir sur la transcription des gènes en recrutant des SUMO protéases (48, 143, 148). Dans cette étude, nous avons montré que la désorganisation des structures ND10 par ICP0 ne serait pas nécessaire pour activer l'expression du gène *rep*, suggérant que les formes sumolées des protéines PML et Sp100 ne participeraient pas à la répression du p5. Cependant, il est possible d'envisager que ICP0 puisse recruter des SUMO protéases afin de cliver les motifs SUMO, conjugués sur des facteurs répresseurs du p5 puis de les ubiquitiniler, d'une façon analogue à l'inhibiteur du facteur de transcription NFκB. De plus, il a été montré que p300, conjugué à SUMO perd ses fonctions transactivatrices (178). Ainsi, ICP0, par l'intermédiaire de SUMO protéase pourrait cliver le motif SUMO conjugué à p300 et lever ainsi la répression exercée sur le promoteur p5. De ce fait, il serait intéressant d'évaluer le rôle de SUMO protéase dans l'activation du p5. Enfin, nous avons montré que USP7, une protéase localisée dans les structures ND10 et interagissant avec ICP0 ne serait pas directement impliquée dans l'activation du gène *rep*. En effet, USP7 contribuerait seulement à la stabilité d'ICP0 en clivant les motifs ubiquitine conjugués sur ICP0. De façon similaire, il a été montré que USP7 interagirait également avec la protéine EBNAI, du virus Epstein-Barr mais ne serait pas impliquée dans sa fonction transactivatrice (240). Dans ce contexte, il semblerait que USP7, séquestrée par EBNAI participerait à la stabilisation de p53 (240). Ainsi, bien que USP7 ne semble pas être un élément régulateur majeur de la transcription du gène *rep*, son interaction avec ICP0 ou p53 pourrait interférer sur d'autres étapes du cycle viral de l'AAV-2.

Le troisième point de discussion concerne les autres protéines de l'HSV-1 qui pourraient participer à l'effet d'ICP0 sur l'expression du gène *rep*. En particulier, nous avons montré que la protéine ICP4 ne conduirait pas, à priori, à la ré-expression du gène *rep* dans les cellules HA-16. Cependant, elle pourrait agir en synergie avec la protéine ICP0 pour activer l'expression du gène *rep*, de part sa capacité à interagir avec la région C-terminale de ICP0 (146, 575). En effet, nous avons mis en évidence qu'un mutant ICP0 E52X, dépourvu de la région C-terminale d'ICP0 et n'interagissant pas, à priori, avec ICP4 était très affecté dans sa capacité à activer l'expression du gène *rep* au cours d'une infection virale. Ce résultat suggère que des protéines cellulaires et/ou virales, telles que ICP4 participeraient à l'effet transactivateur d'ICP0, en se fixant sur la région C-terminale d'ICP0. Ainsi, il serait intéressant d'identifier ces facteurs cellulaires et viraux, par des techniques de chromatographie par affinité. Par ailleurs, l'effet transactivateur d'ICP0 sur le promoteur p5 pourrait dépendre de son état de phosphorylation au cours du cycle cellulaire. En effet, ICP0 serait phosphorylée par des kinases cellulaires (cdk) et virales, dont UL13, une protéine du tégument présente lors de l'infection initiale (4, 385). De ce fait, il a été montré que des inhibiteurs de kinase tels que la roscovitine inhibent considérablement l'effet transactivateur d'ICP0 (115, 116). Ainsi, dans le contexte du virus HSV-1, la fonction transactivatrice d'ICP0 sur le gène *rep* pourrait être supérieure à celle observée dans le contexte d'un plasmide ou encore dans celui d'adénovirus exprimant ICP0. De ce fait, il serait intéressant de tester si la présence de UL13 pourrait agir en synergie avec ICP0 sur le promoteur p5. Enfin, d'après les résultats obtenus à partir de cellules HA-16 infectées par un adénovirus exprimant ICP0, il semblerait que la protéine ICP0 ne soit pas seulement impliquée lors de l'initiation de la transcription mais elle pourrait intervenir également au cours de la phase d'élongation. En effet, nous avons mis en évidence que ICP0, exprimée dans le contexte d'un adénovirus induirait préférentiellement l'expression des protéines Rep78/52, issues de transcrits non épissés, suggérant que ICP0 pourrait inhiber l'épissage des transcrits *rep*, pendant leur phase d'élongation ou au cours du processus de maturation, en interférant par exemple, sur le recrutement de facteurs régulateurs du spliceosome. De ce fait, il serait intéressant de caractériser l'ensemble des transcrits *rep*, synthétisés dans cellules HA-16 infectées par HSV-1 et de les comparer à ceux issus de cellules infectées par un adénovirus exprimant ICP0. De plus, il est possible que d'autres protéines de l'HSV-1, comme par exemple ICP27, soient nécessaires pour l'exportation nucléaire des transcrits *rep*, comme il a été suggéré pour l'adénovirus. En effet, le transport des transcrits *rep* en dehors du noyau augmenterait de façon significative, en présence d'adénovirus, à priori, par l'intermédiaire du complexe E1B(55kDa)/E4(orf6), suggérant l'existence d'un facteur d'exportation similaire chez HSV-1 (448). Parmi les 80 gènes de HSV-1, la majorité d'entre eux présentent la particularité d'être sans intron, à l'exception, de cinq gènes, dont, le gène *IE110* codant pour la protéine ICP0. De ce fait, leur transport dans le cytoplasme repose essentiellement sur la protéine ICP27, qui recruterait en particulier, les facteurs d'exportation Aly/REF, localisés dans les « nuclear speckles », vers les sites de transcription de HSV-1 (451) (273). Ainsi, ICP27 dirigerait les transcrits HSV-1 dépourvus d'intron vers les récepteurs d'exportation TAP/NXF1, permettant ainsi leur translocation à travers le complexe du pore nucléaire et ceci, au détriment des ARNm cellulaires, à l'exception de ceux issus du gène α-globine (87, 88, 94). Par conséquent, il serait intéressant d'investiguer, le rôle d'ICP27 dans l'export des transcrits *rep*, en particulier des transcrits épissés (214) (56, 213). Toutefois, d'après le groupe de D. Pintel, il semblerait que l'accumulation des transcrits *rep* dans le cytoplasme se ferait indépendamment de la présence d'un virus auxiliaire (367). En effet, ces auteurs ont mis en évidence l'export des transcrits *rep*, épissés et non épissés dans le cytoplasme de cellules 293 transfectés, par un plasmide, comportant le génome viral de l'AAV-2 (367). L'exportation de transcrits dépourvus d'intron a été également observé chez HIV-1, par un mécanisme faisant intervenir la protéine Rev et la voie d'exportation dépendante du récepteur nucléaire CRM-1, suggérant un mécanisme similaire chez l'AAV-2, qui pourrait impliquer les protéines Rep (451) (554). Ainsi, ces résultats obtenus par le groupe de D. Pintel renforcent l'hypothèse qu'ICP0 inhiberait l'épissage des transcrits *rep*, ce qui expliquerait l'absence de protéines Rep68/40, issues de transcrits épissés dans des cellules HA-16 infectées par un adénovirus exprimant ICP0.

Le dernier point de discussion concerne les autres facteurs de HSV-1 qui permettraient à l'AAV-2 d'effectuer un cycle réplicatif complet. En effet, dans cette étude, nous avons mis en évidence qu'IPC0 contribuerait à l'activation du gène *rep*, à partir d'une forme latente intégrée de l'AAV-2. Cependant, il semblerait que ICP0 ne soit pas suffisant pour induire la synthèse des protéines *cap* et la formation de particules virales, dans des cellules HA-16 infectées par un adénovirus exprimant ICP0, indiquant que d'autres gènes de HSV-1 sont nécessaires à cet effet. Parmi les gènes de l'HSV-1, quatre gènes précoces, codant le complexe hélicase-primase et la protéine DBP ont été définis comme étant essentiels pour permettre la synthèse des formes réplicatives de l'AAV-2 (220, 492). De ce fait, nous sommes en train d'évaluer par transfection transitoire si ICP0 exercerait un effet synergique avec ces quatre facteurs viraux pour conduire à la formation de particules virales AAV-2.

En conclusion, cette étude aura permis de mieux comprendre les interactions entre l'AAV-2 et l'HSV-1, en particulier, les mécanismes moléculaires impliqués dans la réactivation d'une forme latente de l'AAV-2. Il serait intéressant d'étudier si le processus de réactivation du gène *rep* par ICP0 serait transposable aux autres sérotypes de l'AAV. De plus, cette étude a ouvert la voie à la caractérisation des autres protéines de l'HSV-1, nécessaires à la synthèse et la formation des particules d'AAV, dans la perspective d'améliorer la production des vecteurs AAVr.

REFERENCES BIBLIOGRAPHIQUES

1. **Ace, C. I., T. A. McKee, J. M. Ryan, J. M. Cameon, and C. M. Preston.** 1989. Construction and characterization of a herpes simplex virus 1 mutant unble to transduce immediate-early gene expression. J. Virol **63:**2260-2269.
2. **Ackermann, M., D. K. Braun, L. Pereira, and B. Roizman.** 1984. Characterization of herpes simplex virus 1 alpha proteins 0, 4, and 27 with monoclonal antibodies. J Virol **52:**108-18.
3. **Advani, S. J., R. Hagglund, R. R. Weichselbaum, and B. Roizman.** 2001. Posttranslational processing of infected cell proteins 0 and 4 of herpes simplex virus 1 is sequential and reflects the subcellular compartment in which the proteins localize. J Virol **75:**7904-12.
4. **Advani, S. J., R. Weichselbaum, and B. Roizman.** 2000. The role of cdc2 in the expression of herpes simplex virus genes. PNAS **97:**10996-11001.
5. **Alexander, I. E., D. W. Russell, and A. D. Miller.** 1994. DNA-damaging agents greatly increase the transduction of nondividing cells by adeno-associated virus vectors. J Virol **68:**8282-7.
6. **Alexander, I. E., D. W. Russell, A. M. Spence, and A. D. Miller.** 1996. Effects of gamma irradiation on the transduction of dividing and nondividing cells in brain and muscle of rats by adeno-associated virus vectors. Hum Gene Ther **7:**841-50.
7. **Amiss, T. J., D. M. McCarty, A. Skulimowski, and R. J. Samulski.** 2003. Identification and characterization of an adeno-associated virus integration site in CV-1 cells from the African green monkey. J Virol **77:**1904-15.
8. **Andres, M. E., C. Burger, M. J. Peral-Rubio, E. Battaglioli, M. E. Anderson, J. Grimes, N. Ballas, and G. Mandel.** 1999. CoREST: a functional corepressor required for regulation of neural-specific gene expression. P.N.A.S **96:**9873-8.
9. **Antoni, B. A., A. B. Rabson, I. L. Miller, J. P. Trempe, N. Chejanovsky, and B. J. Carter.** 1991. Adeno-associated virus Rep protein inhibits human immunodeficiency virus type 1 production in human cells. J Virol **65:**396-404.
10. **Arany, Z., D. Nexsome, E. Oldread, D. M. Livingston, and R. Eckner.** 1995. A family of transcriptional adaptor proteins targeted by the E1A oncoprotein. Nat **374:**81-4.
11. **Ashktorab, H., and A. Srivastava.** 1989. Identification of nuclear proteins that specifically interact with adeno-associated virus type 2 inverted terminal repeat hairpin DNA. J Virol **63:**3034-9.
12. **Atchinson, R. W.** 1970. The role of herpesvirus in adeno-associated virus replication in vitro. Virology **42:**155-162.
13. **Atchison, R. W., B. C. Casto, and W. M. Hammon.** 1965. Adenovirus-Associated Defective Virus Particles. Science **149:**754-6.
14. **Auricchio, A., and F. Rolling.** 2005. Adeno-associated viral vectors for retinal gene transfer and treatment of retinal diseases. Current Gene Therapy **5:**339-349.
15. **Austen, M., B. Lusher, and J. M. Lusher-Firzlaff.** 1997. Characterization of the transcriptional regulator YY1. J.Biol.Chem. **272:**1709-1717.
16. **Bakowska, J. C., M. V. Di Maria, S. M. Camp, Y. Wang, P. D. Allen, and X. O. Breakefield.** 2003. Targeted transgene integration into transgenic mouse fibroblasts carrying the full-length human AAVS1 locus mediated by HSV/AAV rep(+) hybrid amplicon vector. Gene Ther **10:**1691-702.
17. **Bannister, A. J., P. Zegerman, J. F. Partirdge, E. A. Misja, J. O. Thomas, R. C. Allshire, and T. Kouzarides.** 2001. Selective recognition of methylated lysine 9 on histone H3 by the HP1 chromo domain. Nature **410:**120-124.

18. **Bantel-Schaal, U.** 1995. Growth properties of a human melanoma cell line are altered by adeno- associated parvovirus type 2. Int J Cancer **60**:269-74.
19. **Bantel-Schaal, U., and H. zur Hausen.** 1984. Characterization of the DNA of a defective human parvovirus isolated from a genital site. Virology **134**:52-63.
20. **Barlow, P. N., B. Luisi, A. Milner, M. Elliott, and R. Everett.** 1994. Structure of the C3HC4 doamin by 1H-nuclear magnetic resonance spectroscopy. A new class if zing-finger. J. Mol. Biol. **237**:201-211.
21. **Bartlett, J. S., R. Wilcher, and R. J. Samulski.** 2000. Infectious entry pathway of adeno-associated virus and adeno-associated virus vectors. J Virol **74**:2777-85.
22. **Bashir, T., J. Rommelaere, and C. Cziepluch.** 2001. In vivo accumulation of cyclin A and cellular replication factors in autonomous parvovirus minute virus of mice-associated replication bodies. J. VBirol. **2001**:4394-4398.
23. **Batchu, R. B., and P. L. Hermonat.** 1995. The trans-inhibitory Rep78 protein of adeno-associated virus binds to TAR region DNA of the human immunodeficiency virus type 1 long terminal repeat. Febs Letters **367**:267-71.
24. **Batchu, R. B., R. M. Kotin, and P. L. Hermonat.** 1994. The regulatory rep protein of adeno-associated virus binds to sequences within the c-H-ras promoter. Cancer Letters **86**:23-31.
25. **Batchu, R. B., M. A. Shammas, J. Y. Wang, and N. C. Munshi.** 2001. Dual level inhibition of E2F-1 activity by adeno-associated virus Rep78. J Biol Chem **276**:24315-22.
26. **Batchu, R. B., M. A. Shammas, J. Y. Wang, and N. C. Munshi.** 1999. Interaction of adeno-associated virus Rep78 with p53: implications in growth inhibition. Cancer Res **59**:3592-5.
27. **Battaglioli, E., M. E. Andres, D. W. Rose, J. G. Chenoweth, M. G. Rosenfeld, M. E. Anderson, and G. Mandel.** 2002. REST repression of neuronal genes requires components of the hSWI/SNF complex. J. Biol. Chem **277**:41038-45.
28. **Beaton, A., P. Palumbo, and K. I. Berns.** 1989. Expression from the adeno-associated virus p5 and p19 promoters is negatively regulated in trans by the rep protein. J Virol **63**:4450-4.
29. **Becerra, S. P., J. A. Rose, M. Hardy, B. M. Baroudy, and C. W. Anderson.** 1985. Direct mapping of adeno-associated virus capsid proteins B and C: a possible ACG initiation codon. Proc Natl Acad Sci U S A **82**:7919-23.
30. **Bell, S. D., P. L. Kosa, P. B. Sigler, and S. P. Jackson.** 1999. Orientation of the transcription preinitiation complex in archaea. Proc Natl Acad Sci U S A **96**:13662-7.
31. **Bentley, D.** 2002. The mRNA assembly line: transcription and processing machines in the same factory. Curr Opin Cell Biol **14**:336-42.
32. **Berns, K. I., and R. M. Linden.** 1995. The cryptic life style of adeno-associated virus. Bioessays **17**:237-45.
33. **Berns, K. I., T. C. Pinkerton, G. F. Thomas, and M. D. Hoggan.** 1975. Detection of adeno-associated virus (AAV)-specific nucleotide sequences in DNA isolated from latently infected Detroit 6 cells. Virology **68**:556-60.
34. **Bishop, B. M., A. D. Santin, J. G. Quirk, and P. L. Hermonat.** 1996. Role of the terminal repeat GAGC trimer, the major Rep78 binding site, in adeno-associated virus DNA replication. FEBS Lett **397**:97-100.
35. **Blacklow, N. R.** 1988. Adeno-associated viruses of humans, p. 165-174. *In* J. Pattison (ed.), Parvoviruses and Human Disease. CRC Press, Boca Raton, FL.
36. **Blacklow, N. R., M. D. Hoggan, A. Z. Kapikian, A. A. Austin, and W. P. Rowe.** 1968. Epidemiology of adeno-associated virus infection in a nursery population. Am J Epidemiol **88**:368-378.
37. **Blacklow, N. R., M. D. Hoggan, and M. S. Mcclanahan.** 1970. Adenovirus-associated viruses. Enhancement by human herpes virus. Proc.Soc. Exp. Biol. Med. **134**:952-955.

38. Blacklow, N. R., M. D. Hoggan, and W. P. Rowe. 1967. Isolation of adeno-associated virus from man. P.N.A.S **58**:1410-1415.
39. Blacklow, N. R., M. D. Hoggan, and W. P. Rowe. 1968. Serological evidence for human infection with adenovirus-associated viruses. J. Nat'l. Cancer Inst. **40**:319-27.
40. Blacklow, N. R., M. D. Hoggan, M. S. Sereno, C. R. Brandt, H. W. Kim, R. H. Parrott, and R. M. Chanock. 1971. A seroepidemiological study of adenovirus-associated virus infection in infants and children. Am J Epidemiol **94**:359-366.
41. Blaho, J. A., C. Mitchell, and B. Roizman. 1993. Guanylylation and adenylation of the alpha regulatory proteins of herpes simplex virus require a viral beta or gamma function. J. Virol **67**:3891-3900.
42. Bleker, S., F. Sonntag, and J. A. Kleinschmidt. 2005. Mutational analysis of narrow pores at the fivefold symmetry axes of adeno-associated virus type 2 capsids reveals a dual role in genome packaging and activation of phospholipase A2 activity. J Virol **79**:2528-40.
43. Borden, K. L. 2002. Pondering the promyelocytic leukemia protein (PML) puzzle: possible functions for PML nuclear bodies. Mol Cell Biol **22**:5259-69.
44. Bossis, I., and J. A. Chiorini. 2003. Cloning of an avian adeno-associated virus (AAAV) and generation of recombinant AAAV particles. J Virol **77**:6799-810.
45. Boucher, D. W., W. P. Parks, and J. L. Melnick. 1970. A sensitive neutralization test for the adeno-associated satellite viruses. J. Immunol. **104**:555-9.
46. Boutell, C., and R. D. Everett. 2003. The herpes simplex virus type 1 (HSV-1) regulatory protein ICP0 interacts with and Ubiquitinates p53. J Biol Chem **278**:36596-602.
47. Boutell, C., and R. D. Everett. 2004. Herpes simplex virus type 1 infection induces the stabilization of p53 in a USP7- and ATM-independent manner. J Virol **78**:8068-77.
48. Boutell, C., A. Orr, and R. D. Everett. 2003. PML residue lysine 160 is required for the degradation of PML induced by herpes simplex virus type 1 regulatory protein ICP0. J Virol **77**:8686-94.
49. Boutell, C., S. Sadis, and R. D. Everett. 2002. Herpes simplex virus type 1 immediate-early protein ICP0 and is isolated RING finger domain act as ubiquitin E3 ligases in vitro. J Virol **76**:841-50.
50. Boyer-Guittaut, M., K. Birsoy, C. Potel, G. Elliott, E. Jaffray, J. M. Desterro, R. T. Hay, and T. Oelgeschlager. 2005. SUMO-1 modification of human transcription factor (TF) IID complex subunits: inhibition of TFIID promoter-binding activity through SUMO-1 modification of hsTAF5. J Biol Chem **280**:9937-45.
51. Breathnach, R., and P. Chambon. 1981. Organization and expression of eucaryotic split gene coding for proteins. Annu Rev Biochem **50**:349-383.
52. Bregman, D. B., L. Du, S. van der Zee, and S. L. Warren. 1995. Transcription-dependent redistribution of the large subunit of RNA polymerase II to discrete nuclear domains. J Cell Biol **129**:287-98.
53. Bridge, E., D. X. Xia, M. Carmo-Fonseca, B. Cardinali, A. I. Lamond, and U. Pettersson. 1995. Dynamic organization of splicing factors in adenovirus-infected cells. J Virol **69**:281-90.
54. Brister, J. R., and N. Muzyczka. 1999. Rep-mediated nicking of the adeno-associated virus origin requires two biochemical activities, DNA helicase activity and transesterification. J Virol **73**:9325-36.
55. Bruni, R., B. Fineschi, W. O. Ogle, and B. Roizman. 1999. A novel cellular protein, p60, interacting with both herpes simplex virus 1 regulatory proteins ICP22 and ICP0 is modified in a cell-type-specific manner and Is recruited to the nucleus after infection. J Virol **73**:3810-7.
56. Bryant, H. E., S. E. Wadd, A. I. Lamond, S. J. Silverstein, and J. B. Clements. 2001. Herpes simplex virus IE63 (ICP27) protein interacts with spliceosome-associated protein 145 and inhibits splicing prior to the first catalytic step. J Virol **75**:4376-85.

57. **Bubulya, A., and D. L. Spector.** 2004. "On the move"ments of nuclear components in living cells. Exp Cell Res **296:**4-11.
58. **Buller, R. M., J. E. Janik, E. D. Sebring, and J. A. Rose.** 1981. Herpes simplex virus types 1 and 2 completely help adenovirus-associated virus replication. J. Virol **40:**241-7.
59. **Burguete, T., M. Rabreau, M. Fontanges-Darriet, E. Roset, H. D. Hager, A. Koppel, P. Bischof, and J. R. Schlehofer.** 1999. Evidence for infection of the human embryo with adeno-associated virus in pregnancy. Hum Reprod **14:**2396-401.
60. **Burke, T. W., and J. T. Kadonaga.** 1997. The downstream core promoter element, DPE, is conserved from Drosophila to humans and is recognized by TAFII60 of Drosophila. Genes & Dev. **11:**3020-3031.
61. **Burke, T. W., and J. T. Kadonaga.** 1996. Drosophila TFIID binds to a conserved downstream basal promoter element that is present in many TATA-box deficient promoters. Gene Dev **10:**711-724.
62. **Burley, S. K., and R. G. Roeder.** 1996. Biochemistry and structural biology of transcription factor IID (TFIID). Annu Rev Biochem **65:**769-99.
63. **Bustin, M.** 2001. Chromatin unfolding and activation by HMGN chromosomal proteins. Trends Biochem Sci **26:**431-437.
64. **Cai, W., T. L. Astor, L. M. Liptak, C. Cho, D. M. Coen, and P. A. Schaffer.** 1993. The herpes simplex virus type 1 regulatory protein ICP0 enhances virus replication during acute infection and reactivation from latency. J Virol **67:**7501-12.
65. **Cai, W., and P. A. Schaffer.** 1992. Herpes simplex virus regulates expression of immediate-early, early, and late genes en productively infected cells. J. Virol **66:**2904-2915.
66. **Canning, M., C. Boutell, J. Parkinson, and R. D. Everett.** 2004. A RING finger ubiquitin ligase is protected from autocatalyzed ubiquitination and degradation by binding to ubiquitin-specific protease USP7. J Biol Chem **279:**38160-8.
67. **Carrozza, M. J., and N. A. DeLuca.** 1996. Interaction of the viral activator protein ICP4 with TFIID through TAF250. Mol Cell Biol **16:**3085-93.
68. **Carter, B. J.** 2004. Adeno-associated virus and the development of adeno-associated virus vectors: a historical perspective. Mol Ther **10:**981-9.
69. **Carter, B. J., B. A. Antoni, and D. F. Klessig.** 1992. Adenovirus containing a deletion of the early region 2A gene allows growth of adeno-associated virus with decreased efficiency. Virology **191:**473-6.
70. **Carter, B. J., C. A. Laughlin, L. M. de la Maza, and M. Myers.** 1979. Adeno-associated virus autointerference. Virology **92:**449-62.
71. **Carter, K. L., and B. Roizman.** 1996. The promoter and transcriptional unit of a novel herpes simplex virus 1 alpha gene are contained in, and encode a protein in frame with, the open reading frame of the alpha 22 gene. J Virol **70:**172-8.
72. **Casper, J. M., J. M. Timpe, J. D. Dignam, and J. P. Trempe.** 2005. Identification of an adeno-associated virus Rep protein binding site in the adenovirus E2a promoter. J Virol **79:**28-38.
73. **Cassinotti, P., M. Weitz, and D. J. Tratschin.** 1988. Organization of the adeno-associated virus (AAV) capsid gene: mapping of a minor spliced mRNA coding for virus capsid protein 1. Virology **167:**176-84.
74. **Casto, B. C., R. W. Atchison, and W. M. Hammon.** 1967. Studies on the relationship between adeno-associated virus type I (AAV- 1) and adenoviruses. I. Replication of AAV-1 in certain cell cultures and its effect on helper adenovirus. Virology **32:**52-9.
75. **Cathomen, T., T. H. Stracker, L. B. Gilbert, and M. D. Weitzman.** 2001. A genetic screen identifies a cellular regulator of adeno-associated virus. Proc Natl Acad Sci U S A **98:**14991-6.
76. **Chadeuf, G., D. Favre, J. Tessier, N. Provost, P. Nony, J. Kleinschmidt, P. Moullier, and A. Salvetti.** 2000. Efficient recombinant adeno-associated virus production by a

77. stable rep-cap HeLa cell line correlates with adenovirus-induced amplification of the integrated rep-cap genome. J Gene Med 2:260-8.
77. **Chadwick, B. P., and H. F. Willard.** 2001. A novel chromatin protein, distantly related to histone H2A, is largely exluded from the inactive X chromosome. J. Cell Biochem. **152**:375-384.
78. **Chalkley, G. E., and C. P. Verrijzer.** 1999. DNA binding site selection by RNA polymerase II TAFs: a TAF(II)250-TAF(II)150 complex recognizes the initiator. Embo J **18**:4835-45.
79. **Chang, L.-S., and T. Shenk.** 1990. The adenovirus DNA-binding protein stimulates the rate of transcription directed by adenovirus and Adeno-Associated Virus promoters. J. Virol. **64**:2103-2109.
80. **Chang, L. S., Y. Shi, and T. Shenk.** 1989. Adeno-associated virus P5 promoter contains an adenovirus E1A-inducible element and a binding site for the major late transcription factor. J Virol **63**:3479-88.
81. **Chang, S. F., J. Y. Sgro, and C. R. Parrish.** 1992. Multiple amino acids in the capsid structure of canine parvovirus coordinately determine the canine host range and specific antigenic and hemagglutination properties. J Virol **66**:6858-67.
82. **Chee, A. V., P. Lopez, P. P. Pandolfi, and B. Roizman.** 2003. Promyelocytic leukemia protein mediates interferon-based anti-herpes simplex virus 1 effects. J Virol **77**:7101-5.
83. **Chejanovsky, N., and B. J. Carter.** 1989. Mutagenesis of an AUG codon in the adeno-associated virus rep gene: effects on viral replication. Virology **173**:120-128.
84. **Chejanovsky, N., and B. J. Carter.** 1989. Replication of a human parvovirus nonsense mutant in mammalian cells containing an inducible amber suppressor. Virology **171**:239-47.
85. **Chelbi-Alix, M. K., and H. de The.** 1999. Herpes virus induced proteasome-dependent degradation of the nuclear bodies-associated PML and Sp100 proteins. Oncogene **18**:935-41.
86. **Chen, H., D. M. Mccarty, A. T. Bruce, and K. Suzuki.** 1998. Gene transfer and expression in oligodendrocytes under the control of myelic basic protein transcriptional control region mediated by adeno-associated virus. Gene Ther **5**:50-58.
87. **Chen, I. H., L. Li, L. Silva, and R. M. Sandri-Goldin.** 2005. ICP27 recruits Aly/REF but not TAP/NXF1 to herpes simplex virus type 1 transcription sites although TAP/NXF1 is required for ICP27 export. J Virol **79**:3949-61.
88. **Chen, I. H., K. S. Sciabica, and R. M. Sandri-Goldin.** 2002. ICP27 interacts with the RNA export factor Aly/REF to direct herpes simplex virus type 1 intronless mRNAs to the TAP export pathway. J Virol **76**:12877-89.
89. **Chen, J. X., X. X. Zhu, and S. Silverstein.** 1991. Mutational analysis of the sequence encoding ICP0 from herpes simplex virus type 1. Virology **180**:207-20.
90. **Chen, W. Y., E. C. Bailey, S. L. McCune, J. Y. Dong, and T. M. Townes.** 1997. Reactivation of silenced, virally transduced genes by inhibitors of histone deacetylase. Proc Natl Acad Sci U S A **94**:5798-803.
91. **Chen, W. Y., and T. M. Townes.** 2000. Molecular mechanisms for silencing virally transduced genes involved histone deacetylation and chromatin condensation. PNAS **97**:377-382.
92. **Chen, X., J. Li, M. Mata, J. Goss, D. Wolfe, J. C. Glorioso, and D. J. Fink.** 2000. Herpes simplex virus type 1 ICP0 protein does not accumulate in the nucleus of primary neurons in culture. J Virol **74**:10132-41.
93. **Cheung, A. K., M. D. Hoggan, W. W. Hauswirth, and K. I. Berns.** 1980. Integration of the adeno-associated virus genome into cellular DNA in latently infected human Detroit 6 cells. J. Virol. **33**:739-48.
94. **Cheung, P., K. S. Ellison, R. Verity, and J. R. Smiley.** 2000. Herpes simplex virus ICP27 induces cytoplasmic accumulation of unspliced polyadenylated alpha-globin pre-mRNA in infected HeLa cells [In Process Citation]. J Virol **74**:2913-9.

95. **Cheung, P., B. Panning, and J. R. Smiley.** 1997. Herpes simplex virus immediate-early proteins ICP0 and ICP4 activate the endogenous human alpha-globin gene in nonerythroid cells. J Virol **71:**1784-93.
96. **Chiorini, J. A., S. Afione, and R. M. Kotin.** 1999. Adeno-associated virus (AAV) type 5 Rep protein cleaves a unique terminal resolution site compared with other AAV serotypes. J Virol **73:**4293-8.
97. **Chiorini, J. A., S. M. Wiener, R. A. Owens, S. R. Kyostio, R. M. Kotin, and B. Safer.** 1994. Sequence requirements for stable binding and function of Rep68 on the adeno-associated virus type 2 inverted terminal repeats. J virol **68:**7448-57.
98. **Chiorini, J. A., L. Yang, B. Safer, and R. M. Kotin.** 1995. Determination of adeno-associated virus Rep68 and Rep78 binding sites by random sequence oligonucleotide selection. J Virol **69:**7334-8.
99. **Chirmule, N., K. Propert, S. Magosin, Y. Qian, R. Qian, and J. Wilson.** 1999. Immune responses to adenovirus and adeno-associated virus in humans. Gene Ther **6:**1574-83.
100. **Choi, V. W., D. McCarty, and J. Samulski.** 2005. AAV hybrid serotypes: improved vectors for gene therapy. Curr Gene Ther **5:**299-310.
101. **Chong, J. A., J. Tapia-Ramirez, S. Kim, J. J. Toledo-Aral, Y. Zhzng, M. C. Boutros, Y. M. Altshuller, M. A. Frohman, S. D. Kraner, and G. Mandel.** 1995. REST: a mammalian silencer protein that restricts sodium channel gene expression. Cell **80:**949-57.
102. **Chung, C. S., J. C. Hsiao, Y. S. Chang, and W. Chang.** 1998. A27L protein mediates vaccinia virus interaction with cell surface heparan sulfate. J Virol **72:**1577-85.
103. **Clark, R. K., C. H. Chen, R. L. Jensen, B. C. Scnepp, and P. R. Johnson.** 2004. Characterization of wild-type adeno-associated viruses isolated from human tissues. Xth Parvovirus Workshop, St Petersburg, FL.
104. **Clarke, J. K., J. B. McFerran, E. R. McKillop, and W. L. Curran.** 1979. Isolation of an adeno associated virus from sheep. Brief report. Arch Virol **60:**171-6.
105. **Cmarko, D., P. J. Verschure, T. E. Martin, M. E. Dahmus, S. Krause, X. D. Fu, R. van Driel, and S. Fakan.** 1999. Ultrastructural analysis of transcription and splicing in the cell nucleus after bromo-UTP microinjection. Mol Biol Cell **10:**211-23.
106. **Collaco, R., K. M. Prasad, and J. P. Trempe.** 1997. Phosphorylation of the adeno-associated virus replication proteins. Virology **232:**332-6.
107. **Collins, T., J. R. Stone, and A. J. Williams.** 2001. All in the Family: the BTB/POZ, KRAB, and SCAN Domains. Mol Cell Biol **21:**3609-3615.
108. **Corona, D. F., and J. W. Tamkun.** 2004. Multiple roles for ISWI in transcription, chromosome organization and DNA replication. Biochim Biophys Acta **1677:**113-119.
109. **Costello, E., P. Saudan, E. Winocour, L. Pizer, and P. Beard.** 1997. High mobility group chromosomal protein 1 binds to the adeno-associated virus replication protein (Rep) and promotes Rep-mediated site-specific cleavage of DNA, ATPase activity and transcriptional repression. Embo J **16:**5943-54.
110. **Coull, J. J., F. Romerio, J. L. Sun, J. L. Volker, K. M. Galvin, J. R. Davie, Y. Shi, U. Hansen, and D. M. Margolis.** 2000. The human factors YY1 and LSF repress the human immunodeficiency virus type 1 long terminal repeat via recruitment of histone deacatylase 1. J. Virol **74:**6790-6799.
111. **Croft, J. A., J. M. Bridger, S. Boyle, P. E. Perry, P. Tague, and W. A. Bickmore.** 1999. Differences in the localization and morphology of chromosomes in the human nucleus. J. Cell Biochem. **145:**1119-1131.
112. **Cuchet, D., R. Ferrera, P. Lomonte, and A. Epstein.** 2005. Characterization of an antiproliferative and cytotoxic properties of the HSV-1 immediate-early ICP0 protein. Journal of Gene Medecine **7.**

113. **Cziepluch, C., S. Lampel, A. Grewenig, C. Grund, P. Lichter, and J. Rommelaere.** 2000. H-1 Parvovirus-Associated Replication Bodies: a Distinct Virus-Induced Nuclear Structure. J.Virol **74:**4807-4815.
114. **Dahmus, M. E.** 1996. Reversible phosphorylation of the C-terminal domain of RNA polymerase II. J Biol Chem **271:**19009-12.
115. **Davido, D. J., D. A. Leib, and P. A. Schaffer.** 2002. The cyclin-dependent kinase inhibitor roscovitine inhibits the transactivating activity and alters the posttranslational modification of herpes simplex virus type 1 ICP0. J Virol **76:**1077-88.
116. **Davido, D. J., W. F. Zagorski, W. S. Lane, and P. D. Schaffer.** 2005. Phosphorylation site mutations affect Herpes simplex virus type 1 ICP0 function. J. Virol. **79:**1232-1243.
117. **Davidson, I.** 2003. The genetics of TBP and TBP-related factors. Trends Biochem Sci **28:**391-8.
118. **Davis, M. D., J. Wu, and R. A. Owens.** 2000. Mutational analysis of adeno-associated virus type 2 Rep68 protein endonuclease activity on partially single-stranded substrates. J Virol **74:**2936-42.
119. **de la Maza, L. M., and B. J. Carter.** 1981. Inhibition of adenovirus oncogenicity in hamsters by adeno-associated virus DNA. J Natl Cancer Inst **67:**1323-6.
120. **de la Maza, L. M., and B. J. Carter.** 1980. Molecular structure of adeno-associated virus variant DNA. J Biol Chem **255:**3194-203.
121. **Dellaire, G., and D. B. Bazett-Jones.** 2004. PML nuclear bodies: dynamic sensors of DNA damage and cellular stress. Bioessays **26:**963-977.
122. **Dellaire, G., R. Farrall, and W. A. Bickmore.** 2003. The Nuclear Protein Database (NPT): sub-nuclear localisation and functional annotation of the nuclear proteome. Nuc. Acids Res. **31:**328-330.
123. **DeLuca, N. A., A. M. McCarthy, and P. A. Schaffer.** 1985. Isolation and characterization of deletion mutants of herpes simplex virus type 1 in the gene encoding immediate-early regulatory protein ICP4. J Virol **56:**558-70.
124. **DeLuca, N. A., and E. Schaeffer.** 1985. Activation of immediate-early, early and late promoters by temperature-sensitive and wild type forms of herpes simplex type1 protein ICP4. Mol Cell Biol **5:**558-570.
125. **DeLuca, N. A., and P. A. Schaffer.** 1988. Physical and functional domains of the herpes simplex virus transcriptional regulatory protein ICP4. J Virol **62:**732-43.
126. **Di Pasquale, G., and J. A. Chiorini.** 2003. PKA/PrKX activity is a modulator of AAV/adenovirus interaction. Embo J **22:**1716-24.
127. **Di Pasquale, G., and S. N. Stacey.** 1998. Adeno-associated virus Rep78 protein interacts with protein kinase A and its homolog PRKX and inhibits CREB-dependent transcriptional activation. J Virol **72:**7916-25.
128. **Dikstein, R., S. Ruppert, and R. Tjian.** 1996. Human TAFII 105 is a cell type-specific TFIID subunit related to hTAFII130. Cell **84:**781-790.
129. **Ding, W., L. Zhang, Z. Yan, and V. H. Engelhard.** 2005. Intracellular trafficking of Adeno-Associated Virus. Gene Ther **12:**873-880.
130. **Dorsch, S., G. Liebisch, B. Kaufmann, P. von Landenberg, J. H. Hoffmann, W. Drobnik, and S. Modrow.** 2002. The VP1 unique region of parvovirus B19 and its constituent phospholipase A2-like activity. J Virol **76:**2014-8.
131. **Douar, A. M., K. Poulard, D. Stockholm, and O. Danos.** 2001. Intracellular trafficking of adeno-associated virus vectors: routing to the late endosomal compartment and proteasome degradation. J Virol **75:**1824-33.
132. **Douziech, M., F. Coin, J. M. Chipoulet, Y. Arai, Y. Ohkuma, J. M. Egly, and B. Coulombe.** 2000. Mechanism of promoter melting by the xeroderma pigmentosum complementation group B helicase of transcription factor IIH revealed by protein-DNA photo-cross-linking. Mol Cell Biol **20:**8168-77.

133. **Duan, D., Q. Li, A. W. Kao, Y. Yue, J. E. Pessin, and J. F. Engelhardt.** 1999. Dynamin is required for recombinant adeno-associated virus type 2 infection. J Virol **73:**10371-6.
134. **Duan, D., P. Sharma, J. Yang, Y. Yue, L. Dudus, Y. Zhang, K. J. Fisher, and J. F. Engelhardt.** 1998. Circular intermediates of recombinant adeno-associated virus have defined structural characteristics responsible for long-term episomal persistence in muscle tissue. J Virol **72:**8568-77.
135. **Dutheil, N., O. Malhomme, N. Provost, P. Becquart, T. Burguette, J. R. Schlehofer, and T. Dupressoir.** 1997. Presence of integrated DNA sequences of adeno-associated virus type 2 in four cell lines of human embryonic origin. J Gen Virol **78:**3039-43.
136. **Dutheil, N., F. Shi, T. Dupressoir, and R. M. Linden.** 2000. Adeno-associated virus site-specifically integrates into a muscle-specific DNA region. Proc Natl Acad Sci U S A **97:**4862-6.
137. **Dutheil, N., M. Yoon-Robarts, P. Ward, E. Henckaerts, L. Skrabanek, K. I. Berns, F. Campagne, and R. M. Linden.** 2004. Characterization of the mouse adeno-associated virus AAVS1 ortholog. J Virol **78:**8917-21.
138. **Dyall, J., P. Szabo, and K. I. Berns.** 1999. Adeno-associated virus (AAV) site-specific integration: formation of AAV-AAVS1 junctions in an in vitro system. Proc Natl Acad Sci U S A **96:**12849-54.
139. **Eckner, R., M. E. Ewen, D. Newome, M. Gerdes, J. A. DeCaprio, C. Lawrence, and D. M. Livingston.** 1994. Molecular cloning and functional analysis of the adenovirus E1A-associated 300-kD protein (p300) reveals a protein with properties of a transcriptional adaptor. Genes & Dev. **8:**869-884.
140. **Erles, K., V. Rohde, M. Thaele, S. Roth, L. Edler, and J. R. Schlehofer.** 2001. DNA of adeno-associated virus (AAV) in testicular tissue and in abnormal semen samples. Hum Reprod **16:**2333-7.
141. **Everett, R. D.** 1988. Analysis of the functional domains of herpes simplex virus type 1 immediate-early polypeptide Vmw110. J Mol Biol **202:**87-96.
142. **Everett, R. D.** 1987. A detailed mutational analysis of Vmw110, a trans-acting transcriptional activator encoded by herpes simplex virus type 1. Embo J **6:**2069-76.
143. **Everett, R. D.** 2001. DNA viruses and viral proteins that interact with PML nuclear bodies. Oncogene **20:**7266-73.
144. **Everett, R. D.** 2004. Herpes simplex virus type 1 regulatory protein ICP0 does not protect cyclins D1 and D3 from degradation during infection. J Virol **78:**9599-604.
145. **Everett, R. D.** 2000. ICP0, a regulator of herpes simplex virus during lytic and latent infection. Bioessays **22:**761-70.
146. **Everett, R. D.** 1988. Promoter sequence and cell type can dramatically affect the efficiency of transcriptional activation induced by herpes simplex virus type 1 and its immediate-early gene products Vmw175 and Vmw110. J Mol Biol **203:**739-51.
147. **Everett, R. D., W. C. Earnshaw, J. Findlay, and P. Lomonte.** 1999. Specific destruction of kinetochore protein CENP-C and disruption of cell division by herpes simplex virus immediate-early protein Vmw110. Embo J **18:**1526-38.
148. **Everett, R. D., P. Freemont, H. Saitoh, M. Dasso, A. Orr, M. Kathoria, and J. Parkinson.** 1998. The disruption of ND10 during herpes simplex virus infection correlates with the Vmw110- and proteasome-dependent loss of several PML isoforms. J Virol **72:**6581-91.
149. **Everett, R. D., and G. G. Maul.** 1994. HSV-1 IE protein Vmw110 causes redistribution of PML. Embo J **13:**5062-9.
150. **Everett, R. D., M. Meredith, and A. Orr.** 1999. The ability of herpes simplex virus type 1 immediate-early protein Vmw110 to bind to a ubiquitin-specific protease contributes to its roles in the activation of gene expression and stimulation of virus replication. J Virol **73:**417-26.

151. **Everett, R. D., M. Meredith, A. Orr, A. Cross, M. Kathoria, and J. Parkinson.** 1997. A novel ubiquitin-specific protease is dynamically associated with the PML nuclear domain and binds to a herpesvirus regulatory protein. Embo J **16:**1519-30.
152. **Everett, R. D., and J. Murray.** 2005. ND10 components relocate to sites associated with herpes simplex virus type 1 nucleoprotein complexes during virus infection. J Virol **79:**5078-89.
153. **Everett, R. D., A. Orr, and C. M. Preston.** 1998. A viral activator of gene expression functions via the ubiquitin-proteasome pathway. Embo J **17:**7161-9.
154. **Fakan, S.** 1994. Perichromatin fibrils are in situ forms of nascent transcripts. Trends Cell Biol **4:**86-90.
155. **Feng, Q., and Y. Zhang.** 2003. The NuRD complex: linking histone modification to nucleosome remodeling. Curr Top Microbiol Immunol **274:**269-90.
156. **Flotte, T.** 2005. Recent developments in recombinant AAV-mediated gene therapy for lung diseases. Current Gene Therapy **5:**361-366.
157. **Flotte, T., B. Carter, C. Conrad, W. Guggino, T. Reynolds, B. Rosenstein, G. Taylor, S. Walden, and R. Wetzel.** 1996. A phase I study of an adeno-associated virus-CFTR gene vector in adult CF patients with mild lung disease. Hum Gene Ther **7:**1145-59.
158. **Flotte, T. R.** 2004. Gene therapy progress and prospects: recombinant adeno-associated virus (rAAV) vectors. Gene Ther **11:**805-10.
159. **Flotte, T. R., S. A. Afione, R. Solow, M. L. Drumm, D. Markakis, W. B. Guggino, P. L. Zeitlin, and B. J. Carter.** 1993. Expression of the cystic fibrosis transmembrane conductance regulator from a novel adeno-associated virus promoter. J Biol Chem **268:**3781-90.
160. **Flotte, T. R., M. L. Brantly, L. T. Spencer, B. J. Byrne, C. T. Spencer, D. J. Baker, and M. Humphries.** 2004. Phase I trial of intramuscular injection of a recombinant adeno-associated virus alpha 1-antitrypsin (rAAV2-CB-hAAT) gene vector to AAT-deficient adults. Hum Gene Ther **15:**93-128.
161. **Flotte, T. R., R. Solow, R. A. Owens, S. Afione, P. L. Zeitlin, and B. J. Carter.** 1992. Gene expression from adeno-associated virus vectors in airway epithelial cells. American Journal of Respiratory Cell & Molecular Biology **7:**349-56.
162. **Flotte, T. R., P. L. Zeitlin, T. C. Reynolds, A. E. Heald, P. Pedersen, S. Beck, C. K. Conrad, L. Brass-Ernst, M. Humphries, K. Sullivan, R. Wetzel, G. Taylor, B. J. Carter, and W. B. Guggino.** 2003. Phase I trial of intranasal and endobronchial administration of a recombinant adeno-associated virus serotype 2 (rAAV2)-CFTR vector in adult cystic fibrosis patients: a two-part clinical study. Hum Gene Ther **14:**1079-88.
163. **Fraefel, C., A. G. Bittermann, H. Bueler, I. Heid, T. Bachi, and M. Ackermann.** 2004. Spatial and temporal organization of adeno-associated virus DNA replication in live cells. J Virol **78:**389-98.
164. **Francois, A., M. Guilbaud, R. Awedikian, G. Chadeuf, P. Moullier, and A. Salvetti.** 2005. The cellular TATA binding protein is required for Rep-dependant replication of a minimal adeno-associated virus type 2 p5 element. J. Virol sous presse.
165. **Friedman-Einat, M., Z. Grossman, F. Mileguir, Z. Smetana, M. Ashkenazi, G. Barkai, N. Varsano, E. Glick, and E. Mendelson.** 1997. Detection of adeno-associated virus type 2 sequences in the human genital tract. J Clin Microbiol **35:**71-8.
166. **Frisch, S. M., and J. S. Mymryk.** 2002. Adenovirus-5 E1A: paradoc and paradigm. Nat Rev Mol Cell Biol **3:**441-452.
167. **Fucks, F.** 2003. Les methyltransférases de l'ADN: du remodelage de la chromatine au cancer. Med Sci (Paris) **19:**477-488.
168. **Gall, J.** 2000. Cajal bodies: the first 100 years. Annu Rev Cell Dev Biol **16:**273-300.

169. **Gao, G., L. H. Vandenberghe, M. R. Alvira, Y. Lu, R. Calcedo, X. Zhou, and J. M. Wilson.** 2004. Clades of Adeno-associated viruses are widely disseminated in human tissues. J Virol **78:**6381-8.
170. **Gao, G. P., M. R. Alvira, L. Wang, R. Calcedo, J. Johnston, and J. M. Wilson.** 2002. Novel adeno-associated viruses from rhesus monkeys as vectors for human gene therapy. Proc Natl Acad Sci U S A **99:**11854-9.
171. **Garraway, I. P., K. Semple, and S. T. Smale.** 1996. Transcription of the lymphocyte-specific terminal deoxynucleotidyltransferase genes requires a specific core promoter structure. PNAS **93:**4336-4341.
172. **Garriga, J., and X. Grana.** 2004. Cellular control of gene expression by T-type cyclin/CDK9 complexes. Gene **337:**15-23.
173. **Ge, H., and R. G. Roeder.** 1994. Purification, cloning, and characterization of a human coactivator, PC4, that mediates transcriptional activation of class II genes. Cell **78:**513-23.
174. **Georg-Fries, B., S. Biederlack, J. Wolf, and H. zur Hausen.** 1984. Analysis of proteins, helper dependence, and seroepidemiology of a new human parvovirus. Virology **134:**64-71.
175. **Gilbert, N., S. Gilchrist, and W. A. Bickmore.** 2004. Chromatin organization in the mammalian nucleus. International Review of cytology **342:**283-336.
176. **Giraud, C., E. Winocour, and K. I. Berns.** 1995. Recombinant junctions formed by site-specific integration of adeno-associated virus into an episome. J Virol **69:**6917-24.
177. **Giraud, C., E. Winocour, and K. I. Berns.** 1994. Site-specific integration by adeno-associated virus is directed by a cellular DNA sequence. Proc Natl Acad Sci U S A **91:**10039-43.
178. **Girdwood, D. W. H., D. Bumpass, O. A. Vaughan, A. Thain, L. A. Anderson, A. W. Snowden, E. Garcia-Wilson, N. D. Perkins, and R. T. Hay.** 2003. p300 transcriptional repression is mediated bu SUMO modification. Mol Cell **11:**1043-1054.
179. **Girdwood, D. W. H., M. H. Tatham, and R. T. Hay.** 2004. SUMO and transcriptional regulation. Seminars in Cell & Developmental biology **15:**201-210.
180. **Girod, A., C. E. Wobus, Z. Zadori, M. Ried, K. Leike, P. Tijssen, J. A. Kleinschmidt, and M. Hallek.** 2002. The VP1 capsid protein of adeno-associated virus type 2 is carrying a phospholipase A2 domain required for virus infectivity. J Gen Virol **83:**973-8.
181. **Gius, D., and L. A. Laimins.** 1989. Activation of human papillomavirus type 18 gene expression by herpes simplex virus type 1 viral transactivators and a phorbol ester. J Virol **63:**555-63.
182. **Golden, M. P., S. Kim, S. M. Hammer, E. A. Ladd, P. A. Schaffer, N. DeLuca, and M. A. Albrecht.** 1992. Activation of human immunodeficiency virus by herpes simplex virus. J Infect Dis **166:**494-9.
183. **Goodrum, F. D., T. Shenk, and D. A. Ornelles.** 1996. Adenovirus early region 4 34-kilodalton protein directs the nuclear localization of the early region 1B 55-kilodalton protein in primate cells. J Virol **70:**6323-35.
184. **Grande, M. A., I. van der Kraan, L. de Jong, and R. van Driel.** 1997. Nuclear distribution of transcription factors in relation to sites of transcription and RNA polymerase II. J Cell Sci **110:**1781-91.
185. **Green, M. R.** 2000. TBP-associated factors (TAFIIs): multiple, selective transcriptional mediators in common complexes. Trends Biochem Sci **25:**59-63.
186. **Green, M. R., and R. G. Roeder.** 1980. Transcripts of the adeno-associated virus genome: mapping of the major RNAs. J Virol **36:**79-92.
187. **Grimm, D., and M. A. Kay.** 2003. From virus evolution to vector revolution: use of naturally occurring serotypes of adeno-associated virus (AAV) as novel vectors for human gene therapy. Curr Gene Ther **3:**281-304.

188. Grimm, D., M. A. Kay, and J. A. Kleinschmidt. 2003. Helper virus-free, optically controllable, and two-plasmid-based production of adeno-associated virus vectors of serotypes 1 to 6. Mol Ther **7**:839-50.
189. Grimm, D., A. Kern, M. Pawlita, F. K. Ferrari, R. J. Samulski, and J. A. Kleinschmidt. 1999. Titration of AAV-2 particles via a novel capsid ELISA: packaging of genomes can limit production of recombinant AAV-2. Gene Ther. **6**:1322-1330.
190. Grimm, D., A. Kern, K. Rittner, and J. Kleinschmidt. 1998. Novel tools for production and purification of recombinant adeno-associated virus vectors. Hum. Gene Ther. **9**:2745-2760.
192. Grimm, D., and J. A. Kleinschmidt. 1999. Progress in adeno-associated virus type 2 vector production: promises and prospects for clinical use. Hum. Gene Ther **10**:2445-50.
193. Grondin, B., and N. A. DeLuca. 2000. Herpes simplex virus type 1 ICP4 promotes transcritpion preinitiation complex formation by enhancing the binding of TFIID to DNA. J. Virol **74**:11504-11510.
194. Grossman, S. R., M. E. Deato, C. Brignone, H. M. Chan, A. L. Kung, H. Tagami, Y. Nakati, and D. M. Livingston. 2003. Polyubiquitination of p53 ubiquitin ligase by a ubiquitin ligase activity of p300. Science **300**:342-344.
195. Grossman, Z., E. Mendelson, F. Brok-Simoni, F. Mileguir, Y. Leitner, G. Rechavi, and B. Ramot. 1992. Detection of adeno-associated virus type 2 in human peripheral blood cells. J Gen Virol **73**:961-6.
196. Gu, B., R. kuddus, and N. A. DeLuca. 1995. Repression of activator-mediated transcription by herpes virus ICP4 via a mechanism involving interactions with the basal factors TATA-binding protein and TFIIB. Mol. Cel. Biol. **15**:3618-3626.
197. Gu, B., R. Rivera-Gonzalez, C. A. Smith, and N. A. DeLuca. 1993. Herpes simplex virus infected cell polypeptide 4 preferentially represses Sp1-activated over basal transcription from its own promoter. Proc Natl Acad Sci U S A **90**:9528-32.
198. Gu, H., Y. Liang, G. Mandel, and B. Roizman. 2005. Components of the REST/CoREST/histone deactylase repressor complex are disrupted, modified, and translocated in HSV-1 infected cells. PNAS **21**:7571-7576.
199. Gui, C. Y., L. Ngo, W. S. Xu, V. M. Richon, and P. A. Marks. 2004. Histone deacetylase (HDAC) inhibitor activation of p21 WAF1 involves changes in promoter-associated proteins, including HDAC1. PNAS **101**:1241-1246.
200. Haberman, R. P., T. J. McCown, and R. J. Samulski. 2000. Novel transcriptional regulatory signals in the adeno-associated virus terminal repeat A/D junction element. J Virol **74**:8732-9.
201. Hagglund, R., and B. Roizman. 2002. Characterization of the novel E3 ubiquitin ligase encoded in exon 3 of herpes simplex virus-1-infected cell protein 0. Proc Natl Acad Sci U S A **99**:7889-94.
202. Hagglund, R., and B. Roizman. 2003. Herpes Simplex Virus 1 Mutant in Which the ICP0 HUL-1 E3 Ubiquitin Ligase Site Is Disrupted Stabilizes cdc34 but Degrades D-Type Cyclins and Exhibits Diminished Neurotoxicity. J Virol **77**:13194-202.
203. Hagglund, R., and B. Roizman. 2004. Role of ICP0 in the strategy of conquest of the host cell by herpes simplex virus 1. J Virol **78**:2169-78.
204. Halford, W. P., C. D. Kemp, J. A. Isler, D. J. Davido, and P. A. Schaffer. 2001. ICP0, ICP4, or VP16 expressed from adenovirus vectors induces reactivation of latent herpes simplex virus type 1 in primary cultures of latently infected trigeminal ganglion cells. J Virol **75**:6143-53.
205. Halford, W. P., and P. A. Schaffer. 2001. ICP0 is required for efficient reactivation of herpes simplex virus type 1 from neuronal latency. J Virol **75**:3240-9.
206. Haluska, P., A. Saleem, Z. rasheed, Z. Ahmed, F. Su, E. W. Liu, and L. F. Rubin. 1999. Interaction between human topoisomerase I and a novel RING Finger/arginine-serine protein. Nuc. Acids Res. **27**:2538-2544.

207. Hamilton, H., J. Gomos, K. I. Berns, and E. Falck-Pedersen. 2004. Adeno-associated virus site-specific integration and AAVS1 disruption. J Virol **78:**7874-82.
208. Han, L., T. H. Parmley, S. Keith, K. J. Kozlowski, L. J. Smith, and P. L. Hermonat. 1996. High prevalence of adeno-associated virus (AAV) type 2 rep DNA in cervical materials: AAV may be sexually transmitted. Virus Genes **12:**47-52.
209. Han, S. I., M. A. Kawano, K. Ishizu, H. Watanabe, M. Hasegawa, S. N. Kanesashi, Y. S. Kim, A. Nakanishi, K. Kataoka, and H. Handa. 2004. Rep68 protein of adeno-associated virus type 2 interacts with 14-3-3 proteins depending on phosphorylation at serine 535. Virology **320:**144-55.
210. Handa, H., and B. J. Carter. 1979. Adeno-associated virus DNA replication complexes in herpes simplex virus or adenovirus-infected cells. J Biol Chem **254:**6603-10.
211. Handa, H., K. Shiroki, and H. Shimojo. 1977. Establishment and characterization of KB cell lines latently infected with adeno-associated virus type 1. Virology **82:**84-92.
212. Hansen, J., K. Qing, and A. Srivastava. 2001. Infection of purified nuclei by adeno-associated virus 2. Mol Ther **4:**289-96.
213. Hardwicke, M. A., and R. M. Sandri-Goldin. 1994. The herpes simplex virus regulatory protein ICP27 contributes to the decrease in cellular mRNA levels during infection. J Virol **68:**4797-810.
214. Hardy, W. R., and R. M. Sandri-Goldin. 1994. Herpes simplex virus inhibits host cell splicing, and regulatory protein ICP27 is required for this effect. J Virol **68:**7790-9.
215. Harris, R. A., R. D. Everett, X. X. Zhu, S. Silverstein, and C. M. Preston. 1989. Herpes simplex virus type 1 immediate-early protein Vmw110 reactivates latent herpes simplex virus type 2 in an in vitro latency system. J Virol **63:**3513-5.
216. Harris, R. A., and C. M. Preston. 1991. Establishment of latency in vitro by the herpes simplex virus type 1 mutant in1814. J Gen Virol **72:**907-13.
217. Hebert, M. D., K. B. Shpargel, J. K. Ospina, K. E. Tucker, and A. G. Matera. 2002. Coilin methylation regulates nuclear body formation. Dev Cell **3:**329-337.
218. Heilbronn, R., A. Burkle, S. Stephan, and H. zur Hausen. 1990. The adeno-associated virus rep gene suppresses herpes simplex virus-induced DNA amplification. J Virol **64:**3012-8.
219. Heilbronn, R., M. Engstler, S. Weger, A. Krahn, C. Schetter, and M. Boshart. 2003. ssDNA-dependent colocalization of adeno-associated virus Rep and herpes simplex virus ICP8 in nuclear replication domains. Nucleic Acids Res **31:**6206-13.
220. Heilbronn, R., and H. zur Hausen. 1989. A subset of herpes simplex virus replication genes induces DNA amplification within the host cell genome. J Virol **63:**3683-92.
221. Heister, T., I. Heid, M. Ackermann, and C. Fraefel. 2002. Herpes simplex virus type 1/adeno-associated virus hybrid vectors mediate site-specific integration at the adeno-associated virus preintegration site, AAVS1, on human chromosome 19. J Virol **76:**7163-73.
222. Henderson, A., A. Holloway, R. Reeves, and D. J. Tremethick. 2004. Recruitment of SWI/SNF to the human immunodeficiency virus type 1 promoter. Mol cell biol **24:**389-397.
223. Henry, C., L. Merkow, M. Pardo, and C. McCabe. 1972. Electron Microscope Study on the replication of AAV-1 in herpes-infected cells. Virology **49:**618-621.
224. Herman, J. G., and S. B. Baylin. 2003. Gene silencing in cancer in association with promoter. N Engl J Med **349:**2042-2054.
225. Hermanns, J., A. Schulze, P. Jansen-Db1urr, J. A. Kleinschmidt, R. Schmidt, and H. zur Hausen. 1997. Infection of primary cells by adeno-associated virus type 2 results in a modulation of cell cycle-regulating proteins. J Virol **71:**6020-7.
226. Hermonat, P. 1991. Inhibition of H-ras expression by the adeno-associated virus Rep78 transformation suppressor gene product. Cancer Res **51:**3373-3377.
227. Hermonat, P. L. 1994. Adeno-associated virus inhibits human papillomavirus type 16: a viral interaction implicated in cervical cancer. Cancer Research **54:**2278-81.

228. **Hermonat, P. L.** 1994. Down-regulation of the human c-fos and c-myc proto-oncogene promoters by adeno-associated virus Rep78. Cancer Letters **81**:129-36.
229. **Hermonat, P. L., M. A. Labow, R. Wright, K. I. Berns, and N. Muzyczka.** 1984. Genetics of adeno-associated virus: isolation and preliminary characterization of adeno-associated virus type 2 mutants. J Virol **51**:329-39.
230. **Hermonat, P. L., A. D. Santin, and R. B. Batchu.** 1996. The adeno-associated virus Rep78 major regulatory/transformation suppressor protein binds cellular Sp1 in vitro and evidence of a biological effect. Cancer Res **56**:5299-304.
231. **Hermonat, P. L., A. D. Santin, R. B. Batchu, and D. Zhan.** 1998. The adeno-associated virus Rep78 major regulatory protein binds the cellular TATA-binding protein in vitro and in vivo. Virology **245**:120-7.
232. **Hernandez, Y. J., J. Wang, W. G. Kearns, S. Loiler, A. Poirier, and T. R. Flotte.** 1999. Latent adeno-associated virus infection elicits humoral but not cell- mediated immune responses in a nonhuman primate model. J Virol **73**:8549-58.
233. **Herr, W.** 1998. The Herpes simplex virus VP16-induced complex: mechanisms of combinatorial transcriptional regulation. Cold Spring Harb Symp Quant Biol **63**:599-607.
234. **Herrera, F. J., and S. J. Triezenberg.** 2004. VP16-Dependent Association of Chromatin-Modifying Coactivators and Underrepresentation of Histones at Immediate-Early Gene Promoters during Herpes Simplex Virus Infection. J Virol **78**:9689-96.
235. **Hickman, A. B., D. R. Ronning, Z. N. Perez, R. M. Kotin, and F. Dyda.** 2004. The nuclease domain of adeno-associated virus rep coordinates replication initiation using two distinct DNA recognition interfaces. Mol Cell **13**:403-14.
236. **Hobbs, W. E., 2nd, and N. A. DeLuca.** 1999. Perturbation of cell cycle progression and cellular gene expression as a function of herpes simplex virus ICP0. J Virol **73**:8245-55.
237. **Hoggan, M. D., N. R. Blacklow, and W. P. Rowe.** 1966. Studies of small DNA viruses found in various adenovirus preparations: physical, biological, and immunological characteristics. Proc Natl Acad Sci U S A **55**:1467-74.
238. **Hoggan, M. D., G. F. Thomas, and F. B. Johnson.** 1972. Continuous carriage of adenovirus-associated virus genome in cell culture in the absence of helper adenovirus. In Proceedings of the Fourth Lepetit Colloquium, North-Holland, Amsterdam:41-47.
239. **Holowaty, M. N., Y. Sheng, T. V. Nguyen, C. Arrowsmith, and L. Frappier.** 2003. Protein interaction of the ubiquitin-specific protease, USP7/HAUSP. J. Biochem. **278**:47753-61.
240. **Holowaty, M. N., M. Zeghouf, H. T. Wu, J. Tellam, V. Athanasopoulos, J. Grennblatt, and L. Frappier.** 2003. Protein profiling with Epstein-Barr nuclear antigen-1 reveals an interaction with the Herpesvirus-associated Ubiquitin-specific protease HAUSP/USP7. J. Biochem. **278**:29987-29994.
241. **Horer, M., S. Weger, K. Butz, F. Hoppe-Seyler, C. Geisen, and J. A. Kleinschmidt.** 1995. Mutational analysis of adeno-associated virus Rep protein-mediated inhibition of heterologous and homologous promoters. J. Virol. **69**:5485-96.
242. **Hsu, W. L., and R. D. Everett.** 2001. Human neuron-committed teratocarcinoma NT2 cell line has abnormal ND10 structures and is poorly infected by herpes simplex virus type 1. J Virol **75**:3819-31.
243. **Huang, M. M., and P. Hearing.** 1989. Adenovirus early region 4 encodes two gene products with redundant effects in lytic infection. J Virol **63**:2605-15.
244. **Hueffer, K., and C. R. Parrish.** 2003. Parvovirus host range, cell tropism and evolution. Current Opinion in Microbiology **6**:392-398.
245. **Hunter, L. A., and R. J. Samulski.** 1992. Colocalization of adeno-associated virus Rep and capsid proteins in the nuclei of infected cells. J Virol **66**:317-24.
246. **Huser, D., and R. Heilbronn.** 2003. Adeno-associated virus integrates site-specifically into human chromosome 19 in either orientation and with equal kinetics and frequency. J Gen Virol **84**:133-7.

247. **Huser, D., S. Weger, and R. Heilbronn.** 2002. Kinetics and frequency of adeno-associated virus site-specific integration into human chromosome 19 monitored by quantitative real-time PCR. J Virol **76:**7554-9.
248. **Iborra, F. J., A. Pombo, A. C. Jackson, and A. Cook.** 1996. Active RNA polymerases are localised within discrete transcription "factories" in human nuclei. J.Cell Sci. **109:**1427-1436.
249. **Im, D. S., and N. Muzyczka.** 1990. The AAV origin binding protein Rep68 is an ATP-dependent site-specific endonuclease with DNA helicase activity. Cell **61:**447-57.
250. **Im, D. S., and N. Muzyczka.** 1989. Factors that bind to adeno-associated virus terminal repeats. J. Virol. **63:**3095-104.
251. **Ishov, A. M., A. G. Sotnikov, D. Negorev, O. V. Vladimirova, N. Neff, T. Kamitani, E. yeh, J. Strauus, and G. G. Maul.** 1999. PML is critical for ND10 formation and recruits the PML-interacting protein Daxx to this nuclear structure when modified by SUMO-1. J. Cell Biol. **147:**221-234.
252. **Jackson, D. A., F. J. Iborra, E. M. Manders, and P. R. Cook.** 1998. Numbers and organization of RNA polymerases, nascent transcripts, and transcription units in HeLa nuclei. Mol Biol Cell **9:**1523-36.
253. **Jackson, S. A., and N. A. DeLuca.** 2003. Relationship of herpes simplex virus genome configuration to productive and persistent infections. Proc Natl Acad Sci U S A **100:**7871-6.
254. **Jacobs, E. Y., M. R. Frey, W. Wu, T. C. Ingledue, T. C. Gebuhr, L. Gao, W. F. Marzluff, and A. G. Matera.** 1999. Coiled bodies preferentially associate with U4, U11, and U12 small nuclear RNA genes in interphase HeLa cells but not with U6 and U7 genes. Mol. Biol. Cell **10:**1653-1663.
255. **Jang, M. Y., O. H. Yarborough, G. B. Conyers, P. McPhie, and R. A. Owens.** 2005. Stable Secondary Structure near the Nicking Site for Adeno-Associated Virus Type 2 Rep Proteins on Human Chromosome 19. J. Virol **79:**3544-3556.
256. **Janik, J. E., M. M. Huston, K. Cho, and J. A. Rose.** 1989. Efficient synthesis of adeno-associated virus structural proteins requires both adenovirus DNA binding protein and VA I RNA. Virology **168:**320-9.
257. **Janik, J. E., M. M. Huston, and J. A. Rose.** 1981. Locations of adenovirus genes required for the replication of adenovirus-associated virus. Proc Natl Acad Sci U S A **78:**1925-9.
258. **Javahery, R., A. Khachi, K. Lo, B. Zenzie-Gregory, and S. T. Smale.** 1994. DNA sequence requirements for transcriptional initiator activity in mammalian cells. Mol Cell Biol **14:**116-27.
259. **Jay, F. T., C. A. Laughlin, and B. J. Carter.** 1981. Eukaryotic translational control: adeno-associated virus protein synthesis is affected by a mutation in the adenovirus DNA-binding protein. Proc Natl Acad Sci U S A **78:**2927-31.
260. **Jordan, R., and P. A. Schaffer.** 1997. Activation of gene expression by herpes simplex virus type 1 ICP0 occurs at the level of mRNA synthesis. J Virol **71:**6850-62.
261. **Kashiwakura, Y., K. Tamayose, K. Iwabuchi, Y. Hirai, T. Shimada, K. Matsumoto, T. Nakamura, M. Watanabe, K. Oshimi, and H. Daida.** 2005. Hepatocyte growth factor receptor is a coreceptor for adeno-associated virus type 2 infection. J Virol **79:**609-14.
262. **Kawaguchi, Y., R. Bruni, and B. Roizman.** 1997. Interaction of herpes simplex virus 1 alpha regulatory protein ICP0 with elongation factor 1delta: ICP0 affects translational machinery. J Virol **71:**1019-24.
263. **Kawaguchi, Y., M. Tanaka, A. Yokoymama, G. Matsuda, K. Kato, H. Kagawa, K. Hirai, and B. Roizman.** 2001. Herpes simplex virus 1 alpha regulatory protein ICP0 functionally interacts with cellular transcription factor BMAL1. Proc Natl Acad Sci U S A **98:**1877-82.

264. **Kawaguchi, Y., C. Van Sant, and B. Roizman.** 1997. Herpes simplex virus 1 alpha regulatory protein ICP0 interacts with and stabilizes the cell cycle regulator cyclin D3. J Virol **71**:7328-36.
265. **Kern, A., K. Schmidt, C. Leder, O. J. Muller, C. E. Wobus, K. Bettinger, C. W. Von der Lieth, J. A. King, and J. A. Kleinschmidt.** 2003. Identification of a heparin-binding motif on adeno-associated virus type 2 capsids. J Virol **77**:11072-81.
266. **Khleif, S. N., T. Myers, B. J. Carter, and J. P. Trempe.** 1991. Inhibition of cellular transformation by the adeno-associated virus rep gene. Virology **181**:738-41.
267. **Kim, D. B., S. Zabierowski, and N. A. DeLuca.** 2002. The initiator element in a herpes simplex virus type 1 late-gene promoter enhances activation by ICP4, resulting in abundant late-gene expression. J Virol **76**:1548-58.
268. **Kim, J. H., W. S. Lane, and D. Reinberg.** 2002. Human Elongator facilitates RNA polymerase II transcription through chromatin. Proc Natl Acad Sci U S A **99**:1241-6.
269. **Kim, J. H., K. C. Park, S. S. Chung, O. Bang, and C. H. Chung.** 2003. Deubiquitinating enzymes as cellular regulators. J. Biochem. **134**:9-18.
270. **Kim, T. K., R. H. Ebright, and D. Reinberg.** 2000. Mechanism of ATP-dependent promoter melting by transcription factor IIH. Science **288**:1418-22.
271. **King, J. A., R. Dubielzig, D. Grimm, and J. A. Kleinschmidt.** 2001. DNA helicase-mediated packaging of adeno-associated virus type 2 genomes into preformed capsids. Embo J **20**:3282-91.
272. **Kingston, R., and G. J. Narlikar.** 1999. ATP-dependant remodeling and acetylation as regulators of chromatin fluidity. Genes & Dev. **13**:2339-2352.
273. **Koffa, M. D., J. B. Clements, E. Izaurralde, S. Wadd, S. A. Wilson, I. W. Mattaj, and S. Kuersten.** 2001. Herpes simplex virus ICP27 protein provides viral mRNA with access to the cellular mRNA export pathway. EMBO **20**:5769-5778.
274. **Kokorina, N. A., A. D. Santin, C. Li, and P. L. Hermonat.** 1998. Involvement of protein-DNA interaction in adeno-associated virus Rep78-mediated inhibition of HIV-1. J Hum Virol **1**:441-50.
275. **Kolochendler-Yeivin, A., C. Muchardt, and A. Yaniv.** 2002. SWI/SNF chromatin remodeling and cancer. Cur. Op. Genet. Dev **12**:73-79.
276. **Kotin, R. M., and K. I. Berns.** 1989. Organization of adeno-associated virus DNA in latently infected Detroit 6 cells. Virology **170**:460-7.
277. **Kotin, R. M., R. M. Linden, and K. I. Berns.** 1992. Characterization of a preferred site on human chromosome 19q for integration of adeno-associated virus DNA by non-homologous recombination. Embo J **11**:5071-8.
278. **Kotin, R. M., M. Siniscalco, R. J. Samulski, X. D. Zhu, L. Hunter, C. A. Laughlin, S. McLaughlin, N. Muzyczka, M. Rocchi, and K. I. Berns.** 1990. Site-specific integration by adeno-associated virus. Proc Natl Acad Sci U S A **87**:2211-5.
279. **Kronenberg, S., B. Bottcher, C. W. Von der Lieth, S. Bleker, and J. A. Kleinschmidt.** 2005. A conformational change in the adeno-associated virus type 2 capsid leads to the exposure of hidden VP1 N termini. J. Virol **79**:5296-303.
280. **Kronenberg, S., J. A. Kleinschmidt, and B. Bottcher.** 2001. Electron cryo-microscopy and image reconstruction of adeno-associated virus type 2 empty capsids. EMBO Rep **2**:997-1002.
281. **Kube, D. M., S. Ponnazhagan, and A. Srivastava.** 1997. Encapsidation of adeno-associated virus type 2 Rep proteins in wild- type and recombinant progeny virions: Rep-mediated growth inhibition of primary human cells. J Virol **71**:7361-71.
282. **Kuddus, R., B. Gu, and N. A. DeLuca.** 1995. Relationship between TATA-binding protein and herpes simplex virus type 1 ICP4 DNA-binding sites in complex formation and repression of transcription. J Virol **69**:5568-75.
283. **Kwun, H. J., H. J. Han, W. J. Lee, H. S. Kim, and K. L. Jang.** 2002. Transactivation of the human endogenous retrovirus K long terminal repeat by herpes simplex virus type 1 immediate early protein 0. Virus Res **86**:93-100.

284. **Kyostio, S. R., and R. A. Owens.** 1996. Identification of mutant adeno-associated virus Rep proteins which are dominant-negative for DNA helicase activity. Biochem Biophys Res Commun **220**:294-9.
285. **Kyostio, S. R., R. A. Owens, M. D. Weitzman, B. A. Antoni, N. Chejanovsky, and B. J. Carter.** 1994. Analysis of adeno-associated virus (AAV) wild-type and mutant Rep proteins for their abilities to negatively regulate AAV p5 and p19 mRNA levels. J. Virol. **68**:2947-57.
286. **Kyostio, S. R., R. S. Wonderling, and R. A. Owens.** 1995. Negative regulation of the adeno-associated virus (AAV) P5 promoter involves both the P5 rep binding site and the consensus ATP-binding motif of the AAV Rep68 protein. J. Virol. **69**:6787-96.
287. **Labow, M. A., P. L. Hermonat, and K. I. Berns.** 1986. Positive and negative autoregulation of the adeno-associated virus type 2 genome. J Virol **60**:251-8.
288. **Lackner, D. F., and N. Muzyczka.** 2002. Studies of the mechanism of transactivation of the adeno-associated virus p19 promoter by Rep protein. J Virol **76**:8225-35.
289. **Lagrange, T., A. N. Kapanidis, H. Tang, D. Reinberg, and R. H. Ebright.** 1998. New core promoter element in RNA polymerase II-dependent transcription: sequence-specific DNA binding by transcription factor IIB. Genes Dev **12**:34-44.
290. **Lallemand-Breitenbach, V., J. Zhu, F. Puvion, M. Koken, N. Honore, A. Doubrekovsky, E. Duprez, P. P. Pandolfi, E. Puvion, P. Freemont, and H. de The.** 2001. Role of promyelocytic leukamia (PML) sumolation in nuclear body formaton, 11S proteasome recrutment and As2O3-induced PML or PML/retinoic acid receptor alpha degradation. J. Exp. Med **193**:1361-1372.
291. **Lamartina, S., E. Sporeno, E. Fattori, and C. Toniatti.** 2000. Characteristics of the adeno-associated virus preintegration site in human chromosome 19: open chromatin conformation and transcription-competent environment. J Virol **74**:7671-7.
292. **Lamond, A., and D. J. Spector.** 2003. Nuclear speckles: a model for nuclear organelles. Nature Reviews **4**:605-613.
293. **Laughlin, C. A., C. B. Cardellichio, and H. C. Coon.** 1986. Latent infection of KB cells with adeno-associated virus type 2. J. Virol. **60**:515-24.
294. **Laughlin, C. A., N. Jones, and B. J. Carter.** 1982. Effect of deletions in adenovirus early region 1 genes upon replication of adeno-associated virus. J Virol **41**:868-76.
295. **Laughlin, C. A., M. W. Myers, D. L. Risin, and B. J. Carter.** 1979. Defective-interfering particles of the human parvovirus adeno- associated virus. Virology **94**:162-74.
296. **Laughlin, C. A., H. Westphal, and B. J. Carter.** 1979. Spliced adenovirus-associated virus RNA. P.N.A.S **76**:5567-5570.
297. **Lee, J. S., K. M. Galvin, R. H. See, R. Eckner, D. Livingston, E. Moran, and Y. Shi.** 1995. Relief of YY1 transcriptional repression by adenovirus E1A is mediated by E1A-associated protein p300. Genes Dev **9**:1188-98.
299. **Lee, J. S., R. H. See, K. M. Galvin, J. Wang, and Y. Shi.** 1995. Functional interactions between YY1 and adenovirus E1A. Nucleic Acids Res **23**:925-31.
300. **Lee, T. I., and R. A. Young.** 1998. Regulation of gene expression by TBP-associated proteins. Genes Dev **12**:1398-408.
301. **Lees-Miller, S. P., M. C. Long, M. A. Kilvert, V. Lam, S. A. Rice, and C. A. Spencer.** 1996. Attenuation of DNA-dependent protein kinase activity and its catalytic subunit by the herpes simplex virus type 1 transactivator ICP0. J Virol **70**:7471-7.
302. **Lefebvre, R. B., S. Riva, and K. I. Berns.** 1984. Conformation takes precedence over sequence in adeno-associated virus DNA replication. Mol. and Cell. Biol. **4**:1416-1419.
303. **Legube, G., and D. Trouche.** 2003. Regulating histone acetyl transferases and deacetylases. EMBO Rep **4**:944-947.
304. **Leib, D. A., D. M. Coen, C. L. Bogard, D. R. Hicks, D. R. Yager, D. Knipe, K. L. Tyler, and P. Schaffer.** 1989. Immediate-early regulatory gene mutants define differents

stages in the establishment and reactivation of herpes simplex virus latency. J Virol **63**:759-768.
305. **Leppard, K. N., and R. Everett.** 1999. The adenovirus type 5 E1b 55K and E4orf3 proteins associate in infected cells and affect ND10 components. J.Gen.Virol. **80**:997-1008.
306. **Lewis, B. A., G. Tullis, E. Seto, N. Horikoshi, R. Weinmann, and T. Shenk.** 1995. Adenovirus E1A proteins interact with the cellular YY1 transcription factor. J Virol **69**:1628-36.
307. **Li, M., D. Chen, A. Shiloh, J. Luo, A. Y. Nikolaev, J. Qin, and W. Gu.** 2002. Deubiquitination of p53 by HAUSP is an important pathway for p53 stabilisation. Nature **416**:648-653.
308. **Li, Z., J. R. Brister, D. S. Im, and N. Muzyczka.** 2003. Characterization of the adenoassociated virus Rep protein complex formed on the viral origin of DNA replication. Virology **313**:364-76.
309. **Lilley, C., C. Carson, A. R. Muotri, F. H. Gage, and M. Weitzman.** 2005. DNA repairs proteins affect the lifecycle of herpes simplex virus 1. PNAS **102**:5844-5849.
310. **Linden, M. R., P. Ward, C. Giraud, E. Winocour, and K. I. Berns.** 1996. Site-specific integration by adeno-associated virus. Proc. Natl. Acad. Sci. USA **93**:11288-11294.
311. **Linden, R. M., E. Winocour, and K. I. Berns.** 1996. The recombination signals for adeno-associated virus site-specific integration. Proc Natl Acad Sci U S A **93**:7966-72.
312. **Lippincott-Schwartz, J., N. Altan-Bonnet, and G. H. Patterson.** 2003. Photobleaching and photoactivation: Following protein dynamics in living cells. Nat Cell Biol (Suppl.):S7-14.
313. **Liptak, L. M., S. L. Uprichard, and D. M. Knipe.** 1996. Functional order of assembly of herpes simplex virus DNA replication proteins into prereplicative site structures. J Virol **70**:1759-67.
314. **Liu, Y., C. Kung, J. Fishburn, A. Z. Ansari, K. M. Shokat, and S. Hahn.** 2004. Two cyclin-dependent kinases promote RNA polymerase II transcription and formation of the scaffold complex. Mol Cell Biol **24**:1721-35.
315. **Lo, K., and S. T. Smale.** 1996. Generality of a functional initiator consensus sequence. Gene **182**:13-22.
316. **Lomonte, P., and R. D. Everett.** 1999. Herpes simplex virus type 1 immediate-early protein Vmw110 inhibits progression of cells through mitosis and from G(1) into S phase of the cell cycle. J Virol **73**:9456-67.
317. **Lomonte, P., K. F. Sullivan, and R. D. Everett.** 2001. Degradation of nucleosome-associated centromeric histone H3-like protein CENP-A induced by herpes simplex virus type 1 protein ICP0. J Biol Chem **276**:5829-35.
318. **Lomonte, P., J. Thomas, P. Texier, C. Caron, S. Khochbin, and A. L. Epstein.** 2004. Functional interaction between class II histone deacetylases and ICP0 of herpes simplex virus type 1. J Virol **78**:6744-57.
319. **Long, M. C., V. Leong, P. A. Schaffer, C. A. Spencer, and S. A. Rice.** 1999. ICP22 and the UL13 protein kinase are both required for herpes simplex virus-induced modification of the large subunit of RNA polymerase II. J Virol **73**:5593-604.
320. **Lopez, P., C. Van Sant, and B. Roizman.** 2001. Requirements for the nuclear-cytoplasmic translocation of infected-cell protein 0 of herpes simplex virus 1. J Virol **75**:3832-40.
321. **Luger, K.** 2003. Structure and dynamics behavior of nucleosomes. Cur. Op. Genet. Dev **13**:127-135.
322. **Lukonis, C. J., and S. K. Weller.** 1997. Formation of herpes simplex virus type 1 replication compartments by transfection: requirements and localization to nuclear domain 10. J Virol **71**:2390-9.
323. **Lusby, E., K. H. Fife, and K. I. Berns.** 1980. Nucleotide sequence of the inverted teminal repetition in adeno-associated virus. J.Virol **34**:402-409.

324. **Lusser, A., and J. T. Kadonaga.** 2003. Chromatin remodeling by ATP-dependant molecular machines. Bioessays **25**:1192-1200.
325. **Malik, S., M. Guermah, and R. G. Roeder.** 1998. A dynamic model of PC4 coactivator function in RNA polymerase II transcription. PNAS **95**:2192-2197.
326. **Mandel, R. J., and C. Burger.** 2004. Clinical trials in neurological disorders using AAV vectors: promises and challenges. Curr Opin Mol Ther **6**:482-90.
327. **Marcello, A., P. Massimi, L. Banks, and M. Giacca.** 2000. Adeno-associated virus type 2 rep protein inhibits human papillomavirus type 16 E2 recruitment of the transcriptional coactivator p300. J Virol **74**:9090-8.
328. **Marcus-Sekura, C. J., and B. J. Carter.** 1983. Chromatin-like structure of adeno-associated virus DNA in infected cells. J. Virol. **48**:79-87.
329. **Margolis, D. M., A. B. Rabson, S. E. Straus, and J. M. Ostrove.** 1992. Transactivation of the HIV-1 LTR by HSV-1 immediate-early genes. Virology **186**:788-91.
330. **Marks, B., M. H. Stowell, Y. Vallis, I. G. Mills, A. Gibson, C. R. Hopkins, and H. T. McMahon.** 2001. GTPase activity of dynamin and resulting conformation change are essential for endocytosis. Nature **410**:231-5.
331. **Marsh, M., and A. Helenius.** 1989. Virus entry into animals cells. Adv Virus Res **36**:107-151.
332. **Marshall, N. F., J. Peng, Z. Xie, and D. H. Price.** 1996. Control of RNA polymerase II elongation potential by a novel carboxyl-terminal domain kinase. J Biol Chem **271**:27176-83.
333. **Marshall, N. F., and D. H. Price.** 1992. Control of formation of two distinct classes of RNA polymerase II elongation complexes. Mol Cell Biol **12**:2078-90.
334. **Marshall, N. F., and D. H. Price.** 1995. Purification of P-TEFb, a transcription factor required for the transition into productive elongation. J Biol Chem **270**:12335-8.
335. **Martinez, E., C. M. Chiang, H. Ge, and R. G. Roeder.** 1994. TATA-binding protein-associated factor(s) in TFIID function through the initiator to direct basal transcription from a TATA-less class II promoter. Embo J **13**:3115-26.
336. **Martinez-Balbas, M. A., A. J. Bannister, K. R. Martin, P. Haus-Seuffert, M. Meisterernst, and T. Kouzarides.** 1998. The acetyltransferase activity of CBP stilmulates transcription. EMBO **17**:2886-2893.
337. **Matera, A. G.** 1999. Nuclear bodies: multifaceted subdomains of the interchromatin space. Trends Cell Biol **9**:302-309.
338. **Matsushita, T., S. Elliger, C. Elliger, G. Podsakoff, L. Villarreal, G. J. Kurtzman, Y. Iwaki, and P. Colosi.** 1998. Adeno-associated virus vectors can be efficiently produced without helper virus. Gene Ther. **5**:938-945.
339. **Maul, G. G.** 1998. Nuclear domain 10, the site of DNA virus transcription and replication. Bioessays **20**:660-667.
340. **Maul, G. G., and R. D. Everett.** 1994. The nuclear location of PML, a cellular member of the C3HC4 zinc-binding domain protein family, is rearranged during herpes simplex virus infection by the C3HC4 viral protein ICP0. J Gen Virol **75**:1223-33.
341. **Maul, G. G., H. H. Guldner, and J. G. Spivack.** 1993. Modification of discrete nuclear domains induced by herpes simplex virus type 1 immediate early gene 1 product (ICP0). Journal of General Virology **74**:2679-90.
342. **McCarty, D. M., M. Christensen, and N. Muzyczka.** 1991. Sequences required for coordinate induction of adeno-associated virus p19 and p40 promoters by Rep protein. J Virol **65**:2936-45.
343. **McCarty, D. M., T. H. Ni, and N. Muzyczka.** 1992. Analysis of mutations in adeno-associated virus Rep protein in vivo and in vitro. J Virol **66**:4050-7.
344. **McCarty, D. M., D. J. Pereira, I. Zolotukhin, X. Zhou, J. H. Ryan, and N. Muzyczka.** 1994. Identification of linear DNA sequences that specifically bind the adeno-associated virus Rep protein. J Virol **68**:4988-97.

345. **McCarty, D. M., S. M. Young, Jr., and R. J. Samulski.** 2004. Integration of adeno-associated virus (AAV) and recombinant AAV vectors. Annu Rev Genet **38**:819-45.
346. **McCown, T.** 2005. Adeno-associated virus (AAV) vectors in the CNS. Current Gene Therapy **5**:333-339.
347. **McCracken, S., N. Fong, E. Rosonina, K. Yankulov, G. Brothers, D. Siderovski, A. Hessel, S. Foster, S. Shuman, and D. L. Bentley.** 1997. 5'-Capping enzymes are targeted to pre-mRNA by binding to the phosphorylated carboxy-terminal domain of RNA polymerase II. Genes Dev **11**:3306-18.
348. **McPherson, R. A., L. J. Rosenthal, and J. A. Rose.** 1985. Human cytomegalovirus completely helps adeno-associated virus replication. Virology **147**:217-22.
349. **Mehrle, S., V. Rohde, and J. R. Schlehofer.** 2004. Evidence of chromosomal integration of AAV DNA in human testis tissue. Virus Genes **28**:61-9.
350. **Melák, I., T. Meláková, V. Kopsky, J. Veeová, and Y. Raka.** 2001. Prespliceosomal Assembly on Microinjected Precursor mRNA Takes Place in Nuclear Speckles. Mol Biol Cell **12**:393-406.
351. **Mendelson, E., J. P. Trempe, and B. J. Carter.** 1986. Identification of the trans-acting Rep proteins of adeno-associated virus by antibodies to a synthetic oligopeptide. J Virol **60**:823-32.
352. **Meredith, M., A. Orr, M. Elliott, and R. Everett.** 1995. Separation of sequence requirements for HSV-1 Vmw110 multimerisation and interaction with a 135-kDa cellular protein. Virology **209**:174-87.
353. **Meredith, M., A. Orr, and R. Everett.** 1994. Herpes simplex virus type 1 immediate-early protein Vmw110 binds strongly and specifically to a 135-kDa cellular protein. Virology **200**:457-69.
354. **Miao, C. H., R. O. Snyder, D. B. Schowalter, G. A. Patijn, B. Donahue, B. Winther, and M. A. Kay.** 1998. The kinetics of rAAV integration in the liver. Nat Genet **19**:13-5.
355. **Michael, N., D. J. Spector, N. Mavromara-Nazos, P., T. M. Kristie, and B. Roizman.** 1988. The DNA binding properties of the major regulatory protein alpha 4 of herpes simplex virus. Science **239**:1531-1534.
356. **Miller, D. G., L. M. Petek, and D. W. Russell.** 2004. Adeno-associated virus vectors integrate at chromosome breakage sites. Nat Genet **36**:767-73.
357. **Mishra, L., and J. A. Rose.** 1990. Adeno-associated virus DNA replication is induced by genes that are essential for HSV-1 DNA synthesis. Virology **179**:632-9.
358. **Misteli, T.** 2001. Proteins dynamics: implications for nuclear architecture and gene expression. Science **291**:843-847.
359. **Misteli, T., and D. L. Spector.** 1999. RNA polymerase II targets pre-mRNA splicing factors to transcription sites in vivo. Mol Cell **3**:697-705.
360. **Mitchell, P. J., and R. Tjian.** 1989. Transcriptional regulation in mammalian cells by sequence-specific DNA binding proteins. Science **245**:371-378.
361. **Mizutani, T., T. I. Iot, M. Nishina, N. Yamamichi, A. Watanabe, and H. Iba.** 2002. Maintenance of integrated proviral gene expression requires Brm, a catlytic subunit of SWI/SNF complex. J. Biol. Chem **18**:15859-15864.
362. **Mizzen, C. A., X. J. Yang, T. Kokubo, J. E. Brownell, A. J. Bannister, T. Owen-Hughes, J. Workman, A. Wang, S. L. Berger, T. Kouzarides, T. Nakatani, and C. D. Allis.** 1996. The TAF(II)250 subunit of TFIID has histone acetyltransferase activity. Cell **87**:1261-1270.
363. **Mohrmann, L., and C. P. Verrijzer.** 2005. Composition and functional specificity of SWI/SNF2 class chromatin remodeling complexes. Biochim Biophys Acta **1681**:59-73.
364. **Mori, S., L. Wang, T. Takeuchi, and T. Kanda.** 2004. Two novel adeno-associated viruses from cynomolgus monkey: pseudotyping characterization of capsid protein. Virology **330**:375-83.
365. **Mortillaro, M. J., B. J. Blencowe, X. Wei, H. Nakayasu, L. Du, S. L. Warren, P. A. Sharp, and R. Berezney.** 1996. A hyperphosphorylated form of the large subunit of

RNA polymerase II is associated with splicing complexes and the nuclear matrix. Proc Natl Acad Sci U S A **93**:8253-7.
366. **Moskalenko, M., L. Chen, M. van Roey, B. A. Donahue, R. O. Snyder, J. G. McArthur, and S. D. Patel.** 2000. Epitope mapping of human anti-adeno-associated virus type 2 neutralizing antibodies: implications for gene therapy and virus structure. J Virol **74**:1761-6.
367. **Mouw, M. B., and D. J. Pintel.** 2000. Adeno-associated virus RNAs appear in a temporal order and their splicing is stimulated during coinfection with adenovirus. J Virol **74**:9878-88.
368. **Muller, S., M. J. Matunis, and A. Dejean.** 1998. Conjugation with the ubiquitin-related modifier SUMO-1 regulates the partioning of PML within the nucleus. EMBO **17**:61-70.
369. **Muratani, M., and W. Tansey.** 2003. How the ubiquitin-proteasome system controls transcription. Nat Rev Mol Cell Biol **4**:192-201.
370. **Myers, M. W., and B. J. Carter.** 1980. Assembly of adeno-associated virus. Virology **102**:71-82.
371. **Naar, A., D. Lemon, and R. Tjian.** 2001. Transcriptional coactivator complexes. Annu Rev Biochem **70**:475-501.
372. **Nada, S., and J. P. Trempe.** 2002. Characterization of adeno-associated virus rep protein inhibition of adenovirus E2a gene expression. Virology **293**:345-55.
373. **Nakai, H., E. Montini, S. Fuess, T. A. Storm, M. Grompe, and M. A. Kay.** 2003. AAV serotype 2 vectors preferentially integrate into active genes in mice. Nat Genet **1**:1-6.
374. **Nakai, H., S. R. Yant, T. A. Storm, S. Fuess, L. Meuse, and M. A. Kay.** 2001. Extrachromosomal recombinant adeno-associated virus vector genomes are primarily responsible for stable liver transduction in vivo. J Virol **75**:6969-76.
375. **Narasimhan, D., R. Collaco, V. Kalman-Maltese, and J. P. Trempe.** 2002. Hyper-phosphorylation of the adeno-associated virus Rep78 protein inhibits terminal repeat binding and helicase activity. Biochim Biophys Acta **19**:298-305.
376. **Negorev, D., and G. G. Maul.** 2001. Cellular proteins localised at and interacting within ND10/PML nuclear bodies/PODs suggest functions of a nuclear depot. Oncogene **20**:7234-7242.
377. **Ni, T. H., W. F. McDonald, I. Zolotukhin, T. Melendy, S. Waga, B. Stillman, and N. Muzyczka.** 1998. Cellular proteins required for adeno-associated virus DNA replication in the absence of adenovirus coinfection. J Virol **72**:2777-87.
378. **Nielsen, A. D., C. Sanchez, H. Ichinose, M. Cervino, T. Lerouge, P. Chambon, and R. Losson.** 2002. Selective interaction between the chromatin-remodeling factor of BRG1 and the heterochromatin-associated protein HP1alpha. EMBO **21**:5797-5806.
379. **Niranjan, A., D. Wolfe, M. Tamura, M. K. Soares, D. M. Krisky, L. D. Lunsford, S. Li, W. Fellows-Mayle, N. A. DeLuca, J. B. Cohen, and J. C. Glorioso.** 2003. Treatment of rat gliosarcoma brain tumors by HSV-based multigene therapy combined with radiosurgery. Mol Ther **8**:530-42.
380. **Nogueira, M. L., V. E. Wang, D. Tatntin, P. A. Sharp, and T. M. Kristie.** 2004. Herpes simplex virus infections are arrested in Oct-1 deficient cells. PNAS **10**:1473-1478.
381. **Nony, P., G. Chadeuf, J. Tessier, P. Moullier, and A. Salvetti.** 2003. Evidence for packaging of rep-cap sequences into adeno-associated virus (AAV) type 2 capsids in the absence of inverted terminal repeats: a model for generation of rep-positive AAV particles. J Virol **77**:776-81.
382. **Nony, P., J. Tessier, G. Chadeuf, P. Ward, A. Giraud, M. Dugast, R. M. Linden, P. Moullier, and A. Salvetti.** 2001. Novel cis-acting replication element in the adeno-associated virus type 2 genome is involved in amplification of integrated rep-cap sequences. J Virol **75**:9991-4.

383. **O'Connor, M. J., H. Zimmermann, S. Nielsen, H. U. Bernard, and K. T.** 1999. Characterization of an E1A-CBP interaction defines a novel transcriptional adapter motif (TRAM) in CBP/p300. J. Virol **73**:3574-3581.
384. **Ogata, T., T. Kozuka, and T. Kanda.** 2003. Identification of an insulator in AAVS1, a preferred region for integration of adeno-associated virus DNA. J Virol **77**:9000-7.
385. **Ogle, W. O., T. I. Ng, K. L. Carter, and B. Roizman.** 1997. The UL13 protein kinase and the infected cell type are determinants of post-translationnal modification of ICP0. Virol **235**:406-413.
386. **Ogston, P., K. Raj, and P. Beard.** 2000. Productive replication of adeno-associated virus can occur in human papillomavirus type 16 (HPV-16) episome-containing keratinocytes and is augmented by the HPV-16 E2 protein. J Virol **74**:3494-504.
387. **O'Hare, P., and G. Hayward.** 1985. Three trans-acting regulatory proteins of herpes simplex virus modulate immediate-eraly gene expression in a pathway involving positive and negative feedback regulation. J.Virol **56**:723-733.
388. **O'Hare, P., and G. S. Hayward.** 1985. Evidence for a dirct role of both 175000 and 110000-molecular-weight immediate-early proteins of herpes simples virus in the transactivation of delayed early promoters. J. Virol. **53**:751-760.
389. **Olson, E. J., S. R. Haskell, R. K. Franck, H. D. Lehmlkuhl, L. A. Hobbs, J. V. Warg, J. G. Landgraf, and A. Wunchsmann.** 2004. Isolation of an adenovirus and adeno-associated virus from goat kids with enteritis. J. Vest. Diagn. Invest. **16**:461-4.
390. **Opie, S. R., K. H. Warrington, Jr., M. Agbandje-McKenna, S. Zolotukhin, and N. Muzyczka.** 2003. Identification of amino acid residues in the capsid proteins of adeno-associated virus type 2 that contribute to heparan sulfate proteoglycan binding. J Virol **77**:6995-7006.
391. **Orphanides, G., and D. Reinberg.** 2000. RNA polymerase II elongation through chromatin. Nature **407**:471-5.
392. **Orphanides, G., W. H. Wu, W. S. Lane, M. Hampsey, and D. Reinberg.** 1999. The chromatin-specific transcription elongation factor FACT comprises human SPT16 and SSRP1 proteins. Nature **400**:284-8.
393. **Ostrove, J. M., D. H. Duckworth, and K. I. Berns.** 1981. Inhibition of adenovirus - transformed cell oncogenicity by adeno-associated virus. Virol **113**:521-533.
394. **Owens, R. A., and B. J. Carter.** 1992. In vitro resolution of adeno-associated virus DNA hairpin termini by wild-type Rep protein is inhibited by a dominant-negative mutant of rep. J Virol **66**:1236-40.
395. **Owens, R. A., M. D. Weitzman, S. R. Kyostio, and B. J. Carter.** 1993. Identification of a DNA-binding domain in the amino terminus of adeno- associated virus Rep proteins. J Virol **67**:997-1005.
396. **Padron, E., V. D. Bowman, N. Kaludov, L. Govindasamy, H. Levy, P. Nick, R. McKenna, N. Muzyczka, J. Chiorini, A. Baker, and M. Agbandje-McKenna.** 2005. Structure of adeno-associated virus type 4. J. Virol **79**:5047-58.
397. **Panagiotidis, C. A., E. K. Lium, and S. J. Silverstein.** 1997. Physical and functional interactions between herpes simplex virus immediate-early proteins ICP4 and ICP27. J Virol **71**:1547-57.
398. **Parker, J. S., and C. R. Parrish.** 1997. Canine parvovirus host range is determined by the specific conformation of an additional region of the capsid. J Virol **71**:9214-22.
399. **Parkinson, J., S. P. Lees-Miller, and R. D. Everett.** 1999. Herpes simplex virus type 1 immediate-early protein vmw110 induces the proteasome-dependent degradation of the catalytic subunit of DNA-dependent protein kinase. J Virol **73**:650-7.
400. **Parks, W. P., J. L. Melnik, R. Rongey, and H. D. Mayor.** 1967. Physical assay and growth cycle studies of a defective adeno-satellite virus. J. Virol **1**:171-180.
401. **Paterson, T., and R. D. Everett.** 1988. The regions of the herpes simplex virus type 1 immediate early protein Vmw175 required for site specific DNA binding closely

correspond to those involved in transcriptional regulation. Nucleic Acids Res **16**:11005-25.
402. **Pereira, D. J., D. M. McCarty, and N. Muzyczka.** 1997. The adeno-associated virus (AAV) Rep protein acts as both a repressor and an activator to regulate AAV transcription during a productive infection. J Virol **71**:1079-88.
403. **Pereira, D. J., and N. Muzyczka.** 1997. The cellular transcription factor SP1 and an unknown cellular protein are required to mediate Rep protein activation of the adeno-associated virus p19 promoter. J Virol **71**:1747-56.
404. **Pham, A. D., and F. Sauer.** 2000. Ubiquitin-activating/conjugating activity of TAFII 250, a mediator of activation of gene expression in drosophila. Science **289**:2357-2360.
405. **Phelan, A., and J. B. Clement.** 1998. Post-transcriptional regulation in herpes simplex virus. Seminars in Virolgy **8**:308-318.
406. **Philpott, N. J., C. Giraud-Wali, C. Dupuis, J. Gomos, H. Hamilton, K. I. Berns, and E. Falck-Pedersen.** 2002. Efficient integration of recombinant adeno-associated virus DNA vectors requires a p5-rep sequence in cis. J Virol **76**:5411-21.
407. **Philpott, N. J., J. Gomos, K. I. Berns, and E. Falck-Pedersen.** 2002. A p5 integration efficiency element mediates Rep-dependent integration into AAVS1 at chromosome 19. Proc Natl Acad Sci U S A **99**:12381-5.
408. **Philpott, N. J., J. Gomos, and E. Falck-Pedersen.** 2004. Transgene expression after rep-mediated site-specific integration into chromosome 19. Hum Gene Ther **15**:47-61.
409. **Platani, M., I. Goldberg, A. I. Lamond, and J. R. Swedlow.** 2002. Cajal Body dynamics and association with chromatin are ATP-dependent. Nat Cell Biol **4**:502-508.
410. **Pombo, A., P. Cuello, W. Schul, J. B. Yoon, R. G. Roeder, P. R. Cook, and S. Murphy.** 1998. Regional and temporal specialization in the nucleus: a transcriptionally-active nuclear domain rich in PTF, Oct1 and PIKA antigens associates with specific chromosomes early in the cell cycle. Embo J **17**:1768-78.
411. **Pombo, A., J. Ferreira, E. Bridge, and M. Carmo-Fonseca.** 1994. Adenovirus replication and transcription sites are spatially separated in the nucleus of infected cells. Embo J **13**:5075-85.
412. **Pombo, A., D. A. Jackson, M. Hollinshead, Z. Wang, R. G. Roeder, and P. R. Cook.** 1999. Regional specialization in human nuclei: visualization of discrete sites of transcription by RNA polymerase III [In Process Citation]. Embo J **18**:2241-53.
413. **Pombo, A., E. Jones, F. J. Iborra, H. Kimura, K. Sugaya, P. R. Cook, and D. A. Jackson.** 2000. Specialized transcription factories within mammalian nuclei. Crit Rev Eukaryot Gene Expr **10**:21-9.
414. **Post, L. E., and B. Roizman.** 1981. A generalized technique for deletion of specific genes in large genomes: alpha gene 22 of herpes simplex virus 1 is not essential for growth. Cell **25**:227-232.
415. **Preston, C. M.** 2000. Repression of viral transcription during herpes simplex virus latency. J. Gen Virol. **81**:1-19.
416. **Price, D. H.** 2000. P-TEFb, a cyclin-dependent kinase controlling elongation by RNA polymerase II. Mol Cell Biol **20**:2629-34.
417. **Pugh, B. F.** 2000. Control of gene expression through regulation of the TATA-binding protein. Gene **255**:1-14.
418. **Puvion-Dutilleul, F., R. Roussev, and E. Puvion.** 1992. Distribution of viral RNA molecules during the adenovirus type 5 infectious cycle in HeLa cells. Journal of Structural Biology **108**:209-20.
419. **Qing, K., C. Mah, J. Hansen, S. Zhou, V. Dwarki, and A. Srivastava.** 1999. Human fibroblast growth factor receptor 1 is a co-receptor for infection by adeno-associated virus 2. Nat Med **5**:71-7.
420. **Qiu, J., A. Handa, M. Kirby, and K. E. Brown.** 2000. The interaction of heparin sulfate and adeno-associated virus 2. Virology **269**:137-47.

421. **Qiu, J., R. Nayak, G. E. Tullis, and D. J. Pintel.** 2002. Characterization of the transcription profile of adeno-associated virus type 5 reveals a number of unique features compared to previously characterized adeno-associated viruses. J Virol **76**:12435-47.
422. **Qiu, J., and D. J. Pintel.** 2002. The adeno-associated virus type 2 Rep protein regulates RNA processing via interaction with the transcription template. Mol Cell Biol **22**:3639-52.
423. **Querido, E., P. Blanchette, Q. Yan, T. Kamura, M. R. Morrison, D. Boivin, W. G. Kaelin, R. C. Conaway, J. W. Conaway, and P. E. Branton.** 2001. Degradation of p53 by adenovirus E4orf6 and E155K proteins occurs via a novel mechanism involving a cullin-containing complex. Genes & Dev. **15**:3104-3117.
424. **Quinn, C. O., and G. R. Kitchingman.** 1986. Functional analysis of the adenovirus type 5 DNA-binding protein: site- directed mutants which are defective for adeno-associated virus helper activity. J Virol **60**:653-61.
425. **Qureshi, S. A., and S. P. Jackson.** 1998. Sequence-specific DNA binding by the S. shibatae TFIIB homolog, TFB, and its effect on promoter strength. Mol Cell **1**:389-400.
426. **Rajendra, R., D. Malegaonkar, P. Pungliya, H. Marshall, Z. Rasheed, J. Brownell, L. F. Liu, S. Lutzker, A. Saleem, and E. H. Rubin.** 2004. Topors functions as an E3 ubiquitin ligase with specific E2 enzymes and ubiquitinate p53. J. Biol. Chem **27**:36440-36444.
427. **Ramon y Cajal, S.** 1903. Un sencillo metodo de coloracion seletiva del reticulo protoplasmatico y sus efectos en los diversos organos nerviosos de vertebrados e invertebrados. Trab.Lab. Invest. Biol **2**:129-221.
428. **Rapoza, N. P., and R. W. Atchinson.** 1967. Association of AAV-1 with simian adenoviruses. Nature **215**:1186-7.
429. **Recchia, A., R. J. Parks, S. Lamartina, C. Toniatti, L. Pieroni, F. Palombo, G. Ciliberto, F. L. Graham, R. Cortese, N. La Monica, and S. Colloca.** 1999. Site-specific integration mediated by a hybrid adenovirus/adeno- associated virus vector. Proc Natl Acad Sci U S A **96**:2615-20.
430. **Recchia, A., L. Perani, D. Sartori, C. Olgiati, and F. Mavilio.** 2004. Site-specific integration of functional transgenes into the human genome by adeno/AAV hybrid vectors. Mol Ther **10**:660-70.
431. **Regad, T., and M. K. Chelbi-Alix.** 2001. Role and fate of PML nuclear bodies in responses to interferon and viral infection. Oncogene **20**:7274-7286.
432. **Renner, D. B., Y. Yamaguchi, T. Wada, H. Handa, and D. H. Price.** 2001. A highly purified RNA polymerase II elongation control system. J Biol Chem **276**:42601-9.
433. **Rice, S. A., M. C. Long, V. Lam, P. A. Schaffer, and C. A. Spencer.** 1995. Herpes simplex virus immediate-early protein ICP22 is required for viral modification of host RNA polymerase II and establishment of the normal viral transcription program. J Virol **69**:5550-9.
434. **Richardson, W. D., B. J. Carter, and H. Westphal.** 1980. Vero cells injected with adenovirus type 2 mRNA produce viral polypeptide patterns: early mRNA promotes growth of adenovirus-associated virus. P.N.A.S **77**:931-935.
435. **Richardson, W. D., and H. Westphal.** 1981. A cascade of adenovirus early functions is required for expression of adeno-associated virus. Cell **27**:133-41.
436. **Richardson, W. D., and H. Westphal.** 1984. Requirement for either early region 1a or early region 1b adenovirus gene products in the helper effect for adeno-associated virus. J Virol **51**:404-10.
437. **Richon, V. M., T. W. Sandhoof, R. A. Rifkind, and P. A. Marks.** 2000. Histone deacetylase inihibitor selectively induces p21 WAF1 expression and gene-associated histone acetylation. PNAS **97**:10014-10019.
438. **Rizzuto, G., B. Gorgoni, M. Cappelletti, D. Lazzaro, I. Gloaguen, V. Poli, A. Sgura, D. Cimini, G. Ciliberto, R. Cortese, E. Fattori, and N. La Monica.** 1999.

Development of animal models for adeno-associated virus site-specific integration. J Virol **73:**2517-26.
439. **Rommelaere, J.** 1990. Action anticancéreuse des parvovirus. Medecine/Sciences **6:**534-543.
440. **Russell, D. W.** 2003. AAV loves an active genome. Nat Genet **34:**241-2.
441. **Russell, D. W., I. E. Alexander, and A. D. Miller.** 1995. DNA synthesis and topoisomerase inhibitors increase transduction by adeno-associated virus vectors. Proc Natl Acad Sci U S A **92:**5719-23.
442. **Rutledge, E. A., C. L. Halbert, and D. W. Russell.** 1998. Infectious clones and vectors derived from adeno-associated virus (AAV) serotypes other than AAV type 2. J Virol **72:**309-19.
443. **Ryan, J. H., S. Zolotukhin, and N. Muzyczka.** 1996. Sequence requirements for binding of Rep68 to the adeno-associated virus terminal repeats. J. Virol **70:**1542-53.
444. **Sabry, M. A., and G. K. Dhoot.** 1991. Identification of and pattern of transitions of cardiac, adult slow and slow skeletal muscle-like embryonic isoforms of troponin T in developing rat and human skeletal muscles. J. Muscle Res. Cell Motil. **12:**262-270.
445. **Sacks, W. R., and P. A. Schaffer.** 1987. Deletion mutants in the gene encoding the herpes simplex type 1 immediate-early protein ICP0 exhibits impaired growth in cell culture. J. Virol **61:**829-839.
446. **Samaniego, L. A., A. L. Webb, and N. A. DeLuca.** 1995. Functional interactions between herpes simplex virus immediate-early proteins during infection: gene expression as a consequence of ICP27 and different domains of ICP4. J Virol **69:**5705-15.
447. **Samulski, R. J., K. I. Berns, M. Tam, and N. Muzyczka.** 1982. Cloning of adeno-associated virus into pBR322: rescue of intact virus from the recombinant plasmid in human cells. Proc. Natl. Acad. Sci. USA **79:**2077-2081.
448. **Samulski, R. J., and T. Shenk.** 1988. Adenovirus E1B 55-Mr polypeptide facilitates timely cytoplasmic accumulation of adeno-associated virus mRNAs. J Virol **62:**206-10.
449. **Samulski, R. J., A. Srivastava, K. I. Berns, and N. Muzyczka.** 1983. Rescue of adeno-associated virus from recombinant plasmids: gene correction within the terminal repeats of AAV. Cell **33:**135-43.
450. **Samulski, R. J., X. Zhu, X. Xiao, J. D. Brook, D. E. Housman, N. Epstein, and L. A. Hunter.** 1991. Targeted integration of adeno-associated virus (AAV) into human chromosome 19. Embo J **10:**3941-50.
451. **Sandri-Goldin, R. M.** 2004. Viral regulation of mRNA. J. Virol **78:**4389-4396.
452. **Sanlioglu, S., P. K. Benson, J. Yang, E. M. Atkinson, T. Reynolds, and J. F. Engelhardt.** 2000. Endocytosis and nuclear trafficking of adeno-associated virus type 2 are controlled by rac1 and phosphatidylinositol-3 kinase activation. J Virol **74:**9184-96.
453. **Saudan, P., J. Vlach, and P. Beard.** 2000. Inhibition of S-phase progression by adeno-associated virus Rep78 protein is mediated by hypophosphorylated pRb. Embo J **19:**4351-61.
454. **Schlehofer, J. R.** 1994. The tumor suppressive properties of adeno-associated viruses. Mutat Res **305:**303-13.
455. **Schlehofer, J. R., M. Ehrbar, and H. zur Hausen.** 1986. Vaccinia virus, herpes simplex virus, and carcinogens induce DNA amplification in a human cell line and support replication of a helpervirus dependent parvovirus. Virology **152:**110-7.
456. **Schmidt, M., S. Afione, and R. M. Kotin.** 2000. Adeno-associated virus type 2 Rep78 induces apoptosis through caspase activation independently of p53. J Virol **74:**9441-50.
457. **Schmidt, M., J. A. Chiorini, S. Afione, and R. Kotin.** 2002. Adeno-associated virus type 2 Rep78 inhibition of PKA and PRKX: fine mapping and analysis of mechanism. J Virol **76:**1033-42.
458. **Schmidt, M., H. Katano, I. Bossis, and J. A. Chiorini.** 2004. Cloning and characterization of a bovine adeno-associated virus. J Virol **78:**6509-16.

459. Schneider, R. J., C. Weinberger, and T. Shenk. 1984. Adenovirus VAI RNA facilitates the initiation of translation in virus-infected cells. Cell **37**:291-8.
460. Schnepp, B. C., K. R. Clark, D. L. Klemanski, C. A. Pacak, and P. R. Johnson. 2003. Genetic fate of recombinant adeno-associated virus vector genomes in muscle. J Virol **77**:3495-504.
461. Schoenherr, C. J., and D. J. Anderson. 1995. The neuron-restrictive silencer factor (NRSF): a coordonate repressor of multiple neuron-specific genes. Science **267**:1360-3.
462. Schoenherr, C. J., A. J. Paquette, and D. J. Anderson. 1996. Identification of potential target genes for the neuron-specific silencer factor. PNAS **93**:9881-6.
463. Secombe, J., and S. M. Parkurst. 2004. Drosophila Topors is a RING finger-containing protein that functions as a ubiquitin-protein isopeptide ligase for the hairy basic helix-loop-helix repressor protein. J. Biochemical Chem. **279**:17126-17133.
464. Seisenberger, G., M. U. Ried, T. Endress, H. Buning, M. Hallek, and C. Brauchle. 2001. Real-time single-molecule imaging of the infection pathway of an adeno-associated virus. Science **294**:1929-32.
465. Senapathy, P., J. D. Tratschin, and B. J. Carter. 1984. Replication of adeno-associated virus DNA. Complementation of naturally occurring rep- mutants by a wild-type genome or an ori- mutant and correction of terminal palindrome deletions. J Mol Biol **179**:1-20.
466. Seto, E., Y. Shi, and T. Shenk. 1991. YY1 is an initiator sequence-binding protein that directs and activates transcription in vitro. Nature **354**:241-5.
467. Sheih, M., R. I. Montgomery, J. D. Esko, and P. G. Spear. 1992. Cell surface receptors for herpes simplex virus are heparan sulfate proteoglycans. J.Cell Biol. **116**:1273-1281.
468. Shi, Y., E. Seto, L. S. Chang, and T. Shenk. 1991. Transcriptional repression by YY1, a human GLI-Kruppel-related protein, and relief of repression by adenovirus E1A protein. Cell **67**:377-88.
469. Shilatifard, A., R. C. Conaway, and J. W. Conaway. 2003. The RNA polymerase II elongation complex. Annu Rev Biochem **72**:693-715.
470. Simpson, A. A., P. R. Chipman, T. S. Baker, P. Tijissen, and M. G. Rossman. 1998. The structure of an insect parvovirus (Galleria mellonelle densinovirus) at 3,7 A resolution. Structure **6**:1355-1367.
471. Sims, R. J., K. Nishioka, and D. Reinberg. 2003. Histone lysine methylation: a signature for chromatin function. Trends in Genet. **19**:629-639.
472. Smale, S. T. 1997. Transcription initiation from TATA-less promoters within eukaryotic protein-coding genes. Biochim Biophys Acta **20**:1-2.
473. Smale, S. T., and D. Baltimore. 1989. The "initiator" as a transcription control element. Cell **57**:103-113.
474. Smale, S. T., and J. T. Kadonaga. 2003. The RNA polymerase II core promoter. Annu Rev Biochem **72**:449-79.
475. Smale, S. T., M. C. Schmidt, A. J. Berk, and D. Baltimore. 1990. Transcription activation by Sp1 as directed through TATA or initiator: specfic requirements for mammalian factor IID. P.N.A.S **87**:4509-4513.
476. Smith, C. A., P. Bates, R. Rivera-Gonzales, B. Gu, and N. A. DeLuca. 1993. ICP4, the major transcriptional regulatory protein of herpes simplex virus type 1 forms a tripartite complex with TATA-binding protein and TFIIB. J. Virol **67**:4676-4687.
477. Smith, R. H., and R. M. Kotin. 2000. An adeno-associated virus (AAV) initiator protein, Rep78, catalyzes the cleavage and ligation of single-stranded AAV ori DNA. J Virol **74**:3122-9.
478. Smith, R. H., A. J. Spano, and R. M. Kotin. 1997. The Rep78 gene product of adeno-associated virus (AAV) self-associates to form a hexameric complex in the presence of AAV ori sequences. J Virol **71**:4461-71.

479. Smuda, J. W., and B. J. Carter. 1991. Adeno-associated viruses having nonsense mutations in the capsid genes: growth in mammalian cells containing an inducible amber suppressor. Virology **184**:310-8.
480. Snyder, R. O. 1999. Adeno-associated virus-mediated gene delivery. J Gene Med **1**:166-75.
481. Snyder, R. O., D. S. Im, T. Ni, X. Xiao, R. J. Samulski, and N. Muzyczka. 1993. Features of the adeno-associated virus origin involved in substrate recognition by the viral Rep protein. J Virol **67**:6096-104.
482. Snyder, R. O., R. J. Samulski, and N. Muzyczka. 1990. In vitro resolution of covalently joined AAV chromosome ends. Cell **60**:105-13.
483. Song, B., K. C. Yeh, J. Liu, and D. M. Knipe. 2001. Herpes simplex virus gene products required for viral inhibition of expression of G1-phase functions. Virology **290**:320-8.
484. Song, S., P. J. Laipis, K. I. Berns, and T. R. Flotte. 2001. Effect of DNA-dependent protein kinase on the molecular fate of the rAAV2 genome in skeletal muscle. Proc Natl Acad Sci U S A **98**:4084-8.
485. Song, S., Y. Lu, Y. K. Choi, Y. Han, Q. Tang, G. Zhao, K. I. Berns, and T. R. Flotte. 2004. DNA-dependent PK inhibits adeno-associated virus DNA integration. Proc Natl Acad Sci U S A **101**:2112-6.
486. Spector, D. J., X. Fu, and T. Maniatis. 1991. Associations beteween distinct pre-mRNA splicing components factors and the cell nucleus. EMBO **10**:3467-3481.
487. Spector, D. L. 2001. Nuclear domains. J Cell Sci **114**:2891-3.
488. Srivastava, A., E. W. Lusby, and K. I. Berns. 1983. Nucleotide sequence and organization of the adeno-associated virus 2 genome. J Virol **45**:555-64.
489. Steegenga, W. T., N. Riteco, A. G. Jochemsen, F. J. Fallaux, and J. L. Bos. 1998. The large E1B protein together with the E4orf6 protein target p53 for active degradation in adenovirus infected cells. Oncogene **16**:349-357.
490. Steiner, I., J. G. Spivack, S. L. Deshmane, C. I. Ace, C. M. Preston, and N. W. Fraser. 1990. A herpes simplex virus type 1 mutant containing a nontransinducing Vmw65 protein establishes latent infection in vivo in the absence of viral replication and reactivates efficiently from explanted trigeminal ganglia. J Virol **64**:1630-8.
491. Sterner, D. E., and S. L. Berger. 2000. Acetylation of histones and transcription-related factors. Microbiol Mol Biol Rev **64**:435-59.
492. Stracker, T. H., G. D. Cassell, P. Ward, Y. M. Loo, B. van Breukelen, S. D. Carrington-Lawrence, R. K. Hamatake, P. C. van der Vliet, S. K. Weller, T. Melendy, and M. D. Weitzman. 2004. The Rep protein of adeno-associated virus type 2 interacts with single-stranded DNA-binding proteins that enhance viral replication. J Virol **78**:441-53.
493. Su, P. F., S. Y. Chiang, C. W. Wu, and F. Y. Wu. 2000. Adeno-associated virus major Rep78 protein disrupts binding of TATA-binding protein to the p97 promoter of human papillomavirus type 16. J Virol **74**:2459-65.
494. Suikkanen, S., M. Antila, M. Jaatinen, M. Vihinen-Ranta, and M. Vuento. 2003. Release of canine parvovirus from endocytic vesicles. Virology **316**:267-280.
495. Summerford, C., J. S. Bartlett, and R. J. Samulski. 1999. AlphaVbeta5 integrin: a co-receptor for adeno-associated virus type 2 infection. Nat Med **5**:78-82.
496. Summerford, C., and R. J. Samulski. 1998. Membrane-associated heparan sulfate proteoglycan is a receptor for adeno-associated virus type 2 virions. J Virol **72**:1438-45.
497. Surosky, R. T., M. Urabe, S. G. Godwin, S. A. McQuiston, G. J. Kurtzman, K. Ozawa, and G. Natsoulis. 1997. Adeno-associated virus Rep proteins target DNA sequences to a unique locus in the human genome. J Virol **71**:7951-9.
498. Suzuki, Y., T. Tsunoda, J. Sese, H. Taira, J. Mizushima-Sugano, H. Hata, T. Ota, T. Isogai, T. Tanaka, Y. Nakamura, A. Suyama, Y. Sakaki, S. Morishita, K. Okubo,

and S. Sugano. 2001. Identification and characterization of the potential promoter regions of 1031 kinds of human genes. Genom. Res **11**:677-684.

499. **Tan, I., C. H. Ng, L. Lim, and T. Leung.** 2001. Phosphorylation of a novel myosin binding unit of protein phosphatase 1 reveals a conserved mechanism in the regulation of actin cytosqueleton. J.Biol.Chem. **276**:21209-21216.

500. **Tattersall, P., and D. C. Ward.** 1976. Rolling hairpin model for replication of parvovirus and linear chromosomal DNA. Nature **263**:106-9.

501. **Thimmappaya, B., C. Weinberger, R. J. Schneider, and T. Shenk.** 1982. Adenovirus VAI RNA is required for efficient translation of viral mRNAs at late times after infection. Cell **31**:543-51.

502. **Thomas, C. E., T. A. Storm, Z. Huang, and M. A. Kay.** 2004. Rapid uncoating of vector genomes is the key to efficient liver transduction with pseudotyped adeno-associated virus vectors. J Virol **78**:3110-22.

503. **Thomas, M. J., and E. Seto.** 1999. Unlocking the mechanisms of transcription factor YY1: are chromatin modifying enzymes the key? Gene **236**:197-208.

504. **Thomson, B. J., F. W. Weindler, D. Gray, V. Schwaab, and R. Heilbronn.** 1994. Human herpesvirus 6 (HHV-6) is a helper virus for adeno-associated virus type 2 (AAV-2) and the AAV-2 rep gene homologue in HHV-6 can mediate AAV-2 DNA replication and regulate gene expression. Virology **204**:304-11.

505. **Tilley, R., and H. Mayor.** 1984. Identification of a region of the HSV-1 genome with helper activity for AAV. Virus Research **1**:631-647.

506. **Timpe, J. M., J. Bevington, J. M. Casper, J. D. Dignam, and J. P. Trempe.** 2005. Mechanisms of adeno-associated virus genome encapsidation. Curr Gene Ther **5**:273-84.

507. **Tobiasch, E., T. Burguete, P. Klein-Bauernschmitt, R. Heilbronn, and J. R. Schlehofer.** 1998. Discrimination between different types of human adeno-associated viruses in clinical samples by PCR. J Virol Methods **71**:17-25.

508. **Tobiasch, E., M. Rabreau, K. Geletneky, S. Larue-Charlus, F. Severin, N. Becker, and J. R. Schlehofer.** 1994. Detection of adeno-associated virus DNA in human genital tissue and in material from spontaneous abortion. J Med Virol **44**:215-22.

509. **Tora, L.** 2002. A unified nomenclature for TATA box binding protein (TBP)-associated factors (TAFs) involved in RNA polymerase II transcription. Genes Dev **16**:673-5.

510. **Toublanc, E., A. Benraiss, D. Bonnin, V. Blouin, N. Brument, N. Cartier, A. L. Epstein, P. Moullier, and A. Salvetti.** 2004. Identification of a replication-defective herpes simplex virus for recombinant adeno-associated virus type 2 (rAAV2) particle assembly using stable producer cell lines. J Gene Med **6**:555-64.

511. **Tratschin, J. D., I. L. Miller, and B. J. Carter.** 1984. Genetic analysis of adeno-associated virus: properties of deletion mutants constructed in vitro and evidence for an adeno-associated virus replication function. J Virol **51**:611-9.

512. **Tratschin, J. D., J. Tal, and B. J. Carter.** 1986. Negative and positive regulation in trans of gene expression from adeno- associated virus vectors in mammalian cells by a viral rep gene product. Mol Cell Biol **6**:2884-94.

513. **Trempe, J. P., and B. J. Carter.** 1988. Alternate mRNA splicing is required for synthesis of adeno-associated virus VP1 capsid protein. Journal of Virology **62**:3356-3363.

514. **Tsukiyama, T.** 2002. The in vivo functions of ATP-dependant chromatin remodelling factor. Nat Rev Mol Cell Biol **3**:422-428.

515. **Tullis, G. E., and T. Shenk.** 2000. Efficient replication of adeno-associated virus type 2 vectors: a cis-acting element outside of the terminal repeats and a minimal size. J Virol **74**:11511-21.

516. **Uprichard, S. L., and D. M. Knipe.** 1996. Herpes simplex ICP27 mutant viruses exhibit reduced expression of specific DNA replication genes. J Virol **70**:1969-80.

517. Urcelay, E., P. Ward, S. M. Wiener, B. Safer, and R. M. Kotin. 1995. Asymmetric replication in vitro from a human sequence element is dependent on adeno-associated virus Rep protein. J Virol **69**:2038-46.
518. Usheva, A., and T. Shenk. 1994. TATA-binding protein-independent initiation: YY1, TFIIB, and RNA polymerase II direct basal transcription on supercoiled template DNA. Cell **76**:1115-21.
519. Usheva, A., and T. Shenk. 1996. YY1 transcriptional initiator: protein interactions and association with a DNA site containing unpaired strands. Proc Natl Acad Sci U S A **93**:13571-6.
520. Van Sant, C., R. Hagglund, P. Lopez, and B. Roizman. 2001. The infected cell protein 0 of herpes simplex virus 1 dynamically interacts with proteasomes, binds and activates the cdc34 E2 ubiquitin-conjugating enzyme, and possesses in vitro E3 ubiquitin ligase activity. Proc Natl Acad Sci U S A **98**:8815-20.
521. Van Sant, C., P. Lopez, S. J. Advani, and B. Roizman. 2001. Role of cyclin D3 in the biology of herpes simplex virus 1 ICPO. J Virol **75**:1888-98.
522. Vassaux, G., H. C. Hurst, and N. R. Lemoine. 1999. Insulation of a conditionally expressed transgene in an adenoviral vector. Gene Ther. **6**:1192-1197.
523. Vincent-Lacaze, N., R. O. Snyder, R. Gluzman, D. Bohl, C. Lagarde, and O. Danos. 1999. Structure of adeno-associated virus vector DNA following transduction of the skeletal muscle. J Virol **73**:1949-55.
524. Vo, N., and R. H. Goodman. 2001. CREB-binding protein and p300 in transcripional regulation. J. Biochemical Chem. **276**:13505-13508.
525. Wada, T., T. Takagi, Y. Yamaguchi, A. Ferdous, T. Imai, S. Hirose, S. Sugimoto, K. Yano, G. A. Hartzog, F. Winston, S. Buratowski, and H. Handa. 1998. DSIF, a novel transcription elongation factor that regulates RNA polymerase II processivity, is composed of human Spt4 and Spt5 homologs. Genes Dev **12**:343-56.
526. Walz, C., A. Deprez, T. Dupressoir, M. Dürst, M. Rabreau, and J. R. Schlehofer. 1997. Interaction of human papillomavirus type 16 and adeno-associated virus type 2 co-infecting human cervical epithelium. J. Gen. Virol. **78**:1441-1452.
527. Walz, C., and J. R. Schlehofer. 1992. Modification of some biological properties of HeLa cells containing adeno-associated virus DNA integrated into chromosome 17. J Virol **66**:2990-3002.
528. Walz, C. M., T. R. Anisi, J. R. Schlehofer, L. Gissmann, A. Schneider, and M. Muller. 1998. Detection of infectious adeno-associated virus particles in human cervical biopsies. Virology **247**:97-105.
529. Wang, K., S. Huang, A. Kappor-Munschi, and G. Nemerov. 1998. Adenovirus internalization and infection require dynamins. J. Virol **74**:3455-3458.
530. Wang, L., and R. W. Herzog. 2005. AAV-mediated gene transfer for treatment of hemophilia. Current Gene Therapy **5**:349-361.
531. Wang, X. S., and A. Srivastava. 1997. A novel terminal resolution-like site in the adeno-associated virus type 2 genome. J Virol **71**:1140-6.
532. Wang, Y., S. M. Camp, M. Niwano, X. Shen, J. C. Bakowska, X. O. Breakefield, and P. D. Allen. 2002. Herpes simplex virus type 1/adeno-associated virus rep(+) hybrid amplicon vector improves the stability of transgene expression in human cells by site-specific integration. J Virol **76**:7150-62.
533. Wang, Z., T. Zhu, C. Qiao, L. Zhou, B. Wang, J. Zhang, C. Chen, J. Li, and X. Xiao. 2005. Adeno-associated virus serotype 8 effeiciently delivers genes to muscle and heart. Nat Biotechnol **23**:321-329.
534. Wang, Z. G., L. Delva, M. Gaboldi, D. Rivi, M. Giorgio, C. Cordon-Cardon, F. Grosveld, and P. P. Pandolfi. 1998. Role of PML in cell growth and the retinoic acid pathway. Nat Genet **20**:266-272.

535. **Ward, P., F. B. Dean, M. E. O'Donnell, and K. I. Berns.** 1998. Role of the adenovirus DNA-binding protein in in vitro adeno-associated virus DNA replication. J Virol **72:**420-7.
536. **Ward, P., M. Falkenberg, P. Elias, M. Weitzman, and R. M. Linden.** 2001. Rep-dependent initiation of adeno-associated virus type 2 DNA replication by a herpes simplex virus type 1 replication complex in a reconstituted system. J Virol **75:**10250-8.
537. **Ward, P., E. Urcelay, R. Kotin, B. Safer, and K. I. Berns.** 1994. Adeno-associated virus DNA replication in vitro: activation by a maltose binding protein/Rep 68 fusion protein. J. Virol **68:**6029-37.
538. **Wassarman, D. A., and F. Sauer.** 2001. TAF(II)250: a transcription toolbox. J Cell Sci **114:**2895-902.
539. **Weger, S., E. Hammer, and R. Heilbronn.** 2004. SUMO-1 modification regulates the protein stability of the large regulatory protein Rep78 of adeno associated virus type 2 (AAV-2). Virology **330:**284-94.
540. **Weger, S., E. Hammer, and R. Heilbronn.** 2002. Topors, a p53 and topoisomerase I binding protein, interacts with the adeno-associated virus (AAV-2) Rep78/68 proteins and enhances AAV-2 gene expression. J Gen Virol **83:**511-6.
541. **Weger, S., M. Wendland, J. A. Kleinschmidt, and R. Heilbronn.** 1999. The adeno-associated virus type 2 regulatory proteins rep78 and rep68 interact with the transcriptional coactivator PC4. J Virol **73:**260-9.
542. **Weger, S., A. Wistuba, D. Grimm, and J. A. Kleinschmidt.** 1997. Control of adeno-associated virus type 2 cap gene expression: relative influence of helper virus, terminal repeats, and Rep proteins. J Virol **71:**8437-47.
543. **Wei, P., M. E. Garber, S. M. Fang, W. H. Fischer, and K. A. Jones.** 1998. A novel CDK9-associated C-type cyclin interacts directly with HIV-1 Tat and mediates its high-affinity, loop-specific binding to TAR RNA. Cell **92:**451-62.
544. **Wei, X., S. Somanathan, J. Samarabandu, and R. Berezney.** 1999. Three-dimensional visualization of transcription sites and their association with splicing factor-rich nuclear speckles. J Cell Biol **146:**543-58.
545. **Weindler, F. W., and R. Heilbronn.** 1991. A subset of herpes simplex virus replication genes provides helper functions for productive adeno-associated virus replication. J Virol **65:**2476-83.
546. **Weitzman, M. D., K. J. Fisher, and J. M. Wilson.** 1996. Recruitment of wild type and recombinant Adeno-Associated Virus into replication centers of adenovirus. J. Virol. **70:**1845-1854.
547. **Weitzman, M. D., S. R. Kyostio, B. J. Carter, and R. A. Owens.** 1996. Interaction of wild-type and mutant adeno-associated virus (AAV) Rep proteins on AAV hairpin DNA. J Virol **70:**2440-8.
548. **Weitzman, M. D., S. R. Kyostio, R. M. Kotin, and R. A. Owens.** 1994. Adeno-associated virus (AAV) Rep proteins mediate complex formation between AAV DNA and its integration site in human DNA. Proc. Natl. Acad. Sci. USA **91:**5808-12.
549. **West, M. H., J. P. Trempe, J. D. Tratschin, and B. J. Carter.** 1987. Gene expression in adeno-associated virus vectors: the effects of chimeric mRNA structure, helper virus, and adenovirus VA1 RNA. Virology **160:**38-47.
550. **Winocour, E., M. F. Callaham, and E. Huberman.** 1988. Perturbation of the cell cycle by adeno-associated virus. Virology **167:**393-9.
551. **Wistuba, A., A. Kern, S. Weger, D. Grimm, and J. A. Kleinschmidt.** 1997. Subcellular compartmentalization of adeno-associated virus type 2 assembly. J Virol **71:**1341-52.
552. **Wistuba, A., S. Weger, A. Kern, and J. A. Kleinschmidt.** 1995. Intermediates of adeno-associated virus type 2 assembly: identification of soluble complexes containing Rep and Cap proteins. J Virol **69:**5311-9.

553. **Wobus, C. E., B. Hugle-Dorr, A. Girod, G. Petersen, M. Hallek, and J. A. Kleinschmidt.** 2000. Monoclonal antibodies against the adeno-associated virus type 2 (AAV-2) capsid: epitope mapping and identification of capsid domains involved in AAV-2-cell interaction and neutralization of AAV-2 infection. J Virol **74:**9281-93.
554. **Wolff, B. G., J. J. Sanglier, and Y. Wang.** 1997. Leptomycin B is an inhibitor of nuclear export: inhibition of nucleo-cytoplasmic translocation of the human immunodeficiency viurs type 1 (HIV-1) rev protein and Rev-dependent mRNA. Chem Biol **4:**139-147.
555. **Wonderling, R. S., S. R. Kyostio, and R. A. Owens.** 1995. A maltose-binding protein/adeno-associated virus Rep68 fusion protein has DNA-RNA helicase and ATPase activities. J. Virol **69:**3542-8.
556. **Wonderling, R. S., and R. A. Owens.** 1997. Binding sites for adeno-associated virus Rep proteins within the human genome. J Virol **71:**2528-34.
557. **Woychik, N. A., and M. Hampsey.** 2002. The RNA polymerase II machinery: structure illuminates function. Cell **108:**453-63.
558. **Wu, J., M. D. Davis, and R. A. Owens.** 1999. Factors affecting the terminal resolution site endonuclease, helicase, and ATPase activities of adeno-associated virus type 2 Rep proteins. J Virol **73:**8235-44.
559. **WuDunn, D., and P. G. Spear.** 1989. Initial interaction of herpes simplex virus with cells is binding to heparan sulfate. J Virol **63:**52-8.
560. **Wysocka, J., and W. Herr.** 2003. The herpes simplex virus VP16-induced complex: the makings of a regulatory switch. Trends Biochem Sci **28:**294-304.
561. **Xiao, W., N. Chirmule, S. C. Berta, B. McCullough, G. Gao, and J. M. Wilson.** 1999. Gene therapy vectors based on adeno-associated virus type 1. J Virol **73:**3994-4003.
562. **Xiao, W., K. H. Warrington, Jr., P. Hearing, J. Hughes, and N. Muzyczka.** 2002. Adenovirus-facilitated nuclear translocation of adeno-associated virus type 2. J Virol **76:**11505-17.
563. **Xiao, X., J. Li, and R. J. Samulski.** 1998. Production of high-titer recombinant adeno-associated virus vectors in the absence of helper adenovirus. J Virol **72:**2224-32.
564. **Xie, Q., W. Bu, S. Bhatia, J. Hare, T. Somasundaram, A. Azzi, and M. S. Chapman.** 2002. The atomic structure of adeno-associated virus (AAV-2), a vector for human gene therapy. Proc Natl Acad Sci U S A **99:**10405-10.
565. **Xie, Q., and M. S. Chapman.** 1996. Canine parvovirus capsid structure, analyzed at 2.9 A resolution. J Mol Biol **264:**497-520.
566. **Yakobson, B., T. A. Hrynko, M. J. Peak, and E. Winocour.** 1989. Replication of adeno-associated virus in cells irradiated with UV light at 254 nm. J.Virol **63:**1023-1030.
567. **Yakobson, B., T. Koch, and E. Winocour.** 1987. Replication of adeno-associated virus in synchronized cells without the addition of a helper virus. J Virol **61:**972-81.
568. **Yamaguchi, Y., N. Inukai, T. Narita, T. Wada, and H. Handa.** 2002. Evidence that negative elongation factor represses transcription elongation through binding to a DRB sensitivity-inducing factor/RNA polymerase II complex and RNA. Mol Cell Biol **22:**2918-27.
569. **Yamaguchi, Y., T. Takagi, T. Wada, K. Yano, A. Furuya, S. Sugimoto, J. Hasegawa, and H. Handa.** 1999. NELF, a multisubunit complex containing RD, cooperates with DSIF to repress RNA polymerase II elongation. Cell **97:**41-51.
570. **Yan, Z., R. Zak, G. W. Luxton, T. C. Ritchie, U. Bantel-Schaal, and J. F. Engelhardt.** 2002. Ubiquitination of both adeno-associated virus type 2 and 5 capsid proteins affects the transduction efficiency of recombinant vectors. J Virol **76:**2043-53.
571. **Yan, Z., R. Zak, Y. Zhang, W. Ding, S. Godwin, K. Munson, R. Peluso, and J. F. Engelhardt.** 2004. Distinct classes of proteasome-modulating agents cooperatively augment recombinant adeno-associated virus type 2 and type 5-mediated transduction from the apical surfaces of human airway epithelia. J Virol **78:**2863-74.

572. **Yang, W. M., C. Inouye, Y. Zeng, D. Bearss, and E. Seto.** 1996. Transcriptional repression by YY1 is mediated by interaction with a mammalian homolog of the yeast global regulator RPD3. PNAS **93:**12845-12850.
573. **Yang, W. M., Y. L. Yao, J. N. Sun, J. R. Davie, and E. Seto.** 1997. Isolation and characterization of cDNAs corresponding to an additional member of the human histone deacetylase gene family. J. Biochemical Chem. **272:**28001-28007.
574. **Yao, F., and P. A. Schaffer.** 1995. An activity specified by the osteosarcoma line U2OS can substitute functionally for ICP0, a major regulatory protein of herpes simplex virus type 1. J Virol **69:**6249-58.
575. **Yao, F., and P. A. Schaffer.** 1994. Physical interaction between the herpes simplex virus type 1 immediate-early regulatory proteins ICP0 and ICP4. J Virol **68:**8158-68.
576. **Yao, Y. L., W. M. Yang, and E. Seto.** 2001. Regulation of transcription factor YY1 by acetylation and deacetylation. Mol Cell Biol **21:**5979-91.
577. **Yoon-Robarts, M., and R. M. Linden.** 2003. Identification of active site residues of the adeno-associated virus type 2 Rep endonuclease. J Biol Chem **278:**4912-8.
578. **Young, P. J., B. D. Jensen, L. R. Burger, D. J. Pintel, and C. Lorson.** 2002. Minute virus of mice NS1 interacts with the SMN protein and they colocalize in novel nuclear bodies induces by parvovirus infection. J.Virol **76:**3892-3904.
579. **Young, S. M., Jr., and R. J. Samulski.** 2001. Adeno-associated virus (AAV) site-specific recombination does not require a Rep-dependent origin of replication within the AAV terminal repeat. Proc Natl Acad Sci U S A **98:**13525-30.
580. **Young, S. M. J., D. M. McCarty, N. Degtyareva, and R. J. Samulski.** 2000. Roles of adeno-associated virus Rep protein and human chromosome 19 in site specific recombination. J. Virol. **74:**3953-3966.
581. **Zabierowski, S., and N. A. DeLuca.** 2004. Differential cellular requirements for activation of herpes simplex virus type 1 early (tk) and late (gC) promoters by ICP4. J Virol **78:**6162-70.
582. **Zadori, Z., J. Szelei, M. C. Lacoste, Y. Li, S. Gariepy, P. Raymond, M. Allaire, I. R. Nabi, and P. Tijssen.** 2001. A viral phospholipase A2 is required for parvovirus infectivity. Dev Cell **1:**291-302.
583. **Zaupa, C., V. Revol-Guyot, and A. L. Epstein.** 2003. Improved packaging system for generation of high-level noncytotoxic HSV-1 amplicon vectors using Cre-loxP site-specific recombination to delete the packaging signals of defective helper genomes. Hum Gene Ther **14:**1049-63.
584. **Zhong, S., P. Salomoni, and P. P. Pandolfi.** 2000. The transcritpional role of PML and the nuclear body. Nat Cell Biol **2:**85-90.
585. **Zhou, C., and D. M. Knipe.** 2002. Association of herpes simplex virus type 1 ICP8 and ICP27 proteins with cellular RNA polymerase II holoenzyme. J Virol **76:**5893-904.
586. **Zhou, R., H. Wen, and S. Z. Ao.** 1999. Identification of a novel gene encoding a p53-associated protein. Gene **235:**93-101.
587. **Zhu, X. X., J. X. Chen, C. S. Young, and S. Silverstein.** 1990. Reactivation of latent herpes simplex virus by adenovirus recombinants encoding mutant IE-0 gene products. J Virol **64:**4489-98.

ANNEXE

Article N°1 : Herpes Simplex Virus Type 1 ICP0 protein mediates activation of Adeno-Associated Virus type 2 rep gene expression from a latent integrated form

M.C. Geoffroy, A. L. Epstein, E.Toublanc, P. Moullier and A. Salvetti. **2004**. Journal of Virology. 71: 10977-10986

Article N°2 : Impact of the interaction between Herpes Simplex Virus type 1 regulatory ICP0 and ubiquitin specific protease USP7 on the activation of Adeno-Associated Virus type 2 *rep* gene expression.

M.C. Geoffroy, G. Chadeuf, A. Orr, A. Salvetti and R. Everett : **2006.** Journal of Virology. 80: 3650-4

Revue : Helper Functions required for wild type and recombinant Adeno-Associated Virus growth

M.C. Geoffroy and A. Salvetti. **2005**. Current Gene Therapy. 5: 265-273

Herpes Simplex Virus Type 1 ICP0 Protein Mediates Activation of Adeno-Associated Virus Type 2 *rep* Gene Expression from a Latent Integrated Form

Marie-Claude Geoffroy,[1] Alberto L. Epstein,[2] Estelle Toublanc,[1] Philippe Moullier,[1] and Anna Salvetti[1]*

INSERM U649, CHU Hôtel-Dieu, Nantes,[1] and CNRS UMR 5534, Université Claude Bernard Lyon 1, Villeurbanne,[2] France

Received 3 February 2004/Accepted 15 June 2004

Adeno-associated virus type 2 (AAV-2) is a human parvovirus that requires the presence of a helper virus, such as the herpes simplex virus type 1 (HSV-1) to accomplish a complete productive cycle. In the absence of helper virus, AAV-2 can establish a latent infection that is characterized by the absence of expression of viral genes. So far, four HSV-1 early genes, UL5/8/52 (helicase primase complex) and UL29 (single-stranded DNA-binding protein), were defined as sufficient for AAV replication when cells were transfected with a plasmid carrying the wild-type AAV-2 genome. However, none of these viral products was shown to behave as a transcriptional factor able to activate AAV gene expression. Our study provides the first evidence that the immediate-early HSV-1 protein ICP0 can promote *rep* gene expression in cells latently infected with wild-type AAV-2. This ICP0-mediated effect occurs at the transcriptional level and involves the ubiquitin-proteasome pathway. Furthermore, using deletion mutants, we demonstrate that the localization of ICP0 to ND10 and their disruption is not required for the activation of the *rep* promoter, whereas binding of ICP0 to the ubiquitin-specific protease HAUSP makes a significant contribution to this effect.

Adeno-associated virus type 2 (AAV-2) is a nonpathogenic human parvovirus that establishes a latent infection in the absence of helper virus (1, 57). During latency, the viral genome persists in a largely repressed episomal or integrated form (14, 54, 63). Infection of latently infected cells with a helper virus such as herpes simplex virus (HSV) or adenovirus (Ad) leads to the reactivation of AAV gene expression, the rescue of the viral genome, and finally to the progression through a productive phase (1, 57).

The 4.7-kb genome of AAV-2 contains two open reading frames (ORFs), *rep* and *cap*, flanked by two inverted terminal repeats (ITR) that constitute the *cis*-acting elements required for DNA replication. Two promoters at map positions 5 and 19 (p5 and p19, respectively) control the expression of the *rep* ORF leading to the synthesis of Rep78/68 and Rep52/40 proteins, respectively. These proteins are involved in many aspects of the viral life cycle and particularly in the regulation of AAV gene expression. The p40 promoter controls the synthesis of the three proteins (VP1, 2, and 3) that constitute the capsid (1).

During latency, i.e., in the absence of helper virus, the silent state of the AAV promoters, particularly that of the p5 promoter, is generally attributed to repressive activity exerted by cellular factors and the Rep proteins. Indeed, the results of several studies with transient-transfection assays have reported that Rep78 and Rep68 act as site-specific DNA-binding proteins to shut down p5 and p19 transcription (52, 53). The Rep binding site involved in this repressive effect was identified both within the ITR and the p5 promoter (46, 53). In addition, silencing of the p5 promoter was shown to be mediated by its interaction with the cellular transcription factor YY1 bound at position −60 (12, 72). The reactivation from latency that occurs in the presence of a helper virus results in the derepression of the three AAV promoters, particularly that of the p5 promoter, which controls the onset of viral gene expression. Nearly all of the studies on this subject have focused on the helper activities provided by Ad with transient-transfection assays. They have shown that two Ad proteins, E1a and, to a lesser extent, the DNA-binding protein (DBP), are involved in p5 transactivation (11, 12). In particular, the crucial role played by E1a is mediated through its interaction with two cellular proteins, MLTF and YY1 (12, 58, 72). Activation of the p5 promoter leads to the synthesis of Rep78 and Rep68, which in turn act as transactivators of the p19 and p40 promoters while maintaining their repressive effect toward the p5 promoter (44, 67–69).

In contrast, few studies have been conducted on the helper activities provided by HSV. Four early HSV type 1 (HSV-1) gene products, UL29 (DBP) and UL5/8/52 (helicase primase complex) have been identified as essential for AAV replication in cells transfected with a plasmid containing the wild-type (wt) AAV genome (75, 80). In addition, Ward et al. demonstrated that the HSV-1 UL30 gene encoding the viral polymerase was able to initiate AAV DNA synthesis in an in vitro replication assay performed in the absence of cellular extracts and with purified HSV proteins (78). However, none of these HSV factors was shown to be involved in the transactivation or derepression of the AAV promoters, particularly that of the p5 promoter, which constitutes the initial event during AAV replication.

* Corresponding author. Mailing address: INSERM U649, Laboratoire de Thérapie Génique, CHU Hôtel-Dieu, Bât. Jean Monnet, 30 Bd Jean Monnet, 1, 44035 Nantes Cedex 01, France. Phone: 33 240087490. Fax: 33 240087491. E-mail: salvetti@sante.univ-nantes.fr.

In this study, we focused on the identification of the HSV-1 factors necessary to relieve the repressive state of the AAV p5 promoter. HSV-1 gene expression during lytic infection occurs with a temporal cascade of three groups of genes: immediate-early, early, and late (55). The main viral transactivators required for the expression of the HSV-1 genes are the late protein VP16 and the immediate-early proteins ICP4 and ICP0. VP16, a component of the HSV tegument, activates the expression of the immediate-early genes through a target sequence present in at least one copy on all immediate-early HSV promoters (65). ICP4 is absolutely required for the transactivation of the HSV-1 early and late genes (79). This factor exerts its transactivating activity by binding specifically or nonspecifically to DNA (9, 73). In the absence of ICP4, the HSV-1 life cycle is arrested at the immediate-early phase (16). The ICP0 protein is also an important regulator of the three classes of HSV genes and has been shown to be able to transactivate several other heterologous promoters in transient-transfection assays (28). In the absence of ICP0, the virus is still replication competent but grows poorly and also reactivates from latency at much lower levels than the wt virus in some cell types (7, 56, 71, 74). This multiplicity of infection (MOI)-dependent defect can be overcome in some cell types and by cell cycle status (8, 86). ICP0 does not bind DNA but may act through the interaction with various cellular factors, including cyclin D3, elongation factor EF-1α, transcription factor BMAL1, and ubiquitin-specific protease HAUSP (26, 49–51). Furthermore, several studies reported that ICP0 expresses two E3 ubiquitin ligase activities located in exons 2 and 3 (5, 35, 37, 76). The ubiquitin ligase activity present in exon 2 is associated with a RING finger domain and is responsible for the proteasome-mediated degradation of cellular proteins, including major proteins associated with ND10 nuclear domains such as PML and Sp100, centromeric proteins CENP-A and CENP-C, and the catalytic subunit of DNA-dependent protein kinase (22, 23, 33, 60, 66). The second ubiquitin ligase activity identified in exon 3 is responsible for the degradation of the E2 ubiquitin-conjugating enzyme cdc34 (36, 76). However, none of these substrates were shown to be directly ubiquitinated by ICP0 except, very recently, for p53 (4). The present hypothesis to explain the wide transactivating or derepressing activities of ICP0, as well as its implication in the establishment of lytic replication, is that this protein is able to alter the higher-order structure of chromatin by targeting a repressive factor for degradation (21).

In the present study, we wanted to determine whether ICP0 contributes to AAV reactivation from latency by specifically analyzing its effect on the expression of the *rep* gene. For these analyses, we used a HeLa cell clone (HA-16) latently infected with wt AAV-2 as a model (17, 77). Our results demonstrated that ICP0 could promote *rep* gene expression in latently infected HA-16 cells. This ICP0-mediated derepressive effect occurred at the transcriptional level and involved the ubiquitin-proteasome pathway. Furthermore, we demonstrated that the degradation of ND10-associated proteins by ICP0 was not required for the activation of the *rep* promoter by ICP0, whereas binding to the ubiquitin-specific protease HAUSP makes a significant contribution to this effect.

MATERIALS AND METHODS

Cell and viruses. wt AAV-2 latently infected human HA-16 derived from HeLa (77), Vero, and U2OS cells were maintained in Dulbecco's modified Eagle's medium (Sigma) supplemented with 10% fetal bovine serum (Sigma) and 1% penicillin–streptomycin (5,000 U/ml; Gibco BRL). Ad used in this study were wt Ad type 5 (Ad5) (ATCC VR-5); AdlacZ, encoding the β-galactosidase enzyme; AdTREICP0, containing the ICP0 gene under the control of tetracycline-responsive promoter (TRE) (38); and AdrTA, encoding for the reverse tetracycline transactivator expressed under the control of the cytomegalovirus promoter (38). In these three recombinant Ad, the transgene was inserted in place of the E1 gene in a ΔE1/ΔE3 adenoviral backbone. All of these viruses were produced and titrated by standard procedures (31) and used at an MOI of 50 on HA-16 cells. wt HSV-1 (F strain), HSV-ΔICP0 (dl1403), and HSV-ΔICP4 (HSV-1-17 Cgal delIE3) were produced on Vero cells or on the ICP4 complementing cell line (62). wt and mutant HSV stocks were titrated on Vero, U2OS, or ICP4 complementing cells by standard procedures (3). Mutated HSV strains were checked for the absence of contaminating wt HSV by a plaque-forming assay performed on Vero cells.

Plasmids. The pEi110 and p110FXE plasmids contain the wt and RING finger-mutated version of ICP0, respectively. They were obtained by removing the green fluorescent protein gene cloned at the NcoI site of the ICP0 initiation codon from plasmids pEG110 and pEGFXE (kindly provided by P. Lomonte). The p110D9, p110D12, p110D14, and p110E52X plasmids (kindly provided by R. Everett, MRC Virology Unit, Glasgow, United Kingdom) contained a mutated version of the ICP0 gene (18, 19). In all of these plasmids, the ICP0 gene was under the control of its own promoter region. Plasmid pTRE-ICP0 was obtained by cloning the ICP0 gene (NheI/HpaI fragment from pCI110) under the control of the TRE promoter in plasmid pTRE2 at the NheI/EcoRV sites (Clontech).

Antibodies. The anti-ICP4 (ab6514) and anti-ICP0 (ab6513) mouse monoclonal antibodies were purchased from Abcam (Cambridge, United Kingdom). The anti-ICP0 (r190) rabbit serum was kindly supplied by R. Everett. Anti-Rep 303.9 and anti-Rep76.3 mouse monoclonal antibodies (kindly provided by J. Kleinschmidt, German Cancer Center, Heidelberg, Germany) recognized the four Rep proteins or only unspliced Rep proteins, respectively (81, 82). Anti-α-tubulin (T5168) mouse monoclonal antibody was purchased from Sigma. The anti-PML mouse monoclonal antibody (PG-M3) was purchased from Santa Cruz Biotechnologies.

Western blot analysis. HA-16 cells were seeded in six-well plates at a density of 10^6 cells per well and infected the following day with viruses at the MOI indicated in the figure legends. When the proteasome inhibitor was used, the cells were preincubated 2 h prior to infection with 5 μM MG132 (Sigma). All subsequent incubations were performed in the presence of the drug, newly refreshed every 4 h, except during the night period. The cells were then washed in phosphate-buffered saline (PBS) 24 h later and lysed with RIPA buffer (20 mM Tris-HCl [pH 7.4], 50 mM NaCl, 1 mM EDTA, 0.5% Nonidet P-40, 0.5% deoxycholate, 0.5% sodium dodecyl sulfate) in the presence of a cocktail of protease inhibitors (Roche). The total cell protein concentration was determined for each sample by a Bradford assay (Bio-Rad). Proteins were loaded on sodium dodecyl sulfate–10% polyacrylamide gels and then transferred to nitrocellulose membranes according to the manufacturer's recommendations (Bio-Rad). The membranes were blocked overnight at 4°C, in PBS–0.1% Tween–5% dried milk, and then incubated for 2 h at room temperature with the appropriate antibody diluted in PBS–0.1% Tween–1% dried milk. Anti-ICP0, anti-ICP4, anti-Rep 303.9, and anti-α-tubulin mouse monoclonal antibodies were used at a 1/4,000, 1/1,600, 1/20, and 1/4,000 dilutions, respectively. After washing, a horseradish peroxidase-conjugated anti-mouse antibody (Amersham Biosciences) was applied at a 1/2,000 dilution for 1 h at room temperature. Finally, after extensive washes in PBS–0.1% Tween, the membranes were soaked in enhanced chemiluminescence reagent (Amersham Biosciences) and exposed to a film. When necessary, the membranes were reprobed with another primary antibody.

Immunofluorescence. HA-16 cells were seeded onto 12-mm coverslips in a 24-well plate at a density of 10^5 cells per well. The cells were transfected with plasmid with the Lipofectamine Plus reagent (Gibco-BRL). Twenty four hours later, the cells were washed with PBS, fixed with PBS–4% paraformaldehyde, and permeabilized with PBS–0.2% Triton X-100. The primary antibody was diluted in PBS–1% bovine serum albumin and applied for 1 h at room temperature. The anti-ICP0 rabbit serum r190 was used at a 1/400 dilution, whereas the anti-Rep76.3 mouse monoclonal antibody was used pure. The coverslips were then washed with PBS–1% Tween-20 and incubated for 1 h with the appropriate fluorescein isothiocyanate- or tetramethyl rhodamine isothiocyanate-conjugated anti-mouse antibody or anti-rabbit antibody (Amersham Biosciences) at a 1/400

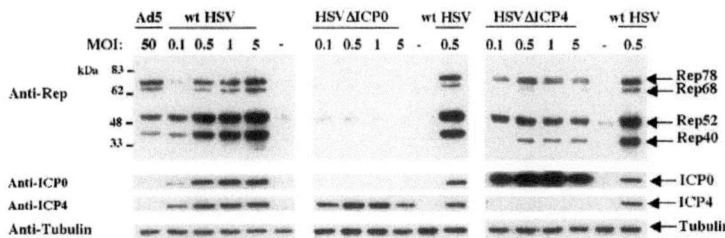

FIG. 1. Effect of wt and mutant HSV-1 strains on the induction of Rep protein synthesis in HA-16 cells. HA-16 cells were infected at the indicated MOIs with either wt HSV-1 (left), HSVΔICP0 (middle), or HSVΔICP4 (right). As positive and negative controls, cells were infected with wt Ad5 at an MOI of 50 or left untreated (−), respectively. At 24 h postinfection, the cells were harvested and protein contents were analyzed by Western blotting with an anti-Rep antibody (303.9) or, on a separate membrane loaded with the same amount of sample, with an anti-α-tubulin antibody (to normalize for protein content). Both membranes were then reprobed with anti-ICP0 and anti-ICP4. ICP0, ICP4, and α-tubulin bands have the expected masses of 110, 175, and 50 kDa, respectively.

dilution. To localize the nuclei, fixed cells were stained for 30 min with TO-PRO-3 used at a 1/1,000 dilution (T-3605; Molecular Probes). After extensive washes, the coverslips were mounted onto glass slides with ProLong antifading mounting medium (Molecular Probes). Images were collected on a Leica TCS-SP1 confocal microscope with a 63/1.4× oil immersion lens. The green and red emissions were collected by using two photomultiplier tubes under conditions of no detectable channel overlap. The grayscale digital images were visualized with a 24-bit imaging system including Leica TCS-NT software. The images generated were imported into Adobe Photoshop, version 6.0, pseudocolored, and in some cases, overlapped to produce merged images.

RPA. Total RNA was isolated from infected HA-16 cells by a guanidium isothiocyanate-based method with the Trizol reagent (Sigma) according to the manufacturer's instructions. RNA was treated with DNase I, resuspended in RNase-free water, and quantified by optical density. The RNase protection assay (RPA) was performed by using an RPA III kit (Ambion) according to the manufacturer's instructions. The p5 antisense probe was generated by cloning the wt AAV PCR fragment extending from nucleotides 255 to 460 into the T7-driven pSP72 transcription vector (Promega). pTRI-β-actin-human plasmid (Ambion) was used to generate an actin antisense control probe of 309 nucleotides. RPAs were performed with 10 μg of total RNA in substantial probe excess. After hybridization, the samples were analyzed by 6% denaturing polyacrylamide sequencing. The gel was dried at 80°C under a vacuum for 2 h and then exposed to a film.

RESULTS

wt HSV-1 but not HSV-1ΔICP0 is able to activate the synthesis of Rep proteins in AAV-2 latently infected cells. To examine the specific contribution of ICP0 in the reactivation of wt AAV-2 rep gene expression from a latent integrated form, we first compared the ability of different HSV-1 strains to induce Rep protein synthesis upon infection of HA-16, a wt AAV-2 latently infected cell line (77). These cells contain several copies of the AAV-2 genome integrated at the AAV S1 locus in a head-to-tail configuration (17). In these latently infected cells, rep gene expression and AAV production is detected only upon infection with a helper virus. HA-16 cells were infected with either wt HSV-1, HSVΔICP0, or HSVΔICP4 at MOI ranging from 0.1 to 5 PFU/cell. As a control, cells were either left untreated or infected with Ad5. As shown in Fig. 1, uninfected Ha16 cells lack detectable Rep expression, confirming that the AAV genome is highly repressed in these cells (see also Fig. 3). As expected, infection with wt HSV-1 induced the synthesis of the four Rep proteins in an MOI-dependent manner, even at the lowest MOI (Fig. 1,

left panel). In contrast, no Rep proteins were detected with an HSV ICP0-null mutant, even at the highest MOI (Fig. 1, middle panel). Eventually, a faint but detectable Rep signal could be observed upon longer exposure or with higher MOI of virus (data not shown). This HSV mutant is impaired for the expression of ICP0 but expresses the other HSV proteins, particularly the ICP4 protein, at detectable levels. As a consequence, this mutant can grow and form plaques, albeit with a reduced efficiency, on Vero and HeLa cells. This result suggested that the presence of ICP0 was required to induce rep gene expression. Accordingly, infection with an HSV ICP4-null mutant, which is impaired for the synthesis of the HSV early and late proteins but overexpresses the ICP0 protein (16), restored the expression of the Rep proteins (Fig. 1, right panel). With this HSV mutant, a maximal level of Rep proteins was observed at an MOI of 0.5. Interestingly, lower amounts of Rep68 and Rep40 were detected with the HSVΔICP4 virus than in wt HSV-1. This observation was also confirmed in further experiments (Fig. 2). Together, these results suggested that the immediate-early ICP0 protein was required to induce the synthesis of the Rep proteins from latently infected cells. To further confirm this observation in a different cell type, we used a clone of human Detroit 6 cells latently infected with wt AAV2 (clone 7374D5), described by Berns et al. (2). Although the 7374D5 cells exhibited a lower AAV-2 genome copy number per cell, we similarly observed Rep synthesis in the presence of ICP0 (data not shown).

rep gene expression can be induced upon infection with a recombinant Ad encoding ICP0. To confirm the ability of ICP0 to induce the synthesis of Rep proteins, in the absence of other HSV factors, we next used a recombinant Ad carrying the ICP0 gene under the control of the doxycycline/rtTA-inducible promoter (AdTREICP0) (38). It was of interest to use such a regulatory system to control the expression level of ICP0 because many studies have documented the deleterious effect of this protein on cellular metabolism and growth (43, 59). HA-16 cells were infected with AdTREICP0 either alone or in the presence of AdrtTA and doxycycline, and Rep protein synthesis was evaluated 24 h later by Western blot analysis. Rep protein synthesis was undetectable in uninfected cells or in

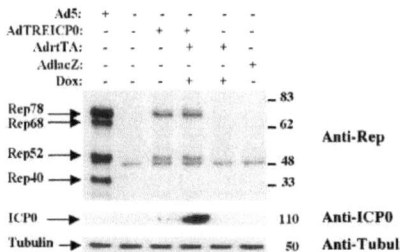

FIG. 2. Induction of Rep synthesis with a recombinant Ad coding for ICP0. HA-16 cells were infected with the indicated recombinant Ad at an MOI of 50, except in the case of coinfection, in which the MOI for each virus was 25. Where indicated, the cells were additionally incubated in the presence of 3 μM doxycycline (Dox). As positive and negative controls, the cells were infected with wt Ad5 at an MOI of 50 or left untreated. The cell extracts prepared 24 h later were analyzed by Western blotting with an anti-Rep antibody (303.9). The membrane was then stripped and reprobed with an anti-ICP0 antibody and then with an anti-α-tubulin antibody. +, present; −, absent.

cells infected with the control adenoviral vectors AdrtTA and AdlacZ (Fig. 2). In contrast, AdTREICP0 alone was able to induce the synthesis of Rep78 and Rep52. A low but detectable level of ICP0 was observed under these conditions, indicating a leakiness of the TRE promoter in the absence of inducers, as previously documented by Halford et al. (38). This observation was also confirmed by immunofluorescence with anti-ICP0 antibodies (data not shown). When HA-16 cells were coinfected with AdTREICP0 and AdrtTA and treated with doxycycline, a net increase in the level of ICP0 was observed (Fig. 2). Interestingly, the level of Rep proteins remained comparable to that observed in the absence of inducers. This result indicated that Rep protein synthesis could be achieved even with very low amounts of ICP0 and was not increased further when more ICP0 protein was produced. Similarly, Hobbs et al. demonstrated that very small amounts of ICP0 produced with a recombinant Ad were sufficient to activate quiescent viral genomes in *trans* (42). Interestingly, and as already pointed out (Fig. 1), the expression of ICP0 preferentially induced the synthesis of the unspliced Rep proteins Rep78 and Rep52. In this assay, Rep68 and Rep40 could be detected at 48 h postinfection, but their ratio was always greatly reduced compared with the two other Rep proteins (data not shown). This observation is interpreted in Discussion.

Induction of Rep protein synthesis by ICP0 occurs at the transcriptional level. Earlier studies have documented that ICP0 activates the expression of HSV genes at the level of mRNA synthesis, with no evidence of posttranscriptional effects (48). To analyze this particular point, HA-16 cells were infected with AdTREICP0 in the presence or absence of inducers (AdrtTA and doxycycline) and the levels of *rep* transcripts were analyzed by RPA. An antisense *rep* riboprobe spanning the p5 transcription initiation site was used to measure the presence of p5 *rep* transcripts (Fig. 3A), whereas an actin riboprobe was used to normalize total RNA recovery. As expected, uninfected cells lacked detectable *rep* transcripts

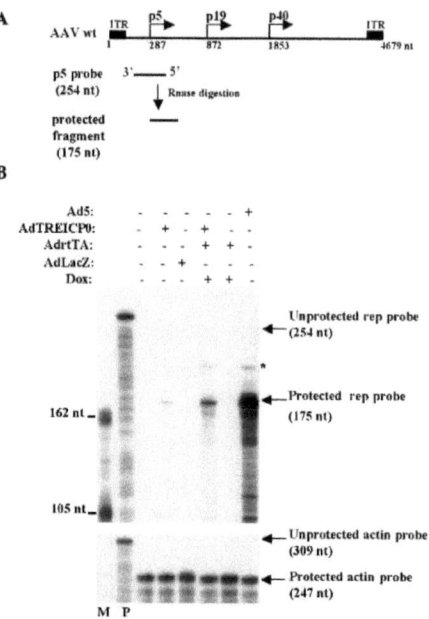

FIG. 3. Effects of ICP0 on *rep* RNA accumulation in HA-16 cells. (A) Schematic presentation of the AAV genome and the antisense p5 RNA probe used in this assay. (B) RPA of p5 promoter-initiated transcripts in the presence (+) and absence (−) of ICP0. HA-16 cells were either left untreated (lane 1) or infected with the indicated recombinant Ad at an MOI of 50 (single infection) or 25 (double infection). Where indicated, the cells were additionally treated with 3 μM doxycycline (Dox) to induce ICP0 expression. At 24 h postinfection, RNA was extracted and hybridized either to a p5 antisense *rep* probe (upper panel) or to a β-actin antisense probe (lower panel). M, molecular size marker; P, unprotected probe. The 175-nucleotide (nt) fragment identified with the *rep* antisense probe corresponds to transcripts initiated from the consensus transcription initiation site at position 287 of wt AAV-2. The asterisk indicates the size of the protected fragment expected for transcripts initiating from the 5′ ITR.

(Fig. 3B), further confirming that the absence of Rep proteins in these cells is due to the silencing of the p5 promoter. Similarly, no *rep* transcripts were detected when cells were mock infected with AdlacZ or AdrtTA. A protected Rep fragment of the expected size was detected with RNA from cells infected with AdTREICP0 or Ad5 (Fig. 3B). The addition of AdrtTA and doxycycline to cells infected with AdTREICP0 induced a significant increase in the level of *rep* transcripts. Under this latter condition, as in cells infected with Ad5, a larger protected Rep band was also detected. This signal likely corresponded to transcripts initiated from the 5′ ITR, as previously documented by other investigators (29, 34). Taken together, these data indicated that the activation of *rep* gene expression by ICP0 occured at the transcriptional level. As discussed below, it is likely that ICP0 exerted this effect indirectly, by affecting chromatin structure or by inactivating a repressive factor, rather than by directly targeting DNA. Strikingly, the increase in *rep* transcripts in cells coinfected with AdTREICP0 and AdrtTA and treated with doxycycline did not correlate with a similar increase in Rep protein synthesis (compare Fig. 3B and 2). This observation suggested that, in this particular context, the translational step was limiting.

ICP0-induced *rep* gene expression depends on the presence of the ICP0 RING finger domain and on proteasome activity. ICP0 is a multifunctional protein that is able to activate a wide variety of genes in transient-transfection assays. Since ICP0 does not bind DNA, it is likely that it functions through interaction with other proteins. Accordingly, several functional domains have been identified within the ICP0 ORF that are responsible for its interaction with cellular proteins or its localization to specific cellular domains (for a review, see reference 21). To determine the role of ICP0 in *rep* gene expression, we have analyzed HA-16 cells transfected with plasmids encoding wt or mutated ICP0 proteins by immunofluorescence with anti-ICP0 and anti-Rep antibodies (Fig. 4). Upon transfection into HA-16 cells, wt ICP0, expressed from its own promoter or from the TRE promoter, displayed both a punctuate and a more diffuse nuclear pattern. As previously documented by Western blotting (Fig. 3), Rep proteins were detected in cells expressing ICP0. Interestingly, the Rep signal was clearly visible in all cells displaying a more diffuse ICP0 pattern, whereas very low amounts of Rep were observed only in some of the cells displaying a punctate ICP0 pattern. Previous studies performed with infectious HSV have documented that the ICP0 protein, initially present in a punctuate pattern, could present more diffuse staining as infection progressed (24). It is possible that in the context of plasmid transfection, the different patterns assumed by ICP0 reflect a dynamic change that takes place over time or depends upon the amount of protein synthesized. As expected, upon transfection of mutant ICP0Δnls (with a deletion in the nuclear localization signal), the ICP0 protein was found exclusively in the cytoplasm and Rep expression was not observed under these conditions. The following ICP0 mutant tested for its ability to activate *rep* gene expression, FXE (ICP0ΔRF), had a deletion in the N-terminal RING finger domain that possesses an E3 ubiquitin ligase activity. This domain has been involved in the proteasome-dependent degradation of several cellular proteins (22, 23, 33, 60, 66). In general, the RING finger domain of ICP0 was shown to be required for all biological activities of the protein and for efficient viral growth (19). Consistent with these findings, no Rep synthesis was observed with this mutant (Fig. 4B). These results further confirmed that ICP0 alone was able to induce Rep protein synthesis and suggested that this effect may be dependent upon the proteasome-mediated degradation of some cellular factors. To test this hypothesis, we examined the effect of the proteasome inhibitor MG132 on HA-16 cells expressing the ICP0 protein. Cells infected with AdTREICP0 in the presence of inducers, AdrtTA and doxycycline, were incubated in the presence or absence of MG132 and evaluated for Rep protein synthesis by Western blotting. As shown in Fig. 5, the addition of MG132 strongly inhibited the ability of AdTREICP0 to promote Rep protein synthesis, whereas ICP0 expression was not affected. The same result was observed in the presence of another proteasome inhibitor, lactacystin (data not shown). These results indicated that proteasome activity was required for the induction of *rep* gene expression by ICP0.

Role of the ND10 localization domain and of the HAUSP-binding site of ICP0 for the activation of *rep* gene expression. The two other ICP0 mutants analyzed for their ability to activate *rep* gene expression had deletions in critical functional domains identified for their ability to bind the ubiquitin-specific protease HAUSP (ICP0ΔHAUSP) or to localize to ND10 (ICP0ΔND10) (Fig. 4A). Both mutants were chosen because they were described as critical for the ICP0 transactivating effect. Indeed, the interaction of ICP0 with HAUSP has been described as contributing to its effect on the activation of gene expression and for efficient viral growth (25). We observed that upon expression of this mutant in HA-16 cells, the Rep proteins were synthesized at a nearly undetectable level (Fig. 6A). In contrast, upon transfection of the mutant ICP0ΔND10, a strong Rep signal was clearly observed (Fig. 6A). This ICP0 mutant was initially described as severely impaired for viral gene activation, particularly when acting in synergy with ICP4 (19). It was also unable to localize and disrupt ND10 structures (24). Accordingly, ND10 domains were still detected upon transfection of this mutant into HA-16 cells, whereas they were undetectable in the presence of the wt ICP0 protein (Fig. 6B). Importantly, this last result also indicated that the ND10 domains were not affected by the presence of Rep. As such, the differential effect of these latter two mutants, ICP0ΔHAUSP and ICP0ΔND10, on *rep* gene activation contrasted with the activity reported previously for other viral promoters (18, 19).

DISCUSSION

Replication and productive infection with AAV-2 requires the presence of a helper virus, typically Ad, HSV-1, or HSV-2 (6, 10). In the absence of helper virus, AAV-2 can establish a latent infection both in vitro and in vivo (14, 32, 39, 41, 54, 63). Many studies have focused on the identification of the helper activities provided by Ad, demonstrating that most of the essential virus-encoded factors were acting to activate AAV gene expression at the transcriptional and posttranscriptional levels (10). In contrast, little information is available about the helper activities provided by HSV-1, particularly concerning the factors involved in AAV gene expression.

The aim of this study was to determine whether the HSV-1 ICP0 protein was able to contribute to AAV-2 reactivation from latency by specifically analyzing the effect of this protein on the transcriptional activity of the p5 *rep* promoter. Indeed, ICP0 is involved alone or in combination with the immediate-early gene product, ICP4, in the transcriptional activation of the three classes of HSV-1 gene (28). Even more importantly, ICP0 was described as essential for reactivation of HSV from latency both in vitro and in vivo (7, 56). The HA-16 and the 7374D5 cells used for this study are latently infected with wt AAV-2 (2, 77). In this context, as documented in other latently infected cell lines, the AAV genome is silent. Infecting these cells with either Ad or HSV can induce AAV-2 replication and assembly. An essential step during this process is constituted by the reactivation of the AAV-2 promoters, particularly the p5 promoter of the *rep* gene. This viral promoter controls the synthesis of the two major Rep proteins (Rep78 and Rep68)

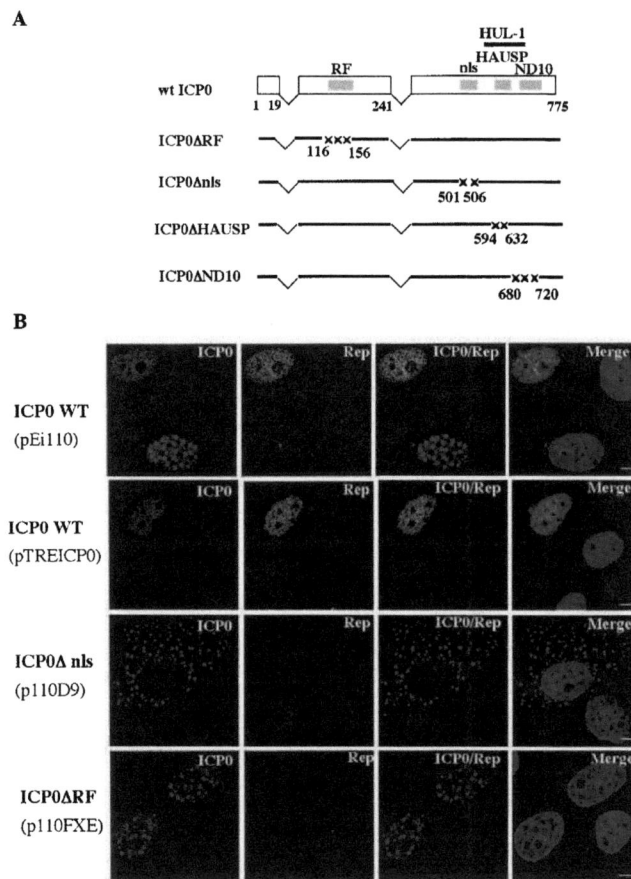

FIG. 4. The RING finger domain of ICP0 is essential for the induction of *rep* gene expression. (A) Schematic presentation of the ICP0 constructs used for the immunofluorescence studies shown in panel B and Fig. 6. The two E3 ubiquitin ligase domains of ICP0 are indicated as the RING finger (RF) and the HUL-1 domains. This latter domain is contained between aa 543 and 680 (36). Numbers refer to amino acid positions. (B) HA-16 cells were transfected with the indicated plasmids expressing either the wt or mutated forms of ICP0 (D9 and FXE) and analyzed 24 h later by indirect immunofluorescence with anti-ICP0 rabbit serum and anti-Rep mouse antibody (76.3). The ICP0 signal was detected with a secondary tetramethyl rhodamine isothiocyanate-conjugated anti-rabbit antibody, and the Rep signal was detected with a fluorescein isothiocyanate-conjugated anti-mouse antibody. The last column of panels shows merged images of both labeling schemes, including the staining of the nucleus with TO-PRO-3. Bars, 8 μm. nls, nuclear localization signal.

that constitute the key factors required for the subsequent activation steps leading to *rep* and *cap* gene expression (67).

Using this cellular model, we demonstrated that ICP0 is able to activate *rep* gene expression. This effect was documented with mutated HSV strains, a recombinant Ad encoding ICP0, and by transfection of ICP0 constructs. In addition, we have demonstrated that the effect of ICP0 on the AAV-2 p5 promoter is exerted at the transcriptional level as shown by the detection of p5 mRNA.

ICP0 is considered a key regulator of HSV because of its ability to interact with several cellular proteins and to induce, for some of them, their proteasome-dependent degradation. The N-terminal RING finger domain of ICP0 was shown to possess a ubiquitin E3 ligase activity that is essential to the

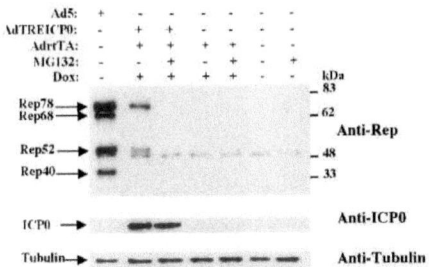

FIG. 5. Inhibition of proteasome activity impairs ICP0-induced activation of Rep protein synthesis. HA-16 cells were either uninfected or infected with the indicated recombinant Ad as described in the legend to Fig. 2. Where indicated, the cells were also incubated in the presence of 3 μM doxycycline (Dox) and 5 μM MG132. The synthesis of Rep proteins was analyzed 24 h later by Western blotting. The ICP0 and α-tubulin signals were detected after sequential reprobing of the same membrane. +, present; −, absent.

induction of the degradation of many cellular targets, such as the centromeric proteins CENP-C and CENP-A, the ND10 associated factors PML and Sp100, and the catalytic subunit of DNA-PK (22, 23, 33, 60, 66). Using mutated versions of ICP0, we showed that the activation of rep gene expression by ICP0 required the presence of the RING finger domain and was dependent on proteasome activity. Similarly, the proteasome pathway was also required for reactivation of quiescent HSV-1 in cultured cells (27). In addition, our results indicated that localization of ICP0 to ND10 and their subsequent disruption was not required to activate rep gene expression. In contrast, the ICP0 effect was severely reduced, but not completely eliminated, when using the ICP0 mutant unable to bind the ubiquitin-specific protease HAUSP. The significance of this latter observation is unclear for the moment. Indeed, the functional consequence of the interaction between ICP0 and HAUSP has not yet been elucidated. In addition, previous studies have shown that the ICP0ΔHAUSP mutant can display a different phenotype according to cell type (23). The interpretation of this result is also complicated by the fact that the HAUSP deletion mutant used in this study partially overlaps the region containing the second E3 ubiquitin ligase domain of ICP0, HUL-1 (36). The evaluation of other ICP0 mutants will be performed to further define the precise role of this region in rep gene activation.

All together, these results raise many questions. The first one is how can these findings be reconciled with what is known about the regulation of the AAV-2 p5 promoter? Many studies performed exclusively by transient-transfection assays have documented that the repression of the p5 promoter was due to both the Rep proteins themselves (Rep78 and Rep68) and to cellular factors, notably YY1 (12, 52, 53, 72). As indicated before, the ICP0 protein does not bind DNA directly. As such, a simple hypothesis would be that in HA-16 cells the same viral and cellular factors are involved in silencing the p5 promoter and that ICP0 relieves the repression directly or indirectly through a process involving proteasome-mediated degrada-

tion. However, it should be noted that it is presently unknown whether the same factors are indeed binding and repressing the p5 promoter in the context of a latently integrated virus. We are currently performing the analysis of the p5 promoter of HA-16 cells by chromatin immunoprecipitation-PCR to investigate this particular point. An alternative hypothesis is that, as documented for other silenced viral genomes or genes, the integrated AAV genome is embedded in a chromatin structure, preventing the access of transcriptional factors. Indeed, several studies indicate that chromatin conformation can be altered by the posttranslational modifications of histones and DNA, such as acetylation and methylation, that determine whether a specific chromosomal region is transcriptionally active or not (47). In this scenario, ICP0 would act by changing the conformational state of the AAV p5 region, allowing the access of key regulatory transcriptional factors such as YY1 and Rep. The observation that a weak but detectable level of rep gene expression can be observed upon treatment of HA-16 cells with an inhibitor of histone deacetylases, trichostatin A, favors this hypothesis (data not shown). Also, this model fits well with the observation that AAV latency could also be relieved in the absence of helper virus by using cellular stresses or genotoxic agents (83-85).

The second point of discussion concerns the role of ND10 disruption in the AAV life cycle. These nuclear structures, formed by the assembly of several proteins and, notably, PML, are the target of many viruses, such as Ad or HSV, that upon entry into the cell induce their disorganization and dispersal (20). Even if the precise role of ND10 is still unknown, the present hypothesis is that these structures constitute a nuclear depot of proteins that exert an antiviral effect (64, 70). Accordingly, a recent study has shown that ND10 mediates the interferon response to HSV-1 infection (13). On the other hand, overexpression of the major ND10 constituent PML was shown to maintain the ND10 structure intact during HSV infection without interfering with viral growth (61). As such, the question of the role of ND10 disorganization during HSV infection is still a matter of debate. The two major helper viruses for AAV, i.e., Ad and HSV, both encode proteins that target the ND10 structures. As such, it could be expected that disorganization of ND10 induced by the helper virus, either Ad or HSV, is also important for the growth of AAV. In this report, we show that the deletion of the ICP0 domain necessary for the localization of the protein to ND10 and, consequently, their disruption was not required for the reactivation of rep gene expression from a latent silenced form. Interestingly, the same ICP0 mutant was unable to reduce reactivation of quiescent HSV (40). At another level, a recent report by Fraefel et al. has shown that recombinant AAV replication centers could be formed in the absence of ICP0 (30). In addition, the Ad-encoded E4 (ORF 3) product, responsible for ND10 dispersal, has not been identified as a helper factor required for AAV growth, and recombinant AAV vectors can be efficiently produced in the absence of this factor (10, 45). All together, these results strongly suggest that the disruption of ND10 is not required during the AAV life cycle.

The last question concerns the role of ICP0 in the context of the helper activities provided by HSV. So far, four HSV-1 early genes, UL5/8/52 (helicase primase complex) and UL29 (single-stranded DBP), were defined as essential for AAV replication

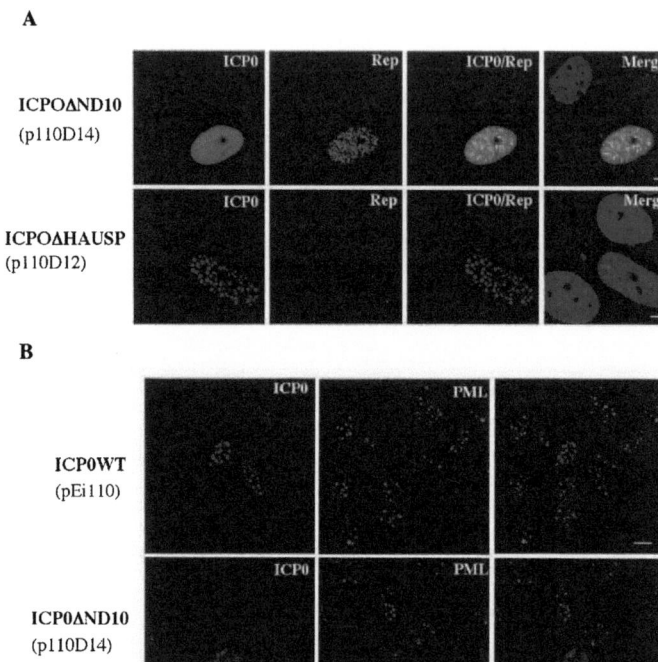

FIG. 6. (A) Effect of ΔND10 and ΔHAUSP ICP0 mutants on rep gene expression. HA-16 cells were transfected with plasmids p110D14 (ICP0ΔND10) and p110D12 (ICP0ΔHAUSP) and labeled with anti-ICP0 and anti-Rep antibodies as indicated in the legend to Fig. 4B. Bars, 8 μm. (B) Visualization of ND10 domains in HA-16 cells transfected with wt and ΔND10 ICP0 constructs. HA-16 cells transfected with plasmids coding for wt (pEi110) or ΔND10 (p110D14) ICP0 proteins were stained with anti-ICP0 and anti-PML antibodies. The last column of panels shows merged images of both labeling schemes. Bars, 16 μm.

when cells were transfected with a plasmid containing the entire AAV genome (75, 80). However, none of these viral products was shown to behave as a transcriptional activator similar to that described for the E1a protein of Ad (12). A transcriptional activator was not required in these studies, probably because a low but detectable level of Rep protein synthesis can occur upon transfection of cells with a rep gene or a wt AAV2 plasmid even in the absence of helper virus (M. C. Geoffroy and A. Salvetti, unpublished data). In contrast, in our study the integrated rep gene is transcriptionally silent. In this context, our study provides the first evidence that the HSV-1 protein, ICP0, can act as a viral activator of rep gene expression. Interestingly, infection with HSVΔICP0 or AdTREICP0 alone induced the preferential synthesis of the two unspliced Rep proteins compared to the wt virus. This suggests that HSV is able to additionally provide one or more factors involved in splicing and/or the transport of spliced transcripts. Alternatively, it is possible that, when expressed in the absence of any other viral factor, ICP0 inhibits splicing. The observation that at least Rep52 was synthesized upon expression of ICP0 indicated that the effect of ICP0 extended to the p19 promoter. In contrast, no effect on the synthesis of the Cap proteins controlled by the p40 promoter was observed by Western blotting following ICP0 expression (data not shown). This preliminary result suggests that the effect of ICP0 is specific to the rep promoter. As such, it is likely that other HSV factors are required in addition to ICP0 to induce the complete expression of the AAV-2 genome. It will be interesting in the future to evaluate the effect of ICP0 combined with the other HSV helper factors already identified as important for AAV replication.

In conclusion, this study has contributed to the identification of a key HSV-1 helper factor required for the reactivation of AAV-2 rep gene expression from a latent integrated form. We consider these findings to be particularly relevant because both HSV and AAV are able to establish a latent infection and because ICP0 is a protein that has already been characterized as a central element for the switch from latent to lytic HSV infection. Additionally relevant to this point is the observation that AAV infection in humans can occur at the same time as HSV and that AAV, as HSV, has a tropism for neuronal cells (15). As such, it can be envisioned that both viruses establish a latent infection in the same cells and respond to the same viral inductor.

ACKNOWLEDGMENTS

We thank Juergen Kleinschmidt for providing the 303.9 and 76.3 antibodies, Priscilla Schaffer for the AdTREICP0 and AdCMVrtTA viruses, Roger Everett for the ICP0-expressing constructs and the anti-ICP0 rabbit serum, and Patrick Lomonte for plasmids pEG110, pEGFXE, and pCI110. We are grateful to Caroline Colombeix for excellent technical assistance during analysis with the confocal microscope. We also thank Roger Everett and Mark Haskins for critically reading the manuscript.

This work was supported by the Association Française contre les Myopathies (AFM), Vaincre les Maladies Lysosomales (VML), Association Nantaise de Thérapie Génique (ANTG), the Fondation pour la Thérapie Génique en Pays de la Loire, and the INSERM.

REFERENCES

1. **Berns, K. I., and C. Giraud.** 1996. Biology of adeno-associated virus. Curr. Top. Microbiol. Immunol. **218:**1–23.
2. **Berns, K. I., T. C. Pinkerton, G. F. Thomas, and M. D. Hoggan.** 1975. Detection of adeno-associated virus (AAV)-specific nucleotide sequences in DNA isolated from latently infected Detroit 6 cells. Virology **68:**556–560.
3. **Berthomme, H., S. J. Monahan, D. S. Parris, B. Jacquemont, and A. L. Epstein.** 1995. Cloning, sequencing, and functional characterization of two subunits of the pseudorabies virus DNA polymerase holoenzyme: evidence for specificity of interaction. J. Virol. **69:**2811–2818.
4. **Boutell, C., and R. D. Everett.** 2003. The herpes simplex virus type 1 (HSV-1) regulatory protein ICP0 interacts with and ubiquitinates p53. J. Biol. Chem. **278:**36596–36602.
5. **Boutell, C., S. Sadis, and R. D. Everett.** 2002. Herpes simplex virus type 1 immediate-early protein ICP0 and is isolated RING finger domain act as ubiquitin E3 ligases in vitro. J. Virol. **76:**841–850.
6. **Buller, R. M., J. E. Janik, E. D. Sebring, and J. A. Rose.** 1981. Herpes simplex virus types 1 and 2 completely help adenovirus-associated virus replication. J. Virol. **40:**241–247.
7. **Cai, W., T. D. Astor, L. M. Liptak, C. Cho, D. Coen, and P. A. Schaffer.** 1993. The herpes simplex virus type 1 regulatory protein ICP0 enhances replication during acute infection and reactivation from latency. J. Virol. **67:**7501–7512.
8. **Cai, W., and P. A. Schaffer.** 1991. A cellular function can enhance gene expression and plating efficiency of a mutant defective in the gene for ICP0, a transactivating protein of herpes simplex virus type 1. J. Virol. **65:**4078–4090.
9. **Carrozza, M. J., and N. A. DeLuca.** 1996. Interaction of the viral activator protein ICP4 with TFIID through TAF250. Mol. Cell. Biol. **16:**3085–3093.
10. **Carter, B. J.** 1990. Adeno-associated virus helper functions, p. 255–282. *In* P. Tijssen (ed.), Handbook of parvoviruses, vol. 1. CRC Press, Boca Raton, Fla.
11. **Chang, L.-S., and T. Shenk.** 1990. The adenovirus DNA-binding protein stimulates the rate of transcription directed by adenovirus and adeno-associated virus promoters. J. Virol. **64:**2103–2109.
12. **Chang, L.-S., Y. Shi, and T. Shenk.** 1989. Adeno-associated virus p5 promoter contains an adenovirus E1A-inducible element and a binding site for the major late transcription factor. J. Virol. **63:**3479–3488.
13. **Chee, A. V., P. Lopez, P. P. Pandolfi, and B. Roizman.** 2003. Promyelocytic leukemia protein mediates interferon-based anti-herpes simplex virus 1 effects. J. Virol. **77:**7101–7105.
14. **Cheung, A. K., M. D. Hoggan, W. W. Hauswirth, and K. I. Berns.** 1980. Integration of the adeno-associated virus genome into cellular DNA in latently infected human Detroit 6 cells. J. Virol. **33:**739–748.
15. **Davidson, B. L., C. S. Stein, J. A. Heth, I. Martins, R. M. Kotin, T. A. Derksen, J. Zabner, A. Ghodsi, and J. A. Chiorini.** 2000. Recombinant adeno-associated virus type 2, 4, and 5 vectors: transduction of variant cell types and regions in the mammalian central nervous system. Proc. Natl. Acad. Sci. USA **97:**3428–3432.
16. **DeLuca, N. A., A. M. McCarthy, and P. A. Schaffer.** 1985. Isolation and characterization of deletion mutants of herpes simplex virus type 1 in the gene encoding immediate-early regulatory protein ICP4. J. Virol. **56:**558–570.
17. **Dutheil, N., F. Shi, T. Dupressoir, and R. M. Linden.** 2000. Adeno-associated virus site-specifically integrates into a muscle-specific DNA region. Proc. Natl. Acad. Sci. USA **97:**4862–4866.
18. **Everett, R. D.** 1988. Analysis of the functional domains of herpes simplex virus type 1 immediate-early polypeptide Vmw110. J. Mol. Biol. **202:**87–96.
19. **Everett, R. D.** 1989. Construction and characterization of herpes simplex virus type 1 mutants with defined lesions in immediate early gene 1. J. Gen. Virol. **70:**1185–1202.
20. **Everett, R. D.** 2001. DNA viruses and viral proteins that interact with PML nuclear bodies. Oncogene **20:**7266–7273.
21. **Everett, R. D.** 2000. ICP0, a regulator of herpes simplex virus during lytic and latent infection. Bioessays **22:**761–770.
22. **Everett, R. D., W. C. Earnshaw, J. Findlay, and P. Lomonte.** 1999. Specific destruction of kinetochore protein CENP-C and disruption of cell division by herpes simplex virus immediate-early protein Vmw110. EMBO J. **18:**1526–1538.
23. **Everett, R. D., P. Freemont, H. Saitoh, M. Dasso, A. Orr, M. Kathoria, and J. Parkinson.** 1998. The disruption of ND10 during herpes simplex virus infection correlates with the Vmw110- and proteasome-dependent loss of several PML isoforms. J. Virol. **72:**6581–6591.
24. **Everett, R. D., and G. G. Maul.** 1994. Maul HSV-1 IE protein Vmw110 causes redistribution of PML. EMBO J. **13:**5062–5069.
25. **Everett, R. D., M. Meredith, and A. Orr.** 1999. The ability of herpes simplex virus type 1 immediate-early protein Vmw110 to bind to a ubiquitin-specific protease contributes to its roles in the activation of gene expression and stimulation of virus replication. J. Virol. **73:**417–426.
26. **Everett, R. D., M. Meredith, A. Orr, A. Cross, M. Kathoria, and J. Parkinson.** 1997. A novel ubiquitin-specific protease is dynamically associated with the PML nuclear domain and binds to a herpesvirus regulatory protein. EMBO J. **16:**1519–1530.
27. **Everett, R. D., A. Orr, and C. M. Preston.** 1998. A viral activator of gene expression functions via the ubiquitin-proteasome pathway. EMBO J. **17:**7161–7169.
28. **Everett, R. D., C. M. Preston, and N. D. Stow.** 1991. Functional and genetic analysis of the role of Vmw110 in herpes simplex virus replication, p. 50–76. *In* E. K. Wagner (ed.), The control of herpes simplex virus gene expression. CRC Press, Inc., Boca Raton, Fla.
29. **Flotte, T. R., S. A. Afione, R. Solow, M. L. Drumm, D. Markakis, W. B. Guggino, P. L. Zeitlin, and B. J. Carter.** 1993. Expression of the cystic fibrosis transmembrane conductance regulator from a novel adeno-associated virus promoter. J. Biol. Chem. **268:**3781–3790.
30. **Fraefel, C., A. G. Bittermann, H. Büeler, I. Heid, T. Bächi, and M. E. Ackermann.** 2004. Spatial and temporal organization of adeno-associated virus DNA replication in live cells. J. Virol. **78:**389–398.
31. **Graham, F. L., and L. Prevec.** 1991. Manipulation of adenovirus vectors, p. 109–128. *In* E. J. Murray (ed.), Gene transfer and protocol, vol. 7. Humana Press, Inc., Clifton, N.J.
32. **Grossman, Z., E. Mendelson, F. Brok-Simoni, F. Mileguir, Y. Leitner, G. Rechavi, and B. Ramot.** 1992. Detection of adeno-associated virus type 2 in human peripheral blood cells. J. Gen. Virol. **73:**961–966.
33. **Gu, H., and B. Roizman.** 2003. The degradation of promyelocytic leukemia and Sp100 proteins by herpes simplex virus 1 is mediated by the ubiquitin-conjugating enzyme UbcH5a. Proc. Natl. Acad. Sci. USA **100:**8963–8968.
34. **Haberman, R. P., T. J. McCown, and R. J. Samulski.** 2000. Novel transcriptional regulatory signals in the adeno-associated virus terminal repeat A/D junction element. J. Virol. **74:**8732–8739.
35. **Hagglund, R., and B. Roizman.** 2002. Characterization of the novel E3 ubiquitin ligase encoded in exon 3 of herpes simplex virus-1-infected cell protein 0. Proc. Natl. Acad. Sci. USA **99:**7889–7894.
36. **Hagglund, R., and B. Roizman.** 2003. Herpes simplex virus 1 mutant in which the ICP0 HUL-1 E3 ubiquitin ligase site is disrupted stabilizes cdc34 but degrades D-type cyclins and exhibits diminished neurotoxicity. J. Virol. **77:**13194–13202.
37. **Hagglund, R., C. Van Sant, P. Lopez, and B. Roizman.** 2002. Herpes simplex virus 1-infected cell protein 0 contains two E3 ubiquitin ligase sites specific for different E2 ubiquitin-conjugating enzymes. Proc. Natl. Acad. Sci. USA **99:**631–636.
38. **Halford, W. P., C. D. Kemp, J. A. Isler, D. J. Davido, and P. A. Schaffer.** 2001. ICP0, ICP4, or VP16 expressed from adenovirus vectors induces reactivation of latent herpes simplex virus type 1 in primary cultures of latently infected trigeminal ganglion cells. J. Virol. **75:**6143–6153.
39. **Handa, H., and B. J. Carter.** 1979. Adeno-associated virus DNA replication complexes in herpes simplex virus or adenovirus-infected cells. J. Biol. Chem. **254:**6603–6610.
40. **Harris, R. D. Everett, X. Zhu, S. Silverstein, and C. M. Preston.** 1989. Herpes simplex virus type 1 immediate-early protein Vmw110 reactivates latent herpes simplex virus type 2 in an in vitro latency system. J. Virol. **63:**3513–3515.
41. **Hernandez, Y. J., J. Wang, M. G. Kearns, S. Loiler, A. Poirier, and T. R. Flotte.** 1999. Latent adeno-associated virus infection elicits humoral but not cell-mediated immune responses in a nonhuman primate model. J. Virol. **73:**8549–8558.
42. **Hobbs, W. E., D. E. Brough, I. Kovesdi, and N. A. DeLuca.** 2001. Efficient

activation of viral genomes by levels of herpes simplex virus ICP0 insufficient to affect cellular gene expression or cell survival. J. Virol. **75:**3391–3403.
43. **Hobbs, W. E., and N. A. DeLuca.** 1999. Perturbation of cell cycle progression and cellular gene expression as a function of herpes simplex virus ICP0. J. Virol. **73:**8245–8255.
44. **Horer, M., S. Weger, K. Butz, F. Hoppe-Seyler, C. Geisen, and J. A. Kleinschmidt.** 1995. Mutational analysis of adeno-associated virus Rep protein-mediated inhibition of heterologous and homologous promoters. J. Virol. **69:**5485–5496.
45. **Huang, M. M., and P. Hearing.** 1989. Adenovirus early region 4 encodes two gene products with redundant effects in lytic infection. J. Virol. **63:**2605–2615.
46. **Im, D. S., and N. Muzyczka.** 1989. Factors that bind to adeno-associated virus terminal repeats. J. Virol. **63:**3095–3104.
47. **Jeunwein, T.** 2001. Re-SET-ting heterochromatin by histone methyltransferases. Trends Cell Biol. **11:**266–273.
48. **Jordan, R., and P. A. Schaffer.** 1997. Activation of gene expression by herpes simplex virus type 1 ICP0 occurs at the level of mRNA synthesis. J. Virol. **71:**6850–6862.
49. **Kawaguchi, Y., R. Bruni, and B. Roizman.** 1997. Interaction of herpes simplex virus 1 alpha regulatory protein ICP0 with elongation factor 1δ: ICP0 affects translational machinery. J. Virol. **71:**1019–1024.
50. **Kawaguchi, Y., M. Tanaka, A. Yokoyamma, G. Matsuda, K. Kato, H. Kagawa, K. Hirai, and B. Roizman.** 2001. Herpes simplex virus 1 alpha regulatory protein ICP0 functionally interacts with cellular transcription factor BMAL1. Proc. Natl. Acad. Sci. USA **98:**1877–1882.
51. **Kawaguchi, Y., C. Van Sant, and B. Roizman.** 1997. Herpes simplex virus 1 alpha regulatory protein ICP0 interacts with and stabilizes the cell cycle regulator cyclin D3. J. Virol. **71:**7328–7336.
52. **Kyostio, S. R., R. A. Owens, M. D. Weitzman, B. A. Antoni, N. Chejanovsky, and B. J. Carter.** 1994. Analysis of adeno-associated virus (AAV) wild-type and mutant Rep proteins for their abilities to negatively regulate AAV p5 and p19 mRNA levels. J. Virol. **68:**2947–2957.
53. **Kyostio, S. R., R. S. Wonderling, and R. A. Owens.** 1995. Negative regulation of the adeno-associated virus (AAV) P5 promoter involves both the P5 rep binding site and the consensus ATP-binding motif of the AAV Rep68 protein. J. Virol. **69:**6787–6796.
54. **Laughlin, C. A., C. B. Cardellichio, and H. C. Coon.** 1986. Latent infection of KB cells with adeno-associated virus type 2. J. Virol. **60:**515–524.
55. **Lehman, I. R., and P. E. Boehmer.** 1999. Replication of herpes simplex virus DNA. J. Biol. Chem. **274:**28059–28062.
56. **Leib, D. A., D. M. Coen, C. L. Bogard, K. A. Hicks, D. R. Yager, D. M. Knipe, K. L. Tyler, and P. A. Schaffer.** 1989. Immediate-early regulatory gene mutants define different stages in the establishment and reactivation of herpes simplex virus latency. J. Virol. **63:**759–768.
57. **Leonard, C. J., and K. I. Berns.** 1994. Adeno-associated virus type 2: a latent life cycle. Prog. Nucleic Acid Res. Mol. Biol. **48:**29–53.
58. **Lewis, B. A., Q. Tullis, E. Seto, N. Horikoshi, R. Weinmann, and T. Shenk.** 1995. Adenovirus E1A proteins interact with the cellular YY1 transcription factor. J. Virol. **69:**1628–1636.
59. **Lomonte, P., and R. D. Everett.** 1999. Herpes simplex virus type 1 immediate-early protein Vmw110 inhibits progression of cells through mitosis and from G_1 into S phase of the cell cycle. J. Virol. **73:**9456–9467.
60. **Lomonte, P., K. F. Sullivan, and R. D. Everett.** 2001. Degradation of nucleosome-associated centromeric histone H3-like protein CENP-A induced by herpes simplex virus type 1 protein ICP0. J. Biol. Chem. **276:**5829–5835.
61. **Lopez, P., R. J. Jacob, and B. Roizman.** 2002. Overexpression of promyelocytic leukemia protein precludes the dispersal of ND10 structures and has no effect on the accumulation of infectious herpes simplex virus 1 or its proteins. J. Virol. **76:**9355–9367.
62. **Marconi, P., D. Krisky, T. Oligino, P. L. Poliani, R. Ramakrishnan, W. F. Goins, D. J. Fink, and J. C. Glorioso.** 1996. Replication-defective herpes simplex virus vectors for gene transfer in vivo. Proc. Natl. Acad. Sci. USA **93:**1319–11321.
63. **Marcus-Sekura, C., and B. J. Carter.** 1983. Chromatin-like structure of adeno-associated virus DNA in infected cells. J. Virol. **48:**79–87.
64. **Negorev, D., and G. G. Maul.** 2001. Cellular proteins localized at and interacting with ND10/PML nuclear bodies/PODs suggest functions of a nuclear depot. Oncogene **20:**7234–7242.
65. **O'Hare, P.** 1993. The virion transactivator of herpes simplex virus. Semin. Virol. **44:**751–760.
66. **Parkinson, J., S. P. Lees-Miller, and R. D. Everett.** 1999. Herpes simplex virus type 1 immediate-early protein vmw110 induces the proteasome-dependent degradation of the catalytic subunit of DNA-dependent protein kinase. J. Virol. **73:**650–657.
67. **Pereira, D. J., D. M. McCarty, and N. Muzyczka.** 1997. The adeno-associated virus (AAV) Rep protein acts as both a repressor and an activator to regulate AAV transcription during a productive infection. J. Virol. **71:**1079–1088.
68. **Pereira, D. J., and N. Muzyczka.** 1997. The adeno-associated virus type 2 p40 promoter requires a proximal Sp1 interaction and a p19 CArG-like element to facilitate Rep transactivation. J. Virol. **71:**4300–4309.
69. **Pereira, D. J., and N. Muzyczka.** 1997. The cellular transcription factor SP1 and an unknown cellular protein are required to mediate rep protein activation of the adeno-associated virus p19 promoter. J. Virol. **71:**1747–1756.
70. **Regad, T., and M. K. Chelbi-Alix.** 2001. Role and fate of PML nuclear bodies in response to interferon and viral infections. Oncogene **20:**7274–7286.
71. **Sacks, W. R., and P. A. Schaffer.** 1987. Deletion mutants in the gene encoding the herpes simplex virus type 1 immediate-early protein ICP0 exhibit impaired growth in cell culture. J. Virol. **61:**829–839.
72. **Shi, Y., E. Seto, L. S. Chang, and T. Shenk.** 1991. Transcriptional repression by YY1, a human GLI-Krüppel-related protein, and relief of repression by adenovirus E1A protein. Cell **67:**377–388.
73. **Smith, C. A., P. Bates, R. Rivera-Gonzales, B. Gu, and N. A. DeLuca.** 1993. ICP4 the major transcriptional regulatory protein of herpes simplex virus type 1 forms a tripartite complex with TATA-binding protein and TFIIB. J. Virol. **67:**4676–4007.
74. **Stow, N. D., and E. C. Stow.** 1986. Isolation and characterisation of a herpes simplex virus type 1 mutant containing a deletion within the gene encoding the immediate-early polypeptide Vmw110. J. Gen. Virol. **70:**695–704.
75. **Stracker, T. H., G. D. Cassell, P. Ward, Y. M. Loo, B. van Breukelen, S. D. Carrington-Lawrence, R. K. Hamatake, P. C. van der Vliet, S. K. Weller, T. Melendy, and M. D. Weitzmann.** 2004. The Rep protein of adeno-associated virus type 2 interacts with single-stranded DNA-binding proteins that enhance viral replication. J. Virol. **78:**441–453.
76. **Van Sant, C., R. Hagglund, P. Lopez, and B. Roizman.** 2001. The infected cell protein 0 of herpes simplex virus 1 dynamically interacts with proteasomes, binds and activates the cdc34 E2 ubiquitin-conjugating enzyme, and possesses in vitro E3 ubiquitin ligase activity. Proc. Natl. Acad. Sci. USA **98:**8815–8820.
77. **Walz, C., and J. R. Schlehofer.** 1992. Modification of some biological properties of HeLa cells containing adeno-associated virus DNA integrated into chromosome 17. J. Virol. **66:**2990–3002.
78. **Ward, P., M. Falkenberg, P. Elias, M. Weitzman, and R. M. Linden.** 2001. Rep-dependent initiation of adeno-associated virus type 2 DNA replication by a herpes simplex virus type 1 replication complex in a reconstituted system. J. Virol. **75:**10250–10258.
79. **Watson, R. J., and J. B. Clements.** 1980. A herpes simplex virus type 1 function continuously required for early and late virus RNA synthesis. Nature **285:**329–330.
80. **Weindler, F. W., and R. Heilbronn.** 1991. A subset of herpes simplex virus replication genes provides helper functions for productive adeno-associated virus replication. J. Virol. **65:**2476–2483.
81. **Wistuba, A., A. Kern, S. Weger, D. Grimm, and J. A. Kleinschmidt.** 1997. Subcellular compartmentalization of adeno-associated virus type 2 assembly. J. Virol. **71:**1341–1352.
82. **Wistuba, A., S. Weger, A. Kern, and J. A. Kleinschmidt.** 1995. Intermediates of adeno-associated virus type 2 assembly: identification of soluble complexes containing Rep and Cap proteins. J. Virol. **69:**5311–5319.
83. **Yakobson, B., T. A. Hrynko, M. J. Peak, and E. Winocour.** 1989. Replication of adeno-associated virus in cells irradiated with UV light at 254 nm. J. Virol. **63:**1023–1030.
84. **Yakobson, B., T. Koch, and E. Winocour.** 1987. Replication of adeno-associated virus in synchronized cells without the addition of a helper virus. J. Virol. **61:**972–981.
85. **Yalkinoglu, A. O., R. Heilbronn, A. Burkle, J. R. Schlehofer, and H. zur Huasen.** 1988. DNA amplification of adeno-associated virus as a response to cellular genotxic stress. Cancer Res. **48:**3123–3129.
86. **Yao, F., and P. A. Schaffer.** 1995. An activity specified by the osteosarcoma line U2OS can substitute functionally for ICP0, a major regulatory protein of herpes simplex virus type 1. J. Virol. **69:**6249–6258.

Impact of the Interaction between Herpes Simplex Virus Type 1 Regulatory Protein ICP0 and Ubiquitin-Specific Protease USP7 on Activation of Adeno-Associated Virus Type 2 *rep* Gene Expression

Marie-Claude Geoffroy,[1] Gilliane Chadeuf,[1] Anne Orr,[2] Anna Salvetti,[1] and Roger D. Everett[2]*

INSERM U649, CHU Hotel-Dieu, Nantes, France,[1] *and MRC Virology Unit, Church Street, Glasgow G11 5JR, Scotland, United Kingdom*[2]

Received 26 October 2005/Accepted 18 January 2006

Expression of the herpes simplex virus type 1 (HSV-1) regulatory protein ICP0 in transfected cells reactivates *rep* gene expression from integrated adeno-associated virus (AAV) type 2 genomes via a mechanism that requires both its RING finger and USP7 interaction domains. In this study, we found that the *rep* reactivation defect of USP7-binding-negative ICP0 mutants can be overcome by further deletion of sequences in the C-terminal domain of ICP0, indicating that binding of USP7 to ICP0 is not directly required. Unlike the case in transfected cells, only the RING finger domain of ICP0 was essential for *rep* gene reactivation during HSV-1 infection. However, mutants unable to bind to USP7 activate HSV-1 gene expression and reactivate *rep* gene expression with reduced efficiencies. These results further elucidate the role of ICP0 as a helper factor for AAV replication and illustrate that care is required when extrapolating from the properties of ICP0 in transfection assays to events occurring during HSV-1 infection.

We have previously demonstrated that the herpes simplex virus type 1 (HSV-1) ICP0 protein promotes the reactivation of *rep* gene expression in HA-16 cells latently infected with wild-type adeno-associated virus type 2 (AAV-2) (7). The AAV-2 *rep* gene encodes regulatory proteins, in particular Rep78 and Rep68, that are essential for AAV replication and gene expression and, consequently, for the onset of the AAV life cycle. The synthesis of these proteins is under the control of the p5 promoter, which is naturally repressed during AAV latency. How repression of the p5 promoter is maintained during latency and how it is relieved in the presence of a helper virus like HSV-1 is for the moment unknown. Two ICP0 regions are important for *rep* gene activation in transfected cells: the RING finger domain, which confers E3 ubiquitin ligase activity (2), and the domain involved in its interaction with the ubiquitin-specific protease USP7 (6). USP7 contributes to the functions of ICP0, since mutants unable to bind USP7 activate gene expression with reduced efficiency both in transfection reporter assays and during HSV-1 infection (1, 5, 10). Recently, it was demonstrated that USP7 protects ICP0 from autoubiquitination and proteasome-dependent degradation, thereby increasing the efficiency of ICP0 expression during HSV-1 infection (3). In this study, we investigated whether the interaction between ICP0 and USP7 was directly involved in the mechanism by which ICP0 activates *rep* gene expression.

USP7 is not strictly required for ICP0-induced *rep* expression. To evaluate the effect of USP7 during ICP0-mediated *rep* gene reactivation, plasmids expressing a panel of insertion and deletion mutants affecting the USP7 binding domain and regions toward the C terminus of ICP0 (Fig. 1) (5, 10, 11) were transfected into HA-16 cells, and *rep* gene expression was analyzed by immunofluorescence (7, 13). In comparison with the plasmid expressing wild-type (wt) ICP0, the Rep signal was extremely low or undetectable in cells transfected with ICP0 mutants that have a defect in USP7 binding (M1, M4, and D12) (Fig. 2). In contrast, the ICP0-D13 mutant that has lost sequences required for self multimerization and localization to ND10 but retained the ability to interact with USP7 (10) activated *rep* gene expression efficiently. Removal of the RING finger from ICP0 (mutant FXE) eliminated *rep* gene reactivation (Fig. 2), as described in our previous report (7).

We next analyzed the effect of the ICP0 deletion mutant E52X, which lacks the C-terminal 180 residues that include sequences required for the interaction with USP7, for self-multimerization, and for localization to ND10 (4, 9, 10). Surprisingly, despite being unable to bind to USP7, mutant E52X reactivated *rep* gene expression efficiently (Fig. 2), indicating that binding of USP7 was not an absolute requirement for *rep* gene activation by ICP0. This conclusion was confirmed by constructing an ICP0 mutant that combines the M1 and D13 lesions (ICP0-M1D13). This double mutant was able to reactivate *rep* gene expression as efficiently as D13 (Fig. 2), indicating that the defect conferred by the M1 mutation could be overridden by removal of ICP0 sequences on the C-terminal side of the USP7 binding domain.

Investigation of the properties of *rep* reactivation-proficient and -deficient ICP0 mutants. The observation that mutations in the minimal USP7 binding domain, such as M1, M4, and D12, are unable to reactivate *rep* gene expression in transfected cells, while lesions that affect both the USP7 binding domain and sequences further downstream (mutants E52X and M1D13) regain this activity, prompted us to examine the properties of these mutant proteins in a variety of assays. We found that *rep* gene reactivation in cells latently infected with AAV-2 did not correlate simply with the transactivation properties of ICP0 in transient assays. Consistent with earlier stud-

* Corresponding author. Mailing address: MRC Virology Unit, Church Street, Glasgow G11 5JR, Scotland, United Kingdom. Phone: 44 141 330 3923. Fax: 44 141 330 3521. E-mail: r.everett@vir.gla.ac.uk.

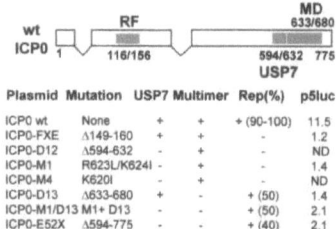

FIG. 1. Locations and properties of ICP0 mutants used in this study. Numbers refers to amino acid positions. Filled boxes indicate the positions of the RING Finger (RF), the USP7 binding region (USP7) and the self-multimerization (MD) domain. The data below the schematic view of the ICP0 gene indicate the mutations present in each ICP0 expression plasmid and their ability to bind USP7 (USP7), to multimerize (Multimer), to induce *rep* gene expression in transfected HA-16 cells (Rep), and to activate a cotransfected p5luc plasmid expressing the luciferase gene under the control of the p5 *rep* gene promoter. The numbers indicate either the percentages of Rep-expressing cells among those expressing ICP0 (as illustrated in Fig. 2) or the p5luc n-fold activation over basal levels by wt ICP0 and the various mutants. ND, not done. The original characterization of these mutant ICP0 proteins can be found in references (5, 10, and 11).

ies using other reporter genes (5), mutants M1, D12, D13, and E52X were all defective in activating the AAV-2 *rep* gene promoter (p5) in a cotransfected luciferase reporter plasmid (Fig. 1). Therefore, reactivation of an integrated, repressed *rep* gene by ICP0 differs in some way from its effects on a cotransfected plasmid containing the p5 promoter.

We next investigated the properties of the mutant forms of ICP0 that are relevant to this study during infection of HeLa cells (from which HA-16 cells were derived [13]). As expected from previous studies (1), mutations in the minimal USP7 binding domain reduced the rate of accumulation of ICP0. Surprisingly, however, this defect was corrected in mutants E52X and M1D13 (Fig. 3A and B). All of the mutants exhibited substantial reductions in the rate of accumulation of UL42, a representative member of the early class of HSV-1 genes. Therefore, defects in ICP0-mediated activation of a reporter gene in transfection assays correlate with reduced rates of accumulation of UL42 during infection. In contrast, only those ICP0 mutant proteins that accumulate with reduced efficiency during HSV-1 infection exhibit a defect in *rep* gene reactivation in transfected cells.

The increased levels of expression of the ICP0 mutant proteins D13, M1D13, and E52X compared to those of M1, M4, and D12 (Fig. 3A and B) can be attributed to the former group of proteins being more stable than the latter group at early times of infection and at their respective levels of synthesis in HeLa cells (Fig. 3C and D). The defect in accumulation of mutant M1 ICP0 is also strikingly illustrated by a substantial defect in the number of ICP0-positive cells compared to those expressing ICP4 as detected by fluorescence-activated cell sorting analysis after low-multiplicity-of-infection (MOI) infection of U2OS cells (3). Analysis of a selection of the relevant mutants using this assay clearly demonstrated that M1, M4, and to a lesser extent D12 exhibit a substantial underrepresentation of ICP0-positive cells after low-MOI infection. This defect does not occur in deletion mutant D13 and E52X infections (Fig. 3E).

There is no obvious explanation of why removal of C-terminal sequences of ICP0 results in a more stable protein, even in the absence of USP7 binding. The D13, E52X, and M1D13 mutant proteins lack sequences required for multimerization of ICP0 and are more diffusely spread through the nucleoplasm (Fig. 2). Therefore, it is possible that autoubiquitination of ICP0 is increased either by its self-interaction or when the protein is initially resident in ND10. Although there is a correlation between the stabilities of these ICP0 mutant proteins at early times of infection and their ability to reactivate *rep* gene expression in transfected HA-16 cells, we cannot conclude that ICP0 stability is a crucial factor, because all of the ICP0 proteins analyzed here accumulate to similar levels in transfection experiments analogous to those of Fig. 2 (data not shown). We can conclude, however, that ICP0 mutant proteins that fail to reactivate *rep* gene expression in transfected HA-16 cells also accumulate less efficiently during HSV-1 infection.

Finally, we investigated the effects of selected mutations on ICP0-induced PML degradation. Consistent with results of an earlier study using HFFF-2 cells (1), the M1 mutation decreased the rate at which PML was degraded in HeLa cells (Fig. 3F). Previous work had established that mutants M1, M4, and D12 disrupt ND10 more slowly than the wt (5). These effects are likely to be due to reduced rates of accumulation of the mutant ICP0 proteins (Fig. 3A), resulting in inefficient PML degradation. Despite their normal rates of accumulation, mutants D13 and E52X also degraded PML with reduced kinetics (Fig. 3F), probably due to their inefficient localization at ND10 (9, 10). Therefore, the gene expression and reporter gene activation defects caused by the D13 and E52X mutations correlate with reduced effects on PML and hence ND10, but despite these defects, these mutant ICP0 proteins reactivate *rep* gene expression efficiently in transfected cells.

Comparison of reactivation of *rep* gene expression by ICP0 in transfected and infected cells. The results presented above suggest that there is a clear difference between the abilities of selected ICP0 mutants to activate *rep* gene expression in transfected cells and to activate HSV-1 early gene expression efficiently during infection. Therefore, we investigated reactivation of *rep* gene expression during HSV-1 infection of HA-16 cells, rather than after transfection of ICP0 alone. At 8 h postinfection and with the notable exception of mutant FXE, all the HSV-1 mutants reactivated *rep* gene expression, in contrast to the results using ICP0 alone in transfected cells. However, all the mutants carrying lesions in the USP7 binding and C-terminal domains induced Rep protein synthesis at a lower level than wt HSV-1, despite the wt, D13, M1D13, and E52X ICP0 proteins accumulating to similar levels (Fig. 4A). Consistent with the experiment of Fig. 3A, expression of UL29, a major HSV-1 helper factor for AAV replication (8, 12, 14), was reduced at this time point in the mutant virus infections (Fig. 4A). The differences between wt HSV-1 and the mutant viruses (except FXE) were essentially eliminated after 24 h of infection (Fig. 4B). Therefore, at the multiplicity used here and in these HeLa-derived cells, the HSV-1 mutant viruses with lesions in the USP7 binding domain and adjacent regions exhibit

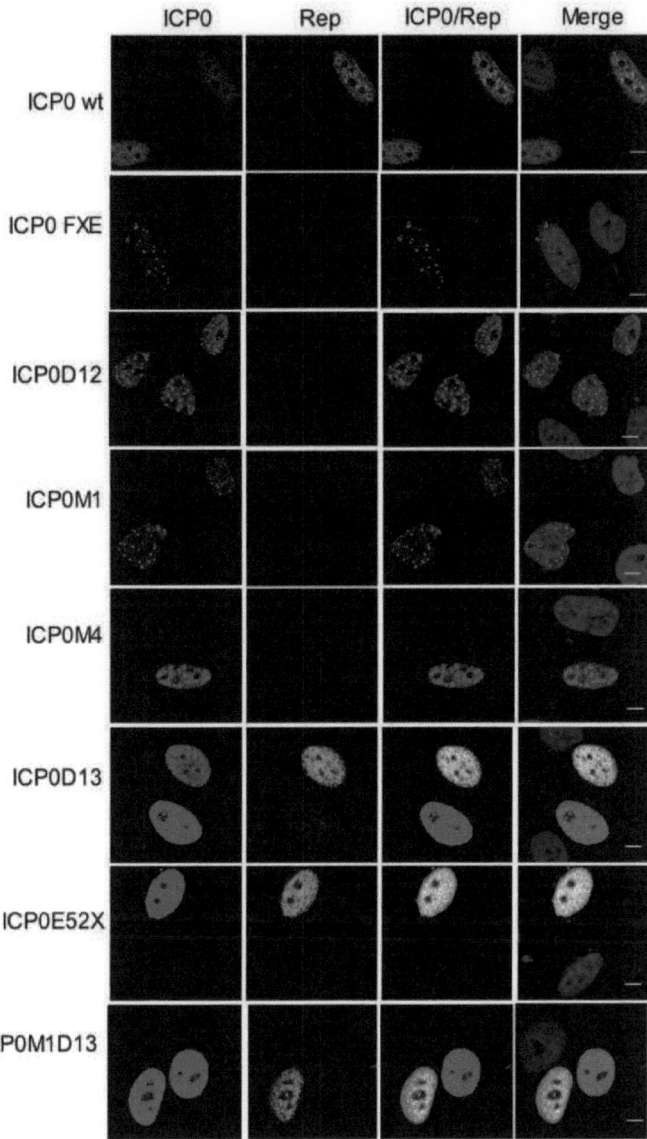

FIG. 2. Rep gene activation by transfection of different ICP0 mutant constructs. HA-16 cells were transfected with the indicated ICP0-expressing constructs and analyzed 24 h later by immunofluorescence using anti-ICP0 rabbit serum and anti-Rep mouse antibody (76.3) as described previously (7). The ICP0 signal was detected with a secondary tetramethyl rhodamine isothiocyanate-conjugated antirabbit antibody, and the Rep signal was detected with a fluorescein isothiocyanate-conjugated antimouse antibody. The last column shows merged images of both labeling schemes including staining of the nucleus with TO-PRO-3. Bars, 8 m.

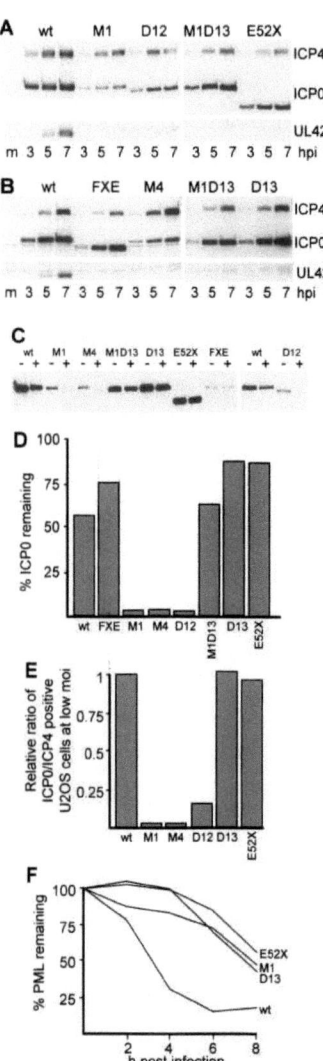

FIG. 3. Properties of ICP0 mutants with lesions in the USP7 binding and C-terminal domains. A and B. Rate of ICP0 accumulation. HeLa cells were infected with the indicated HSV-1 viruses at a MOI of 5 PFU/ml (based on titrations in U2OS cells), and then whole-cell extracts were harvested at 3, 5, and 7 h postinfection (hpi). The samples were analyzed by Western blotting for ICP4, ICP0, and UL42 as described previously (1). C. Accumulation and stability of ICP0. HeLa cells were infected in duplicate with viruses expressing the wt and indicated mutant forms of ICP0 at a MOI of 2. In this experiment, wt ICP0 was expressed by dl1403R, the wt rescuant of the ICP0-null mutant virus dl1403, from which all the other ICP0 mutant viruses were derived. At 3 h pi, one well of each duplicate was harvested and the other was treated with cycloheximide at 100 g/ml. These wells were harvested 1 h later. ICP0 levels were analyzed by Western blotting. D. Nonsaturated exposures of the Western blot results in C were scanned, and the relative levels of ICP0 were determined by densitometry. E. FACS analysis of ICP0- and ICP4-positive cells after infection of U2OS cells at a MOI of 0.1 PFU/cell. Cells in 35-mm dishes were harvested 5 h after infection, and duplicate samples were processed for detection of ICP4- and ICP0-positive cells as described previously (3). In all infections about 50% of the cells were ICP4 positive. The ratio of ICP0- to ICP4-positive cells in each infection was calculated and was expressed as a fraction of that obtained with wt HSV-1. F. Relative rates of PML degradation induced by wt and mutant ICP0 proteins. HeLa cells were infected with the indicated viruses at a MOI of 10 PFU/cell, and then parallel samples were harvested at 2, 4, 6, and 8 h after infection. Whole-cell extracts were analyzed for PML by Western blotting. The intensity of the major PML band was determined by densitometry, and the amount remaining was expressed as a proportion of that in the mock-infected control.

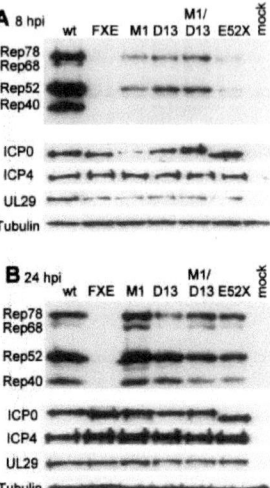

FIG. 4. Effect of wt and mutated HSV strains on the induction of Rep protein synthesis in HA-16 cells. A and B. HA-16 cells were infected in duplicate at a MOI of 5 with HSV-1 viruses as indicated. At 8 h (panel A) and 24 h (panel B) after infection, the cells were washed and lysed in sodium dodecyl sulfate-polyacrylamide gel electrophoresis loading buffer and analyzed by Western blotting as described previously (7). ICP0, UL29 (detected using a rabbit polyclonal antibody), and tubulin (monoclonal antibody T5168; Sigma) were detected after successive reprobing of the same membrane, whereas ICP4 was detected on a different membrane.

only a delay in the accumulation of HSV-1 replication proteins and reactivation of AAV rep expression.

The apparent discrepancy between rep gene reactivation by ICP0 mutants D13, M1D13, and E52X in transfected cells and during HSV-1 infection can be explained as follows. In transfected HA-16 cells expressing ICP0, the Rep proteins are expressed, but this is not sufficient to initiate AAV DNA replication. However, in infected cells the presence of other HSV-1 proteins enables productive replication of AAV genomes and a corresponding increase in *rep* gene copy number. Therefore, the expression of the Rep proteins will be amplified by a factor that will be proportional to the expression levels of the relevant helper HSV-1 DNA replication proteins. Because the M1D13, D13, and E52X mutations all delay HSV-1 early gene expression in the infection protocol used, AAV replication will in turn be delayed. Therefore, the intrinsic ability of these mutant proteins to activate Rep78 expression as efficiently as wt ICP0 when expressed in transfected cells will be masked during HSV-1 infection by the cognate virus mutants being less able to stimulate AAV replication.

The experiments presented here illustrate an experimental issue that may complicate many investigations, namely, that the behavior of wt and mutant ICP0 proteins in transfection assays may not simply correlate with the situation in virus-infected cells. In transfected cells, we have shown that interaction with USP7 is not directly required for ICP0 to reactivate *rep* gene transcription from quiescent, integrated AAV genomes and that this activity does not simply correlate with the ability of ICP0 to transactivate gene expression from cotransfected reporter plasmids. Reactivation of *rep* gene expression in HSV-1-infected cells also requires ICP0, but once reactivation has occurred, the level of Rep protein expression is influenced by the expression of other HSV-1 proteins.

We thank Juergen Kleinschmidt for providing the 303.9 and 76.3 antibodies and Sandra Weller and Mark Challberg for the anti-UL29 antibody.

This work was supported by the U.K. Medical Research Council, INSERM, the Association Française contre les Myopathies (AFM), Vaincre les Maladies Lysosomales (VML), Association Nantaise de Thérapie Génique (ANTG), and the Fondation pour la Thérapie Génique en Pays de la Loire.

REFERENCES

1. **Boutell, C., M. Canning, A. Orr, and R. D. Everett.** 2005. Reciprocal activities between herpes simplex virus type 1 regulatory protein ICP0, a ubiquitin E3 ligase, and ubiquitin-specific protease USP7. J. Virol. **79:**12342–12354.
2. **Boutell, C., S. Sadis, and R. D. Everett.** 2002. Herpes simplex virus type 1 immediate-early protein ICP0 and its isolated RING finger domain act as ubiquitin E3 ligases in vitro. J. Virol. **76:**841–850.
3. **Canning, M., C. Boutell, J. Parkinson, and R. D. Everett.** 2004. A RING finger ubiquitin ligase is protected from autocatalyzed ubiquitination and degradation by binding to ubiquitin-specific protease USP7. J. Biol. Chem. **279:**38160–38168.
4. **Everett, R. D., and G. G. Maul.** 1994. HSV-1 IE protein Vmw110 causes redistribution of PML. EMBO J. **13:**5062–5069.
5. **Everett, R. D., M. Meredith, and A. Orr.** 1999. The ability of herpes simplex virus type 1 immediate-early protein Vmw110 to bind to a ubiquitin-specific protease contributes to its roles in the activation of gene expression and stimulation of virus replication. J. Virol. **73:**417–426.
6. **Everett, R. D., M. Meredith, A. Orr, A. Cross, M. Kathoria, and J. Parkinson.** 1997. A novel ubiquitin-specific protease is dynamically associated with the PML nuclear domain and binds to a herpesvirus regulatory protein. EMBO J. **16:**1519–1530.
7. **Geoffroy, M. C., A. L. Epstein, E. Toublanc, P. Moullier, and A. Salvetti.** 2004. Herpes simplex virus type 1 ICP0 protein mediates activation of adeno-associated virus type 2 *rep* gene expression from a latent integrated form. J. Virol. **78:**10977–10986.
8. **Heilbronn, R., M. Engstler, S. Weger, A. Krahn, C. Schetter, and M. Boshart.** 2003. ssDNA-dependent colocalization of adeno-associated virus Rep and herpes simplex virus ICP8 in nuclear replication domains. Nucleic Acids Res. **31:**6206–6213.
9. **Maul, G. G., and R. D. Everett.** 1994. The nuclear location of PML, a cellular member of the C3HC4 zinc-binding domain protein family, is rearranged during herpes simplex virus infection by the C3HC4 viral protein ICP0. J Gen. Virol. **75:**1223–1233.
10. **Meredith, M., A. Orr, M. Elliott, and R. Everett.** 1995. Separation of sequence requirements for HSV-1 Vmw110 multimerisation and interaction with a 135-kDa cellular protein. Virology **209:**174–187.
11. **Meredith, M., A. Orr, and R. Everett.** 1994. Herpes simplex virus type 1 immediate-early protein Vmw110 binds strongly and specifically to a 135-kDa cellular protein. Virology **200:**457–469.
12. **Stracker, T. H., G. D. Cassell, P. Ward, Y. M. Loo, B. van Breukelen, S. D. Carrington-Lawrence, R. K. Hamatake, P. C. van der Vliet, S. K. Weller, T. Melendy, and M. D. Weitzman.** 2004. The Rep protein of adeno-associated virus type 2 interacts with single-stranded DNA-binding proteins that enhance viral replication. J. Virol. **78:**441–453.
13. **Walz, C., and J. R. Schlehofer.** 1992. Modification of some biological properties of HeLa cells containing adeno-associated virus DNA integrated into chromosome 17. J. Virol. **66:**2990–3002.
14. **Weindler, F. W., and R. Heilbronn.** 1991. A subset of herpes simplex virus replication genes provides helper functions for productive adeno-associated virus replication. J. Virol. **65:**2476–2483.

Helper Functions Required for Wild Type and Recombinant Adeno-Associated Virus Growth

Marie-Claude Geoffroy and Anna Salvetti*

INSERM U649, Nantes, France

Abstract: The human parvovirus Adeno-Associated virus (AAV-2) has been classified as a Dependovirus because it requires the presence of a helper virus to achieve a productive replication cycle. Several viruses such as Adenovirus (Ad), Herpes Simplex Virus (HSV), Vaccinia virus, and human papillomaviruses (HPV) can provide the helper activities required for AAV growth. However, if the helper activities provided by adenovirus have been extensively investigated, few reports have been conducted with the other helper viruses. The studies on the helper activities provided by adenovirus have provided useful information not only to understand the AAV-2 biology but also to develop tools for the production of recombinant AAV particles (rAAV). This review will focus on the current knowledge about the helper activities provided by the most extensively studied helper viruses, Ad and HSV-1, and also illustrate the methods used to provide the helper activities during rAAV assembly.

I INTRODUCTION

The human parvovirus Adeno-Associated virus (AAV-2) has been classified as a Dependovirus, as opposed to the autonomous Parvoviruses, because of its need to be assisted by a helper virus to achieve a productive replication cycle. Indeed, early studies have reported that several viruses such as Adenovirus (Ad), Herpes Simplex Virus (HSV), and Vaccinia virus can provide the helper activities required for AAV growth [Atchison *et al.*, 1965; Georg-Fries *et al.*, 1984; Parks *et al.*, 1967; Schlehofer *et al.*, 1986]. More recently, human papillomaviruses (HPV) were also characterized as being able to help AAV-2 productive replication [Ogston *et al.*, 2000; Walz *et al.*, 1997]. However, the requirement for a helper virus is not strict since, under certain conditions, the infected cells can provide all what is necessary for the AAV-2 life cycle. Indeed, several reports have indicated that AAV-2 can replicate and assemble in cells treated with chemical compounds such as hydroxyurea or carcinogens [Schlehofer *et al.*, 1986; Yakobson *et al.*, 1989; Yakobson *et al.*, 1987; Yalkinoglu *et al.*, 1991]. Similarly, *in vitro* experiments have demonstrated that extracts from non-infected HeLa cells grown at a high density can support AAV-2 DNA replication at a level similar to that observed using extract from adenovirus-infected cells [Ni *et al.*, 1998].

This review will focus on the current knowledge about the helper activities provided by the most extensively studied helper viruses, Ad and HSV-1, and also illustrate the methods used to provide the helper activities required for the production of recombinant AAV particles (rAAV).

II ADENOVIRUS HELPER FUNCTIONS

II.1 Identification of the Adenovirus Helper Functions Required for Wild Type AAV-2 Growth

The helper activities provided by Ad were the most extensively studied probably because AAV-2 was initially

*Address correspondence to this author at the INSERM U649, Nantes, France; E-mail: salvetti@sante.univ-nantes.fr

discovered as a contaminant of Ad preparations [Atchison *et al.*, 1965; Hoggan *et al.*, 1966]. Early studies performed by micro-injection of mRNA molecules indicated that among the Ad genes only those encoding for the early functions were required for the synthesis of infectious AAV-2 particles [Richardson *et al.*, 1980]. This finding also indicated that Ad replication was not required for the AAV-2 life cycle. Further studies to identify the early gene products involved in the helper effect showed that Ad was required at several steps of the AAV-2 life cycle (Table 1). The first functions identified concerned those required for AAV-2 gene expression. Use of Ad mutants or of individual Ad genes demonstrated that the E1A gene products were essential for activation of AAV-2 gene expression and further studies identified the p5 rep promoter as the target of E1A proteins. Studies by Chang *et al.* demonstrated that the AAV-2 p5 promoter was repressed in absence of Ad and that the E1A proteins relieve this repression and activated the promoter [Chang *et al.*, 1989]. The relief of p5 repression by E1A required both the MLTF and the YY1 binding sites in the p5 promoter. In particular, the studies conducted on the interaction between E1A and YY1 suggested that relief of repression by E1A was due to its direct or p300-mediated interaction with the YY1 transcription factor [Lee *et al.*, 1995a; Lee *et al.*, 1995b; Lewis *et al.*, 1995]. All of these studies were conducted using chimeric p5 constructs that were transiently transfected into cells in the absence of Rep proteins. How E1A relieves p5 repression in the context of wild type (wt) AAV-2 infection is not currently understood. Nevertheless, despite the fact that the mechanism of p5 activation by E1A is still unclear, it remains that this Ad factor is essential for AAV-2 gene expression as also was demonstrated by studies conducted with rAAV-2 vectors (see below). Similarly, the E2A gene encoding for the single-stranded DNA-binding protein (DBP) of adenovirus was reported to be able to activate transcription from the p5 promoter (Table I). However, no additional studies were conducted on this subject and it is not known how the DBP exerts this effect. The same E2A protein was also found to have post-transcriptional effects on

Table 1. Adenovirus Helper Functions for Wild Type AAV-2 Growth

Adenoviral factor(s)	Affected step	References
Unknown	Nuclear translocation	[Xiao et al., 2002]
E1A	Transcriptional activation	[Chang et al., 1989; Janik et al., 1981; Laughlin et al., 1982; Richardson and Westphal, 1984; Shi et al., 1991; Tratschin et al., 1984]
E2A		[Chang and Shenk, 1990]
E2A E4(orf6)/E1B(55KDa) VAI RNA	AAV-2 RNAs transport, stability and translation	[Carter et al., 1992; Janik et al., 1989; Jay et al., 1981; Myers and Carter, 1981; Myers et al., 1980] [Samulski and Shenk, 1988] [Janik et al., 1989; Janik et al., 1981]
Unknown	RNA splicing	[Mouw and Pintel, 2000]
E2A E4(orf6)	DNA replication	[Carter et al., 1992; Quinn and Kitchingman, 1986; Ward et al., 1998] [Carter et al., 1983; Huang and Hearing, 1989; Richardson and Westphal, 1981]

AAV-2 RNAs as were the products of the E4(orf6), E1B genes and the VAI RNAs. In particular, the DBP was suggested to enhance translation of AAV-2 RNAs together with VAI RNAs [Janik et al., 1989]. If the role of VAI RNAs as a translational enhancer of AAV-2 RNAs is coherent with their activity in adenovirus-infected cells [Schneider et al., 1984], the role of DBP in this process is unclear and certainly deserves further studies. Concerning the E1B(55 kDa) and E4(orf6) gene products, their role in the transport and/or the accumulation of cytoplasmic AAV-2 RNAs has been initially suggested by Samulsky and Shenk who demonstrated a delay in the accumulation of cytoplasmic AAV-2 RNAs using adenovirus mutants with a deletion in either gene [Samulski and Shenk, 1988]. However, these results were not confirmed by a more recent study that indicated that AAV-2 RNAs did not require adenovirus to exit the nucleus [Mouw and Pintel, 2000]. Interestingly, this latter report also indicated that adenovirus infection stimulated the splicing of AAV-2 RNAs. Similarly, the role of the E1B (55kDa) product was not confirmed by a more recent study conducted with rAAV-2 vectors [Matsushita et al., 2004]. As such, the exact role of the E1B(55KDa)/E4(orf6) complex in AAV-2 gene expression has yet to be defined.

Beside the effects of Ad on AAV-2 gene expression, few reports directly addressed the question of the Ad gene product involved in AAV-2 DNA replication. In particular, the study performed by Quinn et al. first indicated that among the Ad genes only the one encoding for the DBP was able to provide the helper function for AAV-2 replication in a context of COS cells infected with wt AAV-2 [Quinn and Kitchingman, 1986]. The same conclusion was reached using an Ad with a deletion of the E2A gene, even though the interpretation of this result was complicated by the fact that the absence of DBP also affected the level of Rep68/40 and VP proteins [Carter et al., 1992]. The final confirmation of the role of the DBP in AAV-2 replication came from in vitro replication assays that demonstrated that this Ad protein enhanced AAV-2 DNA replication [Ward et al., 1998]. The Ad DBP could be replaced by its human counterpart, the single-stranded DNA binding protein designed RPA, thus explaining why under certain conditions non-nfected cells could also provide the functions required for AAV-2 replication [Ward et al., 1998]. The HSV-1 DBP encoded by the UL29 gene, was similarly shown to enhance AAV DNA replication (see § III.1). In addition to the E2A gene, the Ad E4(orf6) gene product has also been shown to be involved in AAV-2 DNA replication. Indeed, early studies using adenovirus deletion mutants or micro-injection of DNA or RNA molecules have demonstrated an essential role of the E4 region in AAV-2 replication. This effect was confirmed by Huang and Hearing who further demonstrated the helper effect provided by the E4(orf6) gene on AAV-2 DNA replication [Huang and Hearing, 1989]. Even though the interpretation of these results was complicated by the concomitant effect of the E4(orf6) deletion on AAV-2 gene expression and particularly on Rep protein synthesis, the notion that this gene product was indeed involved in AAV-2 replication was further supported by the results obtained with rAAV-2 vectors (see § II.2).

Finally, even if early studies indicated that the initial steps of the AAV-2 life cycle, including its binding to the cell and its penetration into the nucleus were not affected by adenovirus [Carter, 1990], this notion was recently challenged by the observation that adenovirus facilitated the nuclear translocation of AAV-2 capsids [Xiao et al., 2002]. This effect was also observed using empty adenoviral capsids suggesting that one or more components of the Ad capsid affected AAV-2 trafficking.

II.2 Adenovirus Helper Functions Required for rAAV-2 Transduction and Assembly

The studies conducted using rAAV-2 vectors have confirmed that a small subset of Ad genes are sufficient for the helper effect and, in some instances, they have also provided new information concerning the helper activities provided by Ad (Table 2). In particular, early studies demonstrated that some Ad gene products were required to enhance the rAAV-2 transduction efficiency. Indeed, two reports indicated that the conversion of single-stranded (ss) rAAV-2 genomes into double-stranded (ds) transcriptionally active forms was a

Table 2. Adenovirus Helper Functions Defined for rAAV-2 Transduction and Assembly

Adenovirus factor(s)	Function	References
E4(orf6)	Enhances rAAV-2 transduction and conversion of ss to ds rAAV-2 DNA Formation of linear ds intermediates	[Ferrari et al., 1996; Fisher et al., 1996] [Duan et al., 1999; Sanlioglu et al., `1999]
E2A	Enhances the formation of circular ds intermediates	[Duan et al., 1998]
E2A, E4, VAI	Sufficient for rAAV-2 assembly in 293 cells	[Grimm et al., 1998; Matsushita et al., 1998; Xiao et al., 1998]
E4(orf6)	Sufficient for rAAV-2 assembly in 293 cells	[Allen et al., 1999]
E1b(19 Kda)	Required for efficient rAAV-2 assembly	[Matsushita et al., 2004]

Ss : single-stranded ; ds : double-stranded

rate-limiting step both *in vitro* and *in vivo*. This step could be enhanced either by co-infecting the cells with adenovirus or by introducing the E4(orf6) gene alone [Fisher et al., 1996]. Enhancement by the E1 gene was also observed in conjunction with E4(orf6) [Ferrari et al., 1996]. Interestingly, the same observation was made *in vivo* in mouse tissues transduced with rAAV-2. Other *in vitro* studies aimed at defining the molecular structure of the rAAV-2 genome *in vitro* have indicated that the rAAV-2 genome mainly persisted as head-to-tail circular molecules, the formation of which could be augmented by super-infection with Ad. In this context, the E2a and the E4(orf6) gene products were shown to have opposite effects, the first enhancing the appearance of circular ds intermediates and the second preventing their formation to rather favour the appearance of linear concatamers [Duan et al., 1999; Sanlioglu et al., 1999]. As such, these data supported previous findings about a possible role of the E4(orf6) gene product in wt AAV-2 replication. However, it should be noted that the effect of E4(orf6) on rAAV-2 transduction has not been further elucidated and that the molecular mechanism underlying the conversion of ss rAAV-2 genomes into ds molecules is still a matter of debate.

Beside these reports, most of the other studies on rAAV-2 were conducted to precisely define the adenovirus helper genes required for their assembly. Earlier studies had shown that rAAV-2 preparations made with E1-deleted adenovirus in 293 cells were contaminated with Ad particles that could potentially lead to unwanted immune reactions once injected *in vivo* [Salvetti et al., 1998]. On the other hand, other replication defective adenoviruses mutated in other Ad genes, such as those encoding for the Ad polymerase (E2b) or the preterminal protein (pTP) proved difficult to grow to obtain large high-titer stocks [Maxwell et al., 1998; Salvetti et al., 1998]. These findings together with the initial observation that Ad replication was not required for AAV-2 growth [Richardson et al., 1980] have led many investigators to develop plasmids able to provide the Ad functions required for AAV-2 assembly in the absence of the other unnecessary Ad genes. Reports on this subject have demonstrated that the minimal set of genes allowing efficient rAAV-2 production from 293 cells included those encoding for the DBP (E2a), the E4(orf6) and VAI RNAs, with the E1a and E1b genes being supplied by 293 cells [Grimm and Kleinschmidt, 1999; Matsushita et al., 1998; Xiao et al., 1998]. As such, these data confirmed the results of the studies previously conducted on wt AAV-2. Allen et al. also reported that the transfection in 293 cells of the E4(orf6) gene in conjunction with modified AAV-2 rep and cap construct was sufficient to achieve high rAAV-2 titers despite the absence of the Ad DBP and VAI RNAs [Allen et al., 1999]. However, in this study there was not a direct comparison with the rAAV titers obtained with the complete set of Ad genes.

Two Ad helper plasmids are currently used for the production of rAAV (Table 3). Plasmid pXX6 developed by X. Xiao et al. contains the E2a, VAI and E4 gene, as well as a similar construct developed by Matsushita et al. [Matsushita

Table 3. Adenovirus Helper Plasmids Currently Used for rAAV-2 Assembly

Plasmid name	Encoded adenoviral factor(s)	References
pXX6	E2A, VAI, E4	[Xiao et al., 1998]
PDG and pDF1-6	E2A, VAI, E4 (also encode for rep and cap)	[Grimm et al., 1998; Grimm et al., 2003]

et al., 1998; Xiao et al., 1998]. Using this type of helper plasmid, the assembly of rAAV particles requires the co-transfection in 293 cells of two additional plasmids one encoding for the rep and cap genes, and the other for the vector itself. Alternatively, the rep and cap genes can be combined on the same construct as that including the Ad genes, as in plasmid pDG [Grimm et al., 1998]. This latter construct, in which the rep promoter was replaced with the heterologous mouse mammary tumor virus (MMTV) long terminal repeat also offers the advantage of strongly reducing the formation of particles containing rep sequences [Nony et al., 2003]. Constructs similar to PDG, referred to as pDF1 to 6, were also developed for the production of pseudotyped rAAV particles having a capsid derived from AAV serotype 1 to 6 with a packaged rAAV-2 genome [Grimm et al., 2003].

As expected the use of such Ad helper genes instead of infectious adenovirus led to rAAV stocks free of Ad contamination. In addition, the rAAV titers achieved using this triple or double transfection method are at least as high as those obtained using an infectious adenovirus [Grimm et al., 1998; Matsushita et al., 1998; Xiao et al., 1998].

HSV HELPER FUNCTIONS

III.1 Identification of the HSV-1 Genes Required for the wt AAV-2 Life Cycle

The helper activities provided by HSV-1 were described only a few years after the discovery of AAV. However, the first reports indicated that HSV-1 was only able to induce AAV protein synthesis without detectable production of AAV particles [Atchison, 1970; Blacklow et al., 1970]. This notion was rapidly altered by the observation by electron micsoscopy of AAV capsids in the nucleus of cells co-infected with wt AAV-1 and HSV-1 [Henry et al., 1972]. Further studies conducted with wt AAV-2 confirmed this finding and also indicated that co-infection with HSV-1 or -2 resulted in AAV titers similar to those observed in the presence of Ad [Buller et al., 1981; Handa and Carter, 1979]. Interestingly, both these reports also indicated that, in the presence of HSV-1, the AAV life cycle was more rapid than with Ad, an observation confirmed later using rAAV [Toublanc et al., 2004]. Despite these initial findings, relatively few studies have been conducted to identify the HSV-1 genes required for the helper effect and knowledge on this matter is still fragmentary. Initial studies conducted by transfecting individual fragments of the HSV-1 genomes indicated that, as reported for adenovirus, HSV-1 DNA replication was not required to induce AAV protein synthesis and replication [Mishra and Rose, 1990; Tilley and Mayor, 1984]. In particular, the study by Mishra et al. was the first to identify some of the HSV β genes as important to induce AAV DNA synthesis upon transfection of a plasmid containing the wt AAV-2 genome with subgenomic fragments of the HSV-1 genome [Mishra and Rose, 1990]. Further studies, conducted using either mutated HSV strains or plasmids expressing individual HSV genes, indicated that the HSV genes sufficient to mediate the helper effect are those encoding for the helicase/primase complex (UL5, 8, and 52) and for the ss DBP (UL29) [Weindler and Heilbronn, 1991]. In that study, AAV DNA replication was analyzed upon co-transfection of the individual HSV-1 genes with a plasmid encoding for wt AAV-2 and the formation of infectious particles detected by dot blot analysis after subsequent infection of HeLa cells. Further studies confirmed that this set of HSV genes was sufficient to induce AAV DNA replication and also indicated that the UL29 gene product, ICP8, played a role similar to the Ad DBP during AAV in vitro replication [Stracker et al., 2004]. In addition, it was also shown that the HSV-1 DBP, as the analogous Ad DBP and the cellular RPA, was able to localize at AAV replication centers and to interact with Rep proteins to enhance their binding and nicking at the AAV ITRs [Heilbronn et al., 2003; Stracker et al., 2004]. Interestingly, the study by Stracker et al. also demonstrated that, in the context of plasmid transfection, the enzymatic helicase primase complex was not required for AAV replication but rather to induce the correct sub-nuclear localization of ICP8 into pre-replicative foci at which AAV DNA co-localizes. Indeed, in transfected cells the UL5/8/52 proteins were previously shown to be required for the formation of discrete foci at which ICP8 co-localizes [Liptak et al., 1996; Lukonis and Weller, 1997]. In the absence of any of the three components of the helicase primase complex, the ICP8 protein exhibited mainly a diffuse nuclear pattern [Lukonis and Weller, 1997]. However, it should be noted that additional early HSV-1 factors were required for the formation of replicative centers during virus infection [Burkham et al., 1998; Liptak et al., 1996]. As such, as also pointed out below, it will be necessary in the future to evaluate the HSV-1 helper activities in a more relevant model than that using transiently transfected plasmids.

Together these studies pointed out to the requirement for the helicase primase complex and the HSV-1 DBP to achieve AAV DNA replication, at least in the context of plasmid transfection. However, it remains to be defined how efficient these HSV-1 factors are alone for the formation of infectious AAV particles. Indeed, it is likely that other HSV-1 factors will be required to efficiently induce AAV particles assembly. In particular, two questions remain open: 1) What is the involvement of the HSV-1 polymerase? An early study indicated a reduction in the AAV DNA synthesis when cells were co-infected with HSV-1 in the presence of phosphonoacetic acid (PAA), a chemical inhibitor of the HSV polymerase [Handa and Carter, 1979]. Later it was shown that AAV replication could be achieved in vitro using the HSV polymerase complex (UL30/42) together with the UL29 protein. Even if the requirement for the HSV-1 polymerase was not confirmed by co-infection studies using either wt or rAAV [Toublanc et al., 2004; Weindler and Heilbronn, 1991], the possibility remains that this HSV-1 complex is also required to achieve an efficient AAV DNA synthesis. 2) What are the HSV factors involved in AAV gene expression? None of the HSV-1 factors identified so far as having a helper activity stimulate AAV gene expression and in particular rep gene expression. In this regard, a recent study showed that the ICP0 HSV-1 protein was able to activate rep gene expression from a latently integrated AAV genome [Geoffroy et al., 2004]. In this configuration the AAV genome was transcriptionally silent and Rep synthesis was required to initiate AAV replication. In contrast, most of the previous studies on the HSV helper activities were performed by transfecting an AAV plasmid into the cells, and in this context a low but detectable level of Rep gene expression occurred (A. Salvetti and MC. Geffroy, unpublished data). Again, these results point out the need to define the HSV helper activities in a unique and relevant model to identify additional HSV-1 factors important to achieve a complete and efficient rAAV replication cycle.

III.2 HSV Helper Functions for rAAV Assembly

Because the knowledge about the helper activity of HSV is still uncomplete, few tools have been developed so far for the production of rAAV particles using HSV-derived genes. Indeed, only a few reports describe the use of HSV-1 as a helper for the production of rAAV particles. In particular, a first report by Conway et al. showed that rAAV particles could be produced with a HSV amplicon expressing rep and cap and, as a helper, either wt HSV-1 or an HSV strain mutated in the immediate early IE2 gene encoding for ICP27 [Conway et al., 1997]. This mutated viral strain was also used in a subsequent study to generate a recombinant HSV virus, containing the AAV-2 rep and cap genes, that was used to induce rAAV synthesis upon infection of a stable cell line with an integrated rAAV vector [Conway et al., 1999]. However, in both of these studies a direct comparison with the level of rAAV particles produced using Ad as a helper was lacking. Also, a characterization of the rAAV stocks, in terms of contamination with HSV proteins and/or particles was not performed. This latter point is particularly relevant since the HSV strain mutated in the IE2 gene that was used was not completely replication defective [Conway et al., 1999]. In addition, other authors found that a similar strain mutated in the IE2 gene was inefficient for rAAV assembly due to a toxic effect upon infection of target cells [Toublanc et al., 2004; Wustner et al., 2002]. Two additional studies were conducted using HSV-1 amplicons to introduce both the rAAV vector and the rep and cap genes in the cells. In both of these studies, the helper used was a HSV-1 strain deleted for glycoprotein H (gH) that was infectious only if propagated on a complementing cell line [Feudner et al., 2001; Zhang et al., 1999]. This defect, however, did not preclude the virus from being produced even in the absence of gH. As such in this system, as in the previous one [Conway et al., 1999], it would have been essential to prove that it is possible to obtain rAAV stocks free of contaminant HSV-1 proteins or particles. This aspect has been investigated in a recent report that evaluated the use of a replication defective HSV-1 strain to assemble rAAV particles upon infection of stable AAV producer cell lines [Toublanc et al., 2004]. In this study, rAAV particles were assembled using stable producer cell lines, containing both the rep and cap genes and the vector, and were infected with either wt or replication-defective HSV-1 strains. In this context, an HSV-1 strain mutated in the UL30 polymerase gene resulted in rAAV titers similar to those obtained with wt HSV-1 or Ad. Importantly, with respect to clinical developments, the use of this mutant resulted in rAAV stocks that were consistently devoid of contaminating HSV-1 particles and fully active *in vivo* in the murine central nervous system.

CONCLUSION

In general, the current information on the helper activities provided by Ad and HSV is still fragmentary and most of the notions acquired, in particular for Ad, would certainly benefit from being re-investigated now that our knowledge on AAV has increased and new tools are available. Also, it would be interesting to extend these studies to the other AAV serotypes. Indeed, a recent report by Qiu et al. suggested that the expression of AAV-5 was less dependent on Ad than AAV-2 [Qiu et al., 2002]. As such, the investigation of the helper activities of Ad for other AAV serotypes may also prove important to optimize the helper constructs for the assembly of rAAV particles. Future studies on HSV-1 are expected to lead to the development of helper plasmids similar to those developed from Ad. Finally, a major task will consist in developing stable packaging cell lines able to provide in trans not only the AAV gene products but also the helper factors. A recent study has indicated that, at least for Ad, such cell lines can be obtained but, because of the most of Ad helper genes are toxic, further improvements are necessary to obtain stable cell clones able to provide high-titer rAAV yields [Qiao et al., 2002].

In conclusion, it is likely that future studies on the helper activities provided by Ad and HSV, beside expanding our knowledge of this field, will also lead to the development of new tools for the assembly of rAAV particles.

REFERENCES

Allen, J. M., Halbert, C. L., and Miller, A. D. (1999). Improved adeno-associated virus vector production with transfection of a single helper adenovirus gene, E4orf6. *Mol. Ther.*, 1: 88-94.

Atchison, R. W. (1970). The role of herpesviruses in adenovirus-associated virus replication *in vitro*. *Virology*, 42: 155-162.

Atchison, R. W., Casto, B. C., and Hammon, W. M. (1965). Adenovirus-associated defective virus particles. *Science*, 149: 754-756.

Blacklow, N. R., Hoggan, M. D., and McClanahan, M. S. (1970). Adenovirus-associated viruses: enhancement by human herpesviruses. *Proc. Soc. Exp. Biol. Med.*, 134: 952-954.

Buller, R. M., Janik, J. E., Sebring, E. D., and Rose, J. A. (1981). Herpes simplex virus types 1 and 2 completely help adenovirus-associated virus replication. *J. Virol.*, 40: 241-247.

Burkham, J., Coen, D. M., and Weller, S. K. (1998). ND10 protein PML is recruited to herpes simplex virus type 1 prereplicative sites and replication compartments in the presence of viral DNA polymerase. *J. Virol.*, 72: 10100-10107.

Carter, B. J. (1990). Adeno-Associated Virus helper functions. *In* "Handbook of Parvoviruses" (P. Tijssen, Ed.), Vol. 1, pp. 255-282. CRC Press, Boca Raton, FL.

Carter, B. J., Antoni, B. A., and Klessig, D. F. (1992). Adenovirus containing a deletion of the early region 2A gene allows growth of adeno-associated virus with decreased efficiency. *Virology*, 191: 473-476.

Carter, B. J., Marcus-Sekura, C. J., Laughlin, C. A., and Ketner, G. (1983). Properties of an adenovirus type 5 mutant Add1807, having a deletion near the right-hand genome terminus: failure to help AAV replication. *Virology*, 126: 505-516.

Chang, L.-S., and Shenk, T. (1990). The adenovirus DNA-binding protein stimulates the rate of transcription directed by adenovirus and adeno-associated virus promoters. *J. Virol.*, 64: 2103-2109.

Chang, L.-S., Shi, Y., and Shenk, T. (1989). Adeno-associated virus p5 promoter contains an adenovirus E1A-inducible element and a binding site for the major late transcription factor. *J. Virol.*, 63: 3479-3488.

Conway, J. E., ap Rhys, C. M. J., Zolotukhin, I., Zolotukhin, S., Muzyczka, N., Hayward, G. S., and Byrne, B. J. (1999). High-titer recombinant adeno-associated virus production utilizing a recombinant herpes simplex virus type I expressing AAV-2 rep and cap. *Gene Ther.*, 6: 986-993.

Conway, J. E., Zolotukhin, S., Muzyczka, N., Hayward, G. S., and Byrne, B. J. (1997). Recombinant adeno-associated virus type 2 replication and packaging is entirely supported by a Herpes Simplex virus type 1 amplicon expressing Rep and Cap. *J.Virol.*, 71: 8780-8789.

Duan, D., Sharma, P., dudus, L., Zhang, Y., Sanlioglu, S., Yan, Z., Yue, Y., Ye, Y., Lester, R., Yang, J., Fisher, K. J., and Engelhardt, J. F. (1999). Formation of adeno-associated virus circular genomes is differentially regulated bu adenovirus E4 ORF6 and E2a gene expression. *J. Virol.*, 73: 161-169.

Duan, D., Sharma, P., Yang, J., Yue, Y., Dudus, L., Zhang, Y., Fisher, K. J., and Engelhardt, J. F. (1998). Circular intermediates of recombinant adeno-associated virus have defined structural characteristics responsible for long-term episomal persistence in muscle tissue. *J. Virol.*, 72: 8568-8577.

Ferrari, F. K., Samulski, T., Shenk, T., and Samulski, R. J. (1996). Second-strand synthesis is a rate-limiting step for efficient transduction by recombinant adeno-associated virus vectors. *J. Virol.*, 70: 3227-3234.

Feudner, E., de Alwis, M., Thrasher, A. J., Ali, R. R., and Fauser, S. (2001). Optimization of recombinant adeno-associated virus production using an herpes simplex virus amplicon system. *J. Virol. Methods*, 96: 97-105.

Fisher, K., Gao, G. P., Weitzman, M. D., DeMatteo, R., Burda, J. F., and Wilson, J. M. (1996). Transduction with recombinant adeno-associated virus for gene therapy is limited by leading-strand synthesis. *J. Virol.*, 70: 520-532.

Geoffroy, M. C., Epstein, A. L., Toublanc, E., Moullier, P., and Salvetti, A. (2004). Herpes Simplex Virus type 1 ICP0 protein mediates activation of Adeno-Associated Virus type 2 rep gene expression from a latent integrated form. *J. Virol.*, 78: 10977-10986.

Georg-Fries, B., Biederlack, S., Wolf, J., and zur Hausen, H. (1984). Analysis of proteins, helper dependence, and seroepidemiology of a new human parvovirus. *Virology*, 134: 64-71.

Grimm, D., Kay, M. A., and Kleinschmidt, J. A. (2003). Helper virus-free, opticalli controllable, and two-plasmid-based production of adeno-associated virus vectors of serotypes 1 to 6. *Mol. Ther.*, 7: 839-850.

Grimm, D., Kern, A., Rittner, K., and Kleinschmidt, J. (1998). Novel tools for production and purification of recombinant adeno-associated virus vectors. *Hum. Gene Ther.*, 9: 2745-2760.

Grimm, D., and Kleinschmidt, J. A. (1999). Progress in adeno-associated virus type 2 vector production: promises and prospects for clinical use. *Hum. Gene Ther.*, 10: 2445-50.

Handa, H., and Carter, B. J. (1979). Adeno-associated virus DNA replication complexes in herpes simplex virus or adenovirus-infected cells. *J. Biol. Chem.*, 254: 6603-6610.

Heilbronn, R., Engstler, M., Weger, S., Krahn, A., Schetter, C., and Boshart, M. (2003). ssDNA-dependent colocalization of adeno-associated virus Rep and herpes simplex virus ICP8 in nuclear replication domains. *Nucl. Acids Res.*, 31: 6206-6213.

Henry, C. J., Merkow, L. P., Pardo, M., and McCabe, M. (1972). Electron microscopy study on the replication of AAV-1 in Herpes-infected cells. *Virology*, 49: 618-621.

Hoggan, M. D., Blacklow, N. R., and Rowe, W. P. (1966). Studies of small DNA viruses found in andeovirus preparations: physical, biological and immunological characteristics. *Proc. Natl. Acad. Sci. USA*, 55: 1467-1474.

Huang, M. M., and Hearing, P. (1989). Adenovirus early region 4 encodes two gene products with redundant effects in lytic infection. *J. Virol.*, 63: 2605-15.

Janik, J. E., Huston, M. M., Cho, K., and Rose, J. A. (1989). Efficient synthesis of adeno-associated virus structural proteins requires both adenovirus DNA binding protein and VAI RNA. *Virology*, 168: 320-329.

Janik, J. E., Huston, M. M., and Rose, J. A. (1981). Locations of adenovirus genes required for the replication of adenovirus-associated virus. *Proc. Natl. Acad. Sci. USA*, 78: 1925-1929.

Jay, F. T., Laughlin, C. A., and Carter, B. J. (1981). Eukaryotic translational control: Adeno-Associated Virus proteins synthesis is affected by a mutation in the adenovirus DNA-binding protein. *Proc. Natl. Acad. Sci. USA*, 78: 2927-2931.

Laughlin, C. A., Jones, N., and Carter, B. J. (1982). Effect of deletions in adenovirus early region 1 genes upon replication of adeno-associated virus. *J. Virol.*, 41: 868-876.

Lee, J.-S., Galvin, K. M., See, R. H., Eckner, R., Livingston, D., Moran, E., and Shi, Y. (1995a). Relief of YY1 transcriptional repression by adenovirus E1A is mediated by E1A-associated protein p300. *Genes Dev.*, 9: 1188-1198.

Lee, J.-S., See, R. H., Galvin, K. M., Wang, J., and shi, Y. (1995b). Functional interactions between YY1 and adenovirus E1A. *Nucl. Acids Res.*, 23: 925-931.

Lewis, B. A., Tullis, G., Seto, E., Horikoshi, N., Weinmann, R., and Shenk, T. (1995). Adenovirus E1A proteins interact with the cellular YY1 transcription factor. *J. Virol.*, 69: 1628-36.

Liptak, L. M., Uprichard, S. L., and Knipe, D. M. (1996). Functional order of assembly of herpes simplex virus DNA replication proteins into pre-replicative site structures. *J. Virol.*, 70: 1759-1767.

Lukonis, C. J., and Weller, S. K. (1997). Formation of herpes simplex virus type 1 replication compartments by transfection: requirements and localization to nuclear domain 10. *J. Virol.*, 71: 2390-2399.

Matsushita, T., Elliger, S., Elliger, C., Podsakoff, G., Villarreal, L., Kurtzman, G. J., Iwaki, Y., and Colosi, P. (1998). Adeno-associated virus vectors can be efficiently produced without helper virus. *Gene Ther.*, 5: 938-945.

Matsushita, T., Okada, T., Inaba, T., Mizukami, H., Ozawa, K., and Colosi, P. (2004). The adenovirus E1A and E1B19K genes provide a helper function for transfection-based adeno-associated virus vector production. *J. Gen. Virol.*, 85: 2209-2214.

Maxwell, I. H., Maxwell, F., and Schaack, J. (1998). An adneovirus type 5 mutant with the preterminal protein gene deleted efficiently provides helper functions for the production of recombinant Adeno-Associated Virus. *J. Virol.*, 72: 8371-8373.

Mishra, L., and Rose, J. A. (1990). Adeno-associated virus DNA replication is induced by genes that are essential for HSV-1 DNA synthesis. *Virology*, 179: 632-9.

Mouw, M. B., and Pintel, D. J. (2000). Adeno-associated virus RNAs appear in atemporal order and their splicing is stimulated during coinfection with adenovirus. *J. Virol.*, 74: 9878-9888.

Myers, M. W., and Carter, B. J. (1981). Adeno-associated virus replication. The effect of L-canavanine or a helper virus mutation on accumulation of viral capsids and progeny single-stranded DNA. *J. Biol. Chem.*, 256: 567-570.

Myers, M. W., Laughlin, C. A., Jay, F. T., and Carter, B. J. (1980). Adenovirus helper function for growth of adeno-associated virus: effect of temperature-sensitive mutations in adenovirus early region 2. *J. Virol.*, 35: 65-75.

Ni, T.-H., McDonald, W. F., Zolothukin, I., Melendy, T., Waga, S., Stillman, B., and Muzyczka, N. (1998). Cellular proteins required for adeno-associated virus DNA replication in the absence of adenovirus coinfection. *J. Virol.*, 72: 2777-2787.

Nony, P., Chadeuf, G., Tessier, J., Moullier, P., and Salvetti, A. (2003). Evidence for packaging rep-cap sequences into AAV-2 capsids in the absence of the Inverted Terminal Repeat: a model for the generation of rep[+] AAV particles. *J. Virol.*, 77: 776-781.

Ogston, P., Raj, K., and Beard, P. (2000). Productive replication of Adeno-Associated Virus can occur in Human Papillomavirus type 16 (HPV-16) episome-containing keratinocytes and is augmented by the HPV-16 E2 protein. *J. Virol.*, 74: 3494-3504.

Parks, W. P., Melnick, J. L., Rongey, R., and Major, H. D. (1967). Physical assay and growth cycle studies of a defective adeno satellite virus. *J. Virol.*, 1: 171-180.

Qiao, C., Li, J., Skold, A., Zhang, X., and Xiao, X. (2002). Feasibility of generating adeno-associated virus packaging cell lines containing inducible adenovirus helper genes. *J. Virol.*, 76: 1904-1913.

Qiu, J., Nayak, R., Tullis, G. E., and Pintel, D. J. (2002). Characterization of the transcription profile of adeno-associated virus type 5 reveals a number of unique features compared to previously characterized adeno-associated viruses. *J. Virol.*, 76: 12435-12447.

Quinn, C. O., and Kitchingman, G. K. (1986). Functional analysis of the adenovirus type 5 DNA-binding protein: site-directed mutants which are defective for Adeno-Associated Virus helper activity. *J. Virol.*, 60: 653-661.

Richardson, W. D., Carter, B. J., and Westphal, H. (1980). Vero cells injected with adenovirus type 2 mRNA produce authentic viral polypeptide patterns: early mRNA promotes growth of adenovirus-associated virus. *Proc. Natl. Acad. Sci. USA*, 77: 931-935.

Richardson, W. D., and Westphal, H. (1981). A cascade of adenovirus early functions is required for expression of Adeno-Associated Virus. *Cell*, 27: 133-141.

Richardson, W. D., and Westphal, H. (1984). Requirement for either early region 1a or early region 1b adenovirus gene products in the helper effect for adeno-associated virus. *J. Virol.*, 51: 404-410.

Salvetti, A., Orève, S., Chadeuf, G., Favre, D., Cherel, Y., Champion-Arnaud, P., David-Ameline, J., and Moullier, P. (1998). Factors influencing recombinant adeno-associated virus production. *Hum. Gene Ther.*, 9: 695-706.

Samulski, R. J., and Shenk, T. (1988). Adenovirus E1B 55-M_r polypeptide facilitates timely cytoplasmic accumulation of Adeno-Associated Virus mRNAs. *J. Virol.*, 62: 206-210.

Sanlioglu, S., Duan, D., and Engelhardt, J. F. (1999). Two independant molecular pathways for recombinant adeno-associated virus genome conversion occur after UV-C and E4orf6 augmetation of transduction. *Hum. Gene Ther.*, **10**: 591-602.

Schlehofer, J. R., Ehrbar, M., and zur Hausen, H. (1986). Vaccinia, virus, herpes simplex virus, and carcinoges induce DNA amplification in a human cell line and support replication of a helpervirus dependent parvovirus. *Virology*, **152**: 110-117.

Schneider, R. J., Weinberg, C., and Shenk, T. (1984). Adenovirus VAI RNA facilitates the initiation of translation in virus-infected cells. *Cell*, **37**: 291-298.

Shi, Y., Seto, E., Chang, L. S., and Shenk, T. (1991). Transcriptional repression by YY1, a human GLI-Krüppel-related protein, and relief of repression by adenovirus E1A protein. *Cell*, **67**: 377-388.

Stracker, T. H., Cassell, G. D., Ward, P., Loo, Y. M., van Breukelen, B., Carrington-Lawrence, S. D., Hamatake, R. K., van der Vliet, P. C., Weller, S. K., Melendy, T., and Weitzmann, M. D. (2004). The Rep protein of Adeno-Associated Virus type 2 interacts with single-stranded DNA-binding proteins that enhance viral replication. *J. Virol.*, **78**: 441-453.

Tilley, R., and Mayor, H. (1984). Identification of a region of the HSV-1 genome with helper activity for AAV. *Virus Res.*, **1**: 631-647.

Toublanc, E., Abdellatif, B., Bonnin, D., Blouin, V., Brument, N., Cartier, N., Epstein, A. L., Moullier, P., and Salvetti, A. (2004). Identification of a replication-defective herpes simplex virus for recombinant adeno-associated virus type 2 (rAAV2) particle assembly using stable producer cell lines. *J. Gene Med.*, **6**: 555-564.

Tratschin, J. D., West, M. H. P., Sandbank, T., and Carter, B. J. (1984). A human parvovirus, adeno-associated virus, as a eucaryotic vector: transient expression and encapsidation of the procaryotic gene for chloramphenicol acetyltransferase. *Mol. Cell. Biol.*, **4**: 2072-2081.

Walz, C., Deprez, A., Dupressoir, T., Durst, M., Rabreau, M., and Schlehofer, J. R. (1997). Interaction of human papillomavirus type 16 and adeno-associated virus type 2 co-infecting human cervical epithelium. *J. Gen. Virol.*, **78**: 1441-452.

Ward, P., Dean, F. B., O'Donnell, M. E., and Berns, K. I. (1998). Role of the adenovirus DNA-binding protein in *in vitro* adeno-associated virus DNA replication. *J. Virol.*, **72**: 420-427.

Weindler, F. W., and Heilbronn, R. (1991). A subset of herpes simplex virus replication genes provides helper functions for productive adeno-associated virus replication. *J. Virol.*, **65**: 2476-2483.

Wustner, J. T., Arnold, S., Lock, M., Richardson, J. C., Himes, V. B., Kurtzman, G., and Peluso, R. W. (2002). Production of recombinant adeno-associated type 5 (rAAV5) vectors using rrecombinant herpes simplex viruses containing rep and cap. *Mol. Ther.*, **6**: 510-518.

Xiao, W., Warrington, K. H., Hearing, P., Hughes, J., and Muzyczka, N. (2002). Adenovirus-facilitated nuclear translocation of adeno-associated virus type 2. *J. Virol.*, **76**: 11505-11517.

Xiao, X., Li, J., and Samulski, R. J. (1998). Production of high-titer recombinant Adeno-Associated Virus vectors in the absence of helper adenovirus. *J. Virol.*, **72**: 2224-2232.

Yakobson, B., Hrynko, T. A., Peak, M. J., and Winocour, E. (1989). Replication of adeno-associated virus in cells irradiated with UV light at 254 nm. *J. Virol.*, **63**: 1023-1030.

Yakobson, B., Koch, T., and Winocour, E. (1987). Replication of adeno-associated virus in synchronized cells without the addition of a helper virus. *J. Virol.*, **61**: 972-981.

Yalkinoglu, A. O., Zentgraf, H., and Hübscher, U. (1991). Origin of adeno-associated virus DNA replication is a target of carcinogen-inducible DNA amplification. *J. Virol.*, **65**: 3175-3184.

Zhang, X., de Alwis, M., Hart, S. L., Fitzke, F. W., Inglis, S. C., Boursnell, M. E. G., Levinsky, R. J., Kinnon, C., Ali, R. R., and Thrasher, A. J. (1999). High-titer recombinant adeno-associated virus production from replicating amplicons and herpes vectors deleted for glycoprotein H. *Hum. Gene Ther.*, **10**: 2527-2537.

Oui, je veux morebooks!

I want morebooks!

Buy your books fast and straightforward online - at one of the world's fastest growing online book stores! Environmentally sound due to Print-on-Demand technologies.

Buy your books online at

www.get-morebooks.com

Achetez vos livres en ligne, vite et bien, sur l'une des librairies en ligne les plus performantes au monde!
En protégeant nos ressources et notre environnement grâce à l'impression à la demande.

La librairie en ligne pour acheter plus vite

www.morebooks.fr

VDM Verlagsservicegesellschaft mbH
Heinrich-Böcking-Str. 6-8   Telefax: +49 681 93 81 567-9   info@vdm-vsg.de
D - 66121 Saarbrücken   www.vdm-vsg.de

Printed by Books on Demand GmbH, Norderstedt / Germany